黄河流域生态保护和高质量发展战略研究
——以河南省为例

刘娇妹 丁正全 谌启发 于程水 等 ● 著

中国水利水电出版社

www.waterpub.com.cn

·北京·

内 容 提 要

本书基于作者规划设计工作与研究的实践经验，以河南省案例为研究对象，围绕黄河流域生态保护与高质量发展战略及生态保护与治理技术，对黄河流域（河南省）的 8 个城市，从环境、社会、经济三大角度进行了综合评价，有针对性地提出了黄河流域生态保护和高质量发展对策及措施、路径，并在不同领域提出了生态保护与环境治理技术。

本书主要内容包括研究背景与意义、研究现状与进展、区域概况、河流水质及有机物现状监测、生态保护和高质量发展现状分析与存在的问题、生态保护和高质量发展战略、水环境治理关键技术、水生态修复关键技术、固废资源利用关键技术研究等。

本书可供环境保护与规划、水处理、水环境综合治理、水生态修复、固体废弃物资源化利用等专业领域的人员阅读，亦可作为工程建设单位、管理单位相关负责人参考与借鉴。

图书在版编目（ＣＩＰ）数据

黄河流域生态保护和高质量发展战略研究 ：以河南省为例 / 刘娇妹等著. -- 北京 ：中国水利水电出版社，2023.7
ISBN 978-7-5226-1648-3

Ⅰ. ①黄… Ⅱ. ①刘… Ⅲ. ①黄河流域－生态环境保护－研究 Ⅳ. ①X321.22

中国国家版本馆 CIP 数据核字(2023)第 134680 号

书　　名	黄河流域生态保护和高质量发展战略研究——以河南省为例 HUANG HE LIUYU SHENGTAI BAOHU HE GAO ZHILIANG FAZHAN ZHANLÜE YANJIU——YI HENAN SHENG WEILI
作　　者	刘娇妹　丁正全　谌启发　于程水　等　著
出版发行	中国水利水电出版社 （北京市海淀区玉渊潭南路 1 号 D 座　100038） 网址：www.waterpub.com.cn E-mail：sales@mwr.gov.cn 电话：（010）68545888（营销中心）
经　　售	北京科水图书销售有限公司 电话：（010）68545874、63202643 全国各地新华书店和相关出版物销售网点
排　　版	北京厚诚则铭文化传媒有限公司
印　　刷	北京中献拓方科技发展有限公司
规　　格	184mm×260mm　16 开本　15 印张　360 千字
版　　次	2023 年 7 月第 1 版　2023 年 7 月第 1 次印刷
定　　价	89.00 元

凡购买我社图书，如有缺页、倒页、脱页的，本社营销中心负责调换

本 书 编 委 会

顾　问：陈　虎　贾筱煜　汤友富　贾　洪　王中岐
　　　　周庆国　杨哲峰　王红伟

主　任：时环生

副主任：邓学燊　马　栋　唐波涛

委　员：王合希　冯义涛　吕剑锋　时鹏桦　闫　肃
　　　　刘　柱　赵尊宇　孙连波

主　编：刘娇妹

副主编：丁正全　谌启发　于程水　杨晋文　王永国

参加编写人员：

　　　　王德乾　陶　丹　王明杰　付永帅　周小颖
　　　　胡亚伟　王　刚　斯芳芳　崔　盼　郑丽丽
　　　　马　芳　谢晓明　白雪峰　张振国　刘　博
　　　　陈虹文　潘春梅　马莉萍　刘　伟　王　萍
　　　　石　斌　冯　姗　杨　晨

序

　　黄河是中华民族的母亲河，孕育了璀璨的华夏文明，塑造了伟大的中华民族精神。黄河是我国北方重要的生态屏障，是连接西北高原与东部渤海的重要生态廊道，是横跨东、中、西部的重要经济区和能源基地，对维护国家和区域安全具有不可替代的重要作用。自古以来，"黄河宁，天下平"，黄河生态安危事关国家盛衰与民族复兴。开展黄河生态保护与治理，实现高质量发展，促进黄河长治久安是中华民族的夙愿，也是建设美丽中国的根基。

　　党的十八大以来，习近平总书记多次实地考察黄河流域生态保护和经济社会发展情况，就三江源、祁连山、秦岭、贺兰山等重点区域生态保护和建设作出重要指示批示。习近平总书记强调黄河流域生态保护和高质量发展是重大国家战略，要共同抓好大保护，协同推进大治理，着力加强生态保护治理、保障黄河长治久安、促进全流域高质量发展、改善人民群众生活、保护传承弘扬黄河文化，让黄河成为造福人民的幸福河。

　　2021 年 10 月 8 日，中共中央、国务院印发了《黄河流域生态保护和高质量发展规划纲要》，并发出通知，从水资源、污染防治、产业、交通、文化、民生等各个方面，对黄河流域生态保护和高质量发展作出全面系统的部署，要求各地区各部门结合实际认真贯彻落实。

　　"十四五"是推动黄河流域生态保护和高质量发展的关键时期。我们要全面贯彻党的十九大和十九届历次全会以及党的二十大的精神，深入贯彻落实习近平总书记在深入推动黄河流域生态保护和高质量发展座谈会上的重要讲话精神，攻坚克难，推进各项任务，实现黄河流域生态保护和高质量发展新突破。

在《黄河流域生态保护和高质量发展战略研究——以河南省为例》即将出版之际，谨向所有关心、支持和参与本书编写与出版工作的领导、专家、同仁表示诚挚的感谢！

中国工程院院士

2023 年 5 月

前言

黄河是中华民族的母亲河，是中华文明的重要根基，蕴育了璀璨夺目的黄河文化，在经济社会、自然资源、生态安全、文化发展等方面具有举足轻重的地位。2019 年 9 月 18 日，习近平总书记在黄河流域生态保护和高质量发展座谈会上提出"保护黄河是事关中华民族伟大复兴的千秋大计"，"治理黄河，重在保护，要在治理"。黄河全长 5464km，自西向东流经我国 9 个省、自治区，连接了西北和华北等地区，最后注入渤海。

早在石器时代，黄河文明已经萌芽。从公元前的夏朝开始，历代王朝在黄河流域建都，前后延绵 3000 多年，朝代的发展均与黄河息息相关，孕育了河湟文化、齐鲁文化等灿烂辉煌的华夏文明。中华民族治理黄河的历史也是一部治国史。在中华文明 5000 多年的历史上，历朝历代的执政者都会将黄河治理作为安邦兴国的重要决策。无论是大禹治水，还是进入新时代后将黄河治理发展作为国家重要战略，中华民族始终坚持不懈地在治理、保护母亲河。2019 年 9 月 18 日，习近平总书记在郑州提出了黄河流域生态保护和高质量发展国家战略。生态兴则文明兴。黄河流域的高质量发展既有全局性的战略意蕴，也具有系统性的战略布局，不仅仅是新时代高质量发展的必然选择，还关系到中华民族的伟大复兴。

本书系统性地阐述了黄河流域生态保护和高质量发展的战略研究及生态保护与治理的技术体系及其创新应用，并详细分析了生态保护技术在河南省的工程实践。根据黄河流域（河南段）的现状、问题及挑战、限制性因素，创新性地提出了黄河流域（河南段）生态保护和高质量发展的评价指标体系，提出黄河流域（河南段）生态保护和高质量发展的对策措施、发展战略，可为黄河流域的高质量发展提供理论支撑和实践参考。

同时，黄河流域需要提升科技创新能力，围绕重点问题，研发黄河治理技术尤为重要。基于黄河流域（河南段）现状，本书创造性地提出了黄河流域（河南段）的生态保护与治理技术，主要从水环境治理、水生态修复、固废资源再利用的技术及适用技术三个领域开展攻关研究，可为黄河流域生态环境治理、水环境治理提供技术指导。

作者根据多年生态保护与修复、水环境治理的实践经验及相关论文专利等抛砖引玉，希望给读者一些启迪和思考。本书分为十章，第一至第四章，重点分析了黄河流域生态保护和高质量发展的背景及意义、现状及存在问题。第五章，在现状分析基础上，提出了黄河流域生态保护和高质量发展的机遇与挑战以及存在的问题。第六至第九章，主要介绍了水环境治理、水生态修复、固废资源化利用技术及适用技术。按照不同领域的治理思路和关注重点，以期通过分享这些发展对策、治理经验及适用技术，进而为不同类型项目的生态保护与治理提供经验借鉴。第十章从生态保护和高质量发展战略、水环境治理技术、水生态修复技术、固废资源利用技术等方面作了全面的总结。希望本书能成为引玉之砖，与同行共同研讨黄河流域生态保护和高质量发展的理论问题和实际问题，为推进黄河大保护作出贡献。

本书由中铁第五勘察设计院集团有限公司刘娇妹等编著，由中铁建股份有限公司、中铁第五勘察设计院集团有限公司、中铁建黄河投资建设有限公司、中铁建发展集团有限公司、中铁十六局集团有限公司的专家和技术人员共同参与编写。在编写过程中得到了中铁第五勘察设计院集团有限公司科技和信息化部吴小波副总经理的大力支持，中国水利水电出版社编审李丽艳在本书编写过程中提供了技术指导，并为本书编辑出版付出了辛勤的劳动。感谢支持本书出版的同事及朋友，在此一并致以真诚的谢意！

本书的研究和撰写得到了中国铁建股份有限公司 2020 年度科研计划课题"黄河流域（河南段）生态保护关键技术与高质量发展战略研究"（项目编号：2020-B20）、中铁第五勘察设计院集团有限公司、中铁建黄河投资建设有限公司、中铁建发展集团有限公司、中铁十六局集团有限公司等的资助。在此，我们对资助机构深表感谢！

由于受编者水平所限及时间仓促，加上生态保护和高质量发展等技术及理念日新月异，书中难免有局限和诸多不足之处，敬请各位专家和读者批评指正。

作者

2023 年 5 月于北京

目录

第一章 研究背景与意义

第一节 研 究 背 景

黄河流域横跨我国北方东、中、西三大地理阶梯，是连接我国西北、华北、渤海的重要生态廊道，是我国重要生态屏障的密集区和"一带一路"陆路的重要地带，在我国"两屏三带"（青藏高原生态屏障、黄土高原-川滇生态屏障和东北森林带、北方防沙带、南方丘陵地带）为主体的生态安全战略格局中占据重要位置。黄河流域自然生态脆弱，水资源短缺，土地、能源矿产、生物等资源禀赋区域差异明显，围绕黄河保护与治理，国内外开展了诸多研究和实践工作。特别是自 1946 年人民治黄以来，取得了举世瞩目的伟大成就。但黄河流域仍面临着水资源衰减明显、供需矛盾突出，生态环境脆弱、干支流断面生态水量亏缺形势严峻，部分支流水系污染严重、劣 V 类水质占比大，流域内部发展差距较大，滩区经济社会发展落后等问题。

2019 年 9 月 18 日，习近平总书记在黄河流域生态保护和高质量发展座谈会上，提出"治理黄河，重在保护，要在治理""让黄河成为造福人民的幸福河"。2020 年 1 月 3 日，在中央财经委员会第六次会议上，习近平总书记再次强调，黄河流域必须下大气力进行大保护、大治理，走生态保护和高质量发展的路子。黄河流域生态保护和高质量发展与京津冀协同发展、长江经济带发展、粤港澳大湾区建设、长三角一体化发展等其他国家发展战略一并成为国家实施区域协调发展战略的主战场。2020 年 10 月，中共中央、国务院印发了《黄河流域生态保护和高质量发展规划纲要》，旨在全面推进和高效落实这一重大国家战略，为指导流域当前和今后的生态保护和高质量发展方向提供了重要依据。2022 年 10 月 30 日，十三届全国人大常委会第三十七次会议表决通过《中华人民共和国黄河保护法》，明确规定了生态保护与修复、水资源节约集约利用、水沙调控与防洪安全、污染防治、促进高质量发展等黄河保护治理的各个重要方面，以法律形式贯彻落实党中央决策部署、全面推进国家江河战略法治化。

黄河流域长期受缺水的制约，是我国五大区域协调发展的洼地，2019 年黄河流域人均国内生产总值（GDP）为 5.95 万元，仅为全国平均水平的 84%。与其他区域相比，黄河流域生态环境更加脆弱，生态安全屏障地位更加重要，水资源保障形势更加严峻，经济社会发展空间更加广大，脱贫攻坚与实现社会主义现代化任务更加艰巨。此外，黄河在水资源极度紧缺的情况下，每年还为京津冀、山东、河南、河西走廊等外流域供水 89 亿 m³，2019 年供水达到 130.32 亿 m³，为这些区域高质量发展提供了重要保障。因此，从国家区域协调发展的角度，必须把黄河流域水系统保护好、治理好、修复好、管理好，既为黄河流域生态保护和高质量发展提供支撑，又为京津冀等区域发展提供水源保障，并为国家协调推进五大区域发展提供动力。

河南省是千年治黄的主战场、沿黄经济的集聚区、黄河文化的孕育地和黄河流域生态屏障的支撑带，在黄河流域生态保护和高质量发展中地位特殊、使命光荣、责任重大。习近平总书记亲自擘画的黄河流域生态保护和高质量发展的美好蓝图，为河南省在高水平生态保护中促进高质量发展提供了根本遵循，赋予了重大责任，提供了重要历史机遇。为深入贯彻习近平总书记关于黄河流域生态保护和高质量发展的重要讲话精神，抢抓重大国家战略机遇，加快推进河南省黄河流域生态保护和高质量发展，河南省积极对接国家战略制定和重大政策举措，专门成立黄河流域生态保护和高质量发展领导小组，出台系列规划政策文件，结合沿黄地区实际，安排部署生态保护和高质量发展工作。

第二节　研　究　意　义

河南地处黄河中下游，位于"九曲黄河"承上启下的关键位置，既是华北平原的重要生态屏障，也是黄河流域人口活动和经济发展的密集区，更是黄河文化孕育传承的重要地带，在黄河流域生态保护和高质量发展全局中具有重要地位。黄河流域（河南段）拥有河南黄河湿地、郑州黄河湿地、新乡黄河湿地、开封柳园口湿地等重要湿地保护区，黄河郑州段黄河鲤国家级水产种质资源保护区，生态保护地位显著。河南省人均 GDP 低于全国平均水平，黄河下游滩区有百万人口，饱受洪涝灾害之苦，经济社会发展落后，下游治理与滩区群众安全和发展的矛盾日益尖锐。

以黄河流域（河南段）为重点，开展响应习近平总书记"让黄河成为造福人民的幸福河"的伟大号召，以习近平新时代中国特色社会主义思想为指导，应用幸福观、需求层次等理论，深入解析"幸福河"的内涵要义与流域高质量发展的内涵要求，统筹经济、社会、环境等因素，构建黄河流域（河南段）生态保护和高质量发展现状评价体系，科学评判黄河流域生态保护和高质量发展的短板，明确生态保护和高质量发展的战略需求与实现路径，建成黄河流域生态保护和高质量发展的样板省，是当前的迫切需求，具有重要意义。

第三节　生态保护与高质量发展的关系

世界各国的发展实践经验表明，生态保护与经济社会发展是一对相辅相成的矛盾共同体。我国经济从高速增长阶段转向高质量发展阶段以后，新时期的生态保护和高质量发展更是相互渗透后的协调统一，生态保护是黄河流域高质量发展的生命底线，高质量发展是生态保护的有机动力。

水是战略性经济资源、控制性生态要素，河流是生态保护、环境高质量发展的核心，对区域经济发展、社会稳步向前起着重要的支撑和保障作用。尽管生态保护的内涵比较宽泛，涉及环境污染治理能力水平、绿化建设、资源消耗等很多方面，生态要素也很多（包括水、大气、土壤、植被等），但本书研究的生态保护主要聚焦水生态。生态保护和高质量发展重点在以水为脉，维护好河流生态系统健康；以水为基，支撑经济社会高质量发展。健康的河流生态系统，提升了河流生态系统的质量与稳定性，为人民提供更多优质生态产品；高质量的经济社会发展，又反哺夯实城乡防洪除涝和供水安全保障能力，促进人们的节水意识责任和保护环境的自觉行动，实现人与自然和谐相处。

　　幸福是人们主观上的感受，幸福河湖是造福人民的河湖，具有自然和社会的双重属性，既要力求维护河湖自身健康，这是幸福河湖的前提和基础，又要追求更好地造福人民，支撑流域和区域经济社会高质量发展，让人民具有安全感、获得感和幸福感，这是对幸福河湖的功能需求和本质要求。因此，人水和谐是幸福河湖的综合表征，幸福河湖体现了生态保护和高质量发展的协调统一。

　　河流的幸福感体现在水安全、水资源、水环境、水生态、水文化等方面，因此，黄河流域（河南段）的生态保护和高质量发展战略研究，可以基于幸福河湖视角，深入研究在水安全保障、水资源供给、水环境服务、水生态质量和水文化繁荣等方面还存在的问题，从夯实"水战略"根基的角度探讨支撑区域的生态保护和高质量发展的战略与对策。

第二章 研究现状与进展

第一节 生态保护和高质量发展战略研究进展

一、高质量发展内涵研究进展

高质量发展最初在经济层面表现为经济效益的不断提升、成本不断下降和单位产品/产值对生态环境的影响不断降低，这涉及新古典经济学的集约经济、生态经济等概念，以及集聚经济理论、内生经济增长理论等。随着研究的不断深化，可持续发展成为高质量发展的主体内容，涉及资源环境友好型社会体系、资源节约型城乡建设、土地利用战略等方面。随着可持续发展研究的深化，环境库兹涅茨曲线、绿色发展理论、循环经济理论、低碳经济理论、协调发展理论逐步发展起来，使生态环境与经济增长之间的协同发展成为可能，也为粗放型生产模式提供了转型方向。高质量发展表现为从劳动密集型、资源密集型向技术密集型、知识密集型产业转变，产品结构中高技术含量、高附加值产品增加，发展方式从高污染、高耗能向循环经济、绿色经济转变等。

在中国，高质量发展特指中国经济由高速增长转向高质量发展阶段。中国经济发展方式的转型需要扩大内需和提升创新能力来实现。高质量发展以要素质量、创新动力、质量技术为基础条件，是充分、均衡的发展，包含发展方式、发展结果、民生共享等多个维度的增长和提升，因此，高质量发展应从系统平衡观、经济发展观、民生指向观三个视角加以衡量，应着力构建现代化的经济体系和继续保持经济发展总体规模优势，提升要素投入质量和转换创新动力，同时让经济发展成果更多更公平惠及全体人民，不断促进社会公平正义。

流域高质量发展指整个流域以创新为动力，实现经济增长稳定和区域/城乡发展的均衡性，表征在增长稳定性、发展均衡性、环境协调性、社会公平性等维度。根本表现为经济活力、创新力和竞争力以及社会经济系统与生态环境系统的协同发展和演化，目的是着力促进经济与社会、生态、环境的相互协调发展。新时期黄河流域生态保护和高质量发展的内涵就是在生态可持续发展框架下不断创新发展。

二、生态保护与高质量发展评价研究进展

不同学者对高质量发展的概念内涵理解不同，对高质量发展的测度方式和评价角度不同，构建的综合评价指标体系也不尽相同。李梦欣等（2019）、李文星等（2020）基于"五大发展理念"，从创新、协调、绿色、开放、共享五个维度，分别构建了新时代中国高质量发展评价指标体系和黄河流域的高质量发展评价指标体系；陈晓雪等（2019）则以"五

大发展理念"为指导,从创新、协调、绿色、开放、共享、有效六个维度构建我国经济社会高质量发展评价指标体系;张军扩等(2019)认为高质量发展的本质内涵是以满足人民日益增长的美好生活需要为目标的高效、公平和绿色可持续发展,基于高效、公平、可持续三个维度构建了高质量发展指标体系;杨仁发等(2019)从经济活力、创新效率、绿色发展、人民生活、社会和谐五个方面,构建长江经济带高质量发展综合指标体系;徐辉等(2020)从经济发展、创新驱动、民生改善、环境状况、生态状况五个维度构建黄河流域高质量发展评价指标体系。

总体来看,在全国、流域、区域等不同尺度上开展的高质量发展评价研究已经取得了比较丰富的成果,为黄河流域(河南段)生态保护和高质量发展评价研究提供借鉴参考,但针对经济社会维度的指标多,生态环境方面的指标少;对环境要素特别是水与经济社会发展的关系,以及水与生态系统中其他要素的关系梳理不够。多数研究引入了绿色发展理念,从环境污染治理能力水平、绿化建设、资源消耗等角度构建生态状况指标,但是缺乏对绿色发展与生态环境保护工作关系的阐释,选取指标具有一定的主观性和片面性。此外,在黄河流域高质量发展评价研究中,较少有文献针对黄河流域的特点,从流域生态保护和高质量发展的关键制约因素出发,从水战略支撑的角度系统梳理水、生态保护、高质量发展的耦合关系,进而构建经济、社会、环境多维度综合评价指标体系开展研究。

三、生态保护与高质量发展制约因素及发展策略研究进展

流域高质量发展需要在进行相关发展水平评估的基础上,协调处理好生态保护与高质量发展的辩证统一关系,尤其要识别其限制因素。金凤君(2019)在辨析黄河流域生态保护与高质量发展的主要限制因素基础上,从地区产业发展角度分析了黄河流域生态环境所面临的胁迫。关伟等(2020)借助地理探测器分析了黄河流域能源综合效率的驱动因素及其影响力。杨永春等(2020)认为农业发展、流域经济等是推进黄河流域高质量发展的基本条件,同时其受内部差异性、外部投资,以及产业转移动力不足等的约束。杨丹等(2020)认为产业发展不平衡、内部差异、创新水平低等是黄河流域高质量发展面临的主要问题。张红武(2021)指出黄河流域发展缓慢的原因在于水资源短缺、水沙关系不协调等生态环境问题。刘昌明等(2020)指出缺水是黄河流域生态保护和高质量发展面临的最大挑战,黄河流域生态保护和高质量发展亟待解决缺水问题。

协同治理是黄河流域生态保护和高质量发展的重要路径。郭晗等(2022)认为不同区域间的自然禀赋差异影响地区生态环境,强调黄河流域高质量发展应在保护生态的前提下,促进区域协调发展。金凤君(2019)认为在黄河流域生态保护和高质量发展协同推进的过程中,协调发展格局发挥了重要作用。黄燕芬等(2020)根据欧洲莱茵河流域治理经验研究发现,黄河流域所存在的问题的实质是治理问题,要不断健全黄河流域的协同治理机制。杨永春等(2020)认为黄河流域高质量发展的核心策略包括积极融入国家战略,寻求流域协同和统筹机制、实施中心带动的流域空间重构和核心竞争力提升等。

高质量的发展离不开强有力的现代化治理体系保障,钞小静等(2020)的研究基于黄河流域高质量发展的内在要求,强调构建现代化治理体系对流域高质量发展的保障作用。郭晗等(2022)研究指出,黄河流域的高质量发展面临各种因素的制约,必须以高质量的

治理体系推进流域高质量发展。

黄河流域生态保护和高质量发展的关键问题在于自身的环境制约，主要包括生态环境脆弱、资源禀赋差异、环境承载力弱等问题。推进黄河流域生态保护和高质量发展必须加强区域协同发展，构建黄河流域现代化治理体系，为加强流域生态保护、推动高质量发展提供重要保障。

第二节　水环境治理研究现状

一、流域水环境治理现状

1. 黄河流域（河南段）水环境保护现状

根据《2019 年河南省生态环境状况公报》，黄河流域（河南段）水质为轻度污染。主要污染因子为化学需氧量、五日生化需氧量和总磷。41 个省控断面中，Ⅰ～Ⅲ类水质断面 29 个，占 70.7%；Ⅳ类水质断面 7 个，占 17.1%；Ⅴ类水质断面 2 个，占 4.9%；劣Ⅴ类水质断面 2 个，占 4.9%；断流断面 1 个，占 2.4%。涧河、天然文岩渠、阳平河、西柳清河水质为轻度污染，金堤河水质为中度污染，汜水河水质为重度污染。

2. 黄河流域（河南段）治理现状

我国重点流域水污染防治规划在"九五""十五"时期确立了流域分区管理、"质量–总量–项目–投资"四位一体等技术路线；"十一五"时期提出了"规划到省、任务到省、目标到省、项目到省、责任到省"的"五到省"原则，结合总量控制制定合理可达的有限目标，建立了规划实施考核制度；"十二五"时期以"削减总量–改善质量–防范风险"为主线，治理工作向水生态保护修复和环境综合整治延伸；"十三五"时期作为《水污染防治行动计划》（以下简称"水十条"）的"施工图"，第一次覆盖全国十大流域，对"水十条"目标要求和任务措施进行细化落实。经过 20 多年的不断努力，特别是"十三五"时期"水十条"以及相关污染防治攻坚战行动计划的发布实施对水污染防治工作的强力推动，我国水环境质量显著改善。据统计，1995—2019 年，全国地表水Ⅰ～Ⅲ类比例从 27.4%上升到 74.9%，劣Ⅴ类比例从 36.5%下降到 3.4%，Ⅰ～Ⅲ类断面比例、劣Ⅴ类断面比例这两项约束性指标均已提前完成"十三五"目标。"十四五"将重点流域规划名称由"水污染防治"调整为"水生态环境保护"，体现了新时期流域生态环境保护工作的新要求。

2017 年河南省人民政府印发《河南省辖黄河流域水污染防治攻坚战实施方案（2017—2019 年）》，加强省辖黄河流域蟒河、泓农涧河等重点河流劣Ⅴ类水体的治理及伊洛河、涧河、沁河、济河等较好水体水质提升工作，加强流域金堤河、三门峡水库水污染风险防范，强力推进流域水环境综合治理重大工程建设，确保河南省辖黄河流域水质进一步改善，优良水体比例进一步提升，深化工业污染防治，加快城镇生活污水处理设施建设，推进农业农村污染防治。

2021 年中共中央、国务院印发《黄河流域生态保护和高质量发展规划纲要》，提出强化环境污染系统治理，统筹推进农业面源污染、工业污染、城乡生活污染防治和矿区生态环境综合整治。

2021年9月29日，河南省十三届人民代表大会常务委员会第二十七次会议表决通过了《河南省人民代表大会常务委员会关于促进黄河流域生态保护和高质量发展的决定》，将高水平建设大河治理和生态保护示范区、水资源集约节约利用和现代农业发展先行区、高质量发展引领区、黄河文化优势彰显区，在全国落实重大国家战略、服务全国发展大局中走在前列，发挥更大作用。河南省人民政府负责制定流域重要支流污染物排放等事项的地方标准，推进流域重要支流水环境综合治理，打造"小河清、大河净"的水域环境。加强流域农业面源污染防治，推进科学使用化肥、农药等农业投入品，科学处置农用薄膜、农作物秸秆等农业废弃物，实施大中型灌区农田退水污染综合治理，实行耕地土壤环境质量分类管理，依法防治规模化畜禽养殖等造成的污染。

强化流域工业污染协同治理，在煤炭、火电、钢铁、焦化、化工、有色金属等行业企业实施强制性清洁生产，支持其他行业企业实施清洁生产，加快构建覆盖黄河干支流所有入河排污口的在线监测系统。

统筹推进流域城乡生活污染治理，以全覆盖、全收集、全处理为目标，统筹安排建设城镇污水集中处理设施及配套管网，推动农村因地制宜建设污水处理设施，巩固提升城市黑臭水体治理成效，有序开展农村黑臭水体治理，持续改善城乡水环境质量。

流域水环境综合治理规划应在"污染负荷、水体功能、宏观控制、区域协调"的指导思想下，重点完成流域水系河流允许纳污能力、污染物容量总量控制、排放口优化布置与污染物削减方案等方面内容。

流域污染源综合治理和系统截留应重点关注：①节水减污型社会建设构想；②达标尾水深度处理、输导净化和潜设排放技术；③农业产业结构调整与生态布局；④农田面源污染控制和削减技术；⑤农业节水减污和农田退水循环利用；⑥灌区沟渠排灌系统生态化建设；⑦农村洼地坑塘系统湿地化建设；⑧流域农村与城镇协同控污系统。

近年来，国家通过重大水专项，针对湖泊富营养化发生过程和蓝藻爆发机制、水源水质改善、面源污染控制和重污染湖泊生态重建等方面开展研究，取得了理论和技术突破，为河湖水环境治理提供了重要科技支持。但缺乏对流域水循环过程和污染成因的系统分析，缺少从流域尺度对河湖污染控制的全面研究，未能提出流域水环境治理的系统科学方案。

二、黄河流域（河南段）工业污水处理现状

随着社会经济快速发展，流域水环境质量不断下降，河流水质普遍下降，蓝藻水华频繁爆发，水污染事故时有发生，饮用水安全频频告急。严峻的水环境形势和水安全危机，已制约社会经济的可持续发展，威胁人们的生存安全。黄河流域污染已形成点源污染与面源污染共存、生活污染和工业排放叠加、各种新旧污染与二次污染相互复合的严峻形势。

2018年，黄河流域（河南段）工业源和生活源废水排放量为76160.35万t，化学需氧量（COD）排放量为56683.19t，氨氮排放量为6556.05t。工业源废水、COD和氨氮排放量分别占全省工业源水污染物排放总量的20.26%、18.63%和25.38%。水污染物排放重点调查企业分属36个行业，其废水、COD、氨氮、总氮、总磷和石油类排放量分别为9824.66万t、4441.94t、434.79t、1462.43t、23.85t和50.21t。废水直排企业排放的COD、氨氮、总氮、总磷和石油类分别占流域企业排放总量的50.01%、35.73%、28.36%、42.12%和

36.75%。废水直排企业废水和 COD 排放量占流域企业水污染物排放总量的比例相对较高。流域内重金属污染物排放主要涉及铅、镉、汞、总铬和六价铬的排放。

流域 34 个产业集聚区污水处理厂，有 26 个执行《城镇污水处理厂污染物排放标准》（GB 18918—2002）一级 A 标准，有 6 个执行地表水 V 类标准（COD、BOD_5、氨氮、总磷）（新乡市 2 个，濮阳县 1 个，范县 2 个，台前县 1 个），1 个执行《涧河流域水污染物排放标准》（DB41/1258—2016）（渑池县产业集聚区）。接收的工业企业生产废水或洗涤废水，主要有化工、农副食品加工、皮革、装备制造、有色金属冶炼、电力生产等行业废水，其废水的可生化性较差，难以处理。

俞勇（2017）针对河南某产业集聚区已建污水处理厂生化尾水不可生化、难降解有机物和有机磷比值高造成的出水 COD 和 TP 超标情况，研究了聚合硫酸铁混凝、高铁酸钾氧化协同聚合硫酸铁混凝、芬顿试剂氧化对二沉池出水深度处理的污染物指标去除效果。

三、城市污水处理现状

城市污水是通过下水管道收集到的所有排水，一般存在合流制和分流制等不同的排水体制。

合流制排水是将城市雨水与生活污水、工业废水等收集在一个管渠内进行运输、处理和排放。根据对雨水、污水、工业废水处理流程的不同，可将合流制排水分为三种：①直排式合流制；②截流式合流制；③全处理式合流制。

分流制排水指城市的雨水、生活污水、工业废水等的处理使用两套或两套以上的排水管渠系统。分流制排水根据排水方式的不同又分为完全分流制排水、不完全分流制排水和截流式分流制排水。完全分流制排水通常设置两套管渠系统，其中一套雨水管渠收集系统，另一套污水管渠收集系统。前者通过各种排水设施收集城市的雨水和部分较洁净的污水并将其排入就近水体，后者主要将城市中的生活污水、工业废水等汇集起来，送至污水处理厂，经过一系列处理后排放或利用。污水、雨水分流彻底，利于管理。污水处理厂水质更加稳定，易于控制。符合城市环保与卫生的要求。污水处理厂不用考虑雨水截流的设计，降低了成本。

本书所研究的城市污水主要侧重于排水系统中的雨水部分，即地表径流。以黄河流域（河南段）郑州为例，据《郑州日报》2021 年 5 月 31 日刊发的《郑州："会呼吸"的海绵城市 释放综合生态效益》中称："建成排水管网 5162 公里、再生水利用率为 50%……自 2016 年我市成为全省海绵城市建设试点城市，近年来郑州在工程项目中落实海绵城市建设理念，以点带面，以面带动全市，探索中原地区海绵城市建设新思路。统计显示，自海绵城市建设实施以来，全市共计消除易涝点 125 处，消除率 77%。去年再生水利用量达到 3.8 亿 t，再生水利用率为 50%。"此外，许昌市、濮阳市、焦作市、洛阳市、平顶山市、安阳市等均在海绵城市建设、雨水资源利用方面展开工作。通过海绵城市建设，实现雨水资源的节约利用具有重要意义。

针对地表雨水径流特征，国内外学者进行了大量的研究分析，结果表明，初期雨水径流受到严重的污染，同时许多地区雨水径流事件中都发生了比较明显的初期冲刷效应。初期冲刷效应概念为在某一次降雨中，降雨产生的污染物负荷大部分都包含在初期雨水中，所以，为了控制减缓城市地表雨水径流污染，截流初期雨水是主要的措施之一。

1. 源头污染控制措施

城市雨水污染的主要原因是降雨冲刷路面垃圾，所以应从源头控制，保持路面清洁。源头控制一般包括：汽车尾气的减排、交通量的管控、大气污染的治理、垃圾堆积的减少、政策法规的制定及宣传等措施。此外，提高城市清扫和改善清扫方法可以有效控制径流污染，对控制雨水污染具有重要意义。刘翠等（2021）通过对开封市雨水资源利用效益的分析，发现海绵城市实施雨水利用工程（如透水铺装、渗水井、下凹式绿地等源头污染雨水蓄渗设施）后，可以减少雨水径流中的污染物质，从而大大减少因雨水污染而带来的河流水体污染。

2. 管网改造

合流排水立管雨污分流改造常见的方法有新建排水立管、立管后端改造两种技术运用模式。新建排水立管技术是结合小区立管现状新建一套新的排水立管，将合流立管分开设置。通常将小区的合流排水立管改造成污水立管接入小区的污水检查井，新建雨水立管接入雨水检查井。立管后端改造技术是在不增设立管的情况下，利用原有的合流立管，采用一定的技术手段对立管后端的连接管或者检查井进行改造。河南省漯河市雨污分流工程将新建排水立管技术和立管后端改造技术相结合，从主干道和小区入手进行管网的改造。2021年7月，漯河市集中强降雨，原有的25处积水点大大减少，特别是体育场门前、嵩山路北段、棉麻库门前积水严重路段，从往年雨停后12～24h消退缩短到仅用2～3h即消退，内涝问题得到极大缓解。

3. 雨污分流的研究及应用

我国新兴城区（镇街）多采用分流制排水，即雨水、污水各一套排水系统，分别排入自然水体和污水处理厂，互不干扰，这种排水体制造价较高，但后期易于维护，有利于污水有效处理和环境保护。大多数老城区（镇街）的排水系统为雨污合流制，即雨水、污水由同一套排水系统收集，一并排入自然水体，造成大量工业废水和生活污水无序排放，加之部分居民缺乏环保意识，导致水体污染。为解决以上问题，用于初期雨水分离的雨污分流装置得到广泛应用。降雨开始时，污染程度较重的初期雨水通过完全打开的雨污分流装置（浮筒阀）通过排污口被排入污水管网。降雨持续时间较长，强度较大，管网中水位上升就较高，雨污分流装置浮球受水位的上涨影响，浮球通过杠杆原理，带动阀板关闭阀门，设备井室中的水位也就越高。水位到达设计水位时，污水管道前的雨污分流装置（排水调流阀）关闭，阻止雨水进入污水管道。此后，流入井室中的雨水会比较清洁，开始进入雨水管道，最后可直接排放至自然水源中。雨水中的沉积物、漂浮物以及轻质污染物都被截留在装置中。

当雨水管道中的水位降低后，雨污分流装置排水调流阀打开，截留的污染物就会随雨水排入污水管道。止回阀同时可以防止污水管道中的污水通过此装置进入受纳水体，即使发生故障，也可以避免污水回流至雨水管道。2021年12月，河南省永城市黄口镇闫王庄村雨污分流工程正式启动，每个农户家门口都有了新装备——雨污分流设施，很好地解决了农户屋顶雨水与厨房废水、卫生间洗衣水同流，甚至抽水马桶的污水也与雨水管网"同流合污"的问题。

四、农业农村污水治理现状

黄河经三门峡入河南，东出濮阳，呈 V 形分布于河南省中北部，境内干流总长 711km，支流共有 7 条，分别为伊洛河、莽河、沁河、宏龙河、金堤河、天然文岩渠、丹河。黄河流域（河南段）流域面积为 3.6 万 km²，灌区面积 4780 万亩，途经河南 8 个省辖市中的 26 个县（市、区），占河南省总面积的 21.7%。截至 2019 年，沿黄 8 个省辖市总人口约 4000 万人，占全省总人口的 36.3%，城镇化率为 57.24%，GDP 达 28417.06 亿元，占全省 GDP 的 52.37%。

农村污水包括居民生活污水和生产污水。黄河流域（河南段）农村污水最主要来源是农村生产污水，其污染来源有畜禽养殖类粪便污染、水产养殖污染、农用化学品及废弃物污染、居民生活污染，其中化肥、农药的滥用以及农膜、秸秆的不合理处理是造成农业面源污染的主要原因。农村生活污水可细分为灰水和黑水两类，前者主要由厨房用水、洗浴水和洗衣水构成；后者主要由粪便、尿液及其冲洗水构成。流域内耕地面积广阔，农牧业发达，因此污水中氨氮、总氮、总磷、COD 含量较高，施肥季节污染更加突出。农村生活污水有着化学成分杂、时空分布不均、氮磷含量高以及可生化性高的特点，其排放特征与村庄人口规模大小、分布以及经济发展水平相关。

黄河流域（河南段）水资源自然禀赋不足，污水排放至田间、河渠后难以稀释，随雨水冲刷进而污染地表潜水及黄河支流，扩大污染范围，同时亦增加治理难度。国内 70% 的饮用水来自地下水，其中农村饮用水占 95%，伴随着农村污水对水环境的污染，可供村民饮用的合格地下水也逐渐减少，流域内常见水致地方病（如大骨节病、高碘病、氟中毒等）多为井水或水源地中重金属及有机物含量超标所致。近几年随着人均用水定额的提高，乡村污水排放量亦不断增加，而多数乡村缺乏污水收集系统以及污水处理设施，加之村民环境保护意识薄弱，污水防治工作开展困难，其结果是，无序排放的污水不仅影响村容村貌，也使水源地保护区隐患重重。黄河流域（河南段）共有 118 处县级水源地，2019 年核查有 45 处县级水源地需要整治，其各类水污染问题总数达 405 项，完成整改率为 51%，多数水源地周边仍存在生活垃圾堆放、污水未收集处理等问题，一些水源地与工厂污水排放口、养殖场、养殖塘等相邻而建，乡村居民饮水安全问题令人担忧。

据《2019 年中国生态环境状态公报》，黄河流域（河南段）干流水质为优，支流水质为轻度污染，水质较前几年改善明显，但在黄河中上游仍属于污染排放较严重地区。目前流域内农村地区污水治理技术主要有人工湿地、稳定塘、土地处理技术以及一体化处理技术。2017 年河南省农村生活污水处理设施项目总数约 2500 个，其中采用人工湿地、AA/O（生物脱氮除磷工艺）、厌氧预处理技术工艺的项目总数为 470 个。白璐等（2020）以氨氮、总氮、总磷、COD 为污染指标，对黄河流域（河南段）内地级市排放特征进行聚类，发现多数地级市为污染聚集区，其中郑州市为高排放强度区。截至 2020 年，河南省农村生活污水治理率仅 27%，说明流域内污水治理工作存在不足，尤其对最主要的农业面源污染仍然缺乏有效的治理手段。因此，黄河流域（河南段）农村污水治理工作任重道远，在黄河流域生态保护和高质量发展以及乡村振兴两大国家战略推进下，其紧迫性不言而喻。

黄河流域（河南段）农村污水治理工作尚处于起步阶段，虽然河南省内开展农村环境连片整治工作多年，在农村生活污水的治理方面取得一定成果，但由于乡村建设资金投入不足、专业人才缺乏、管理模式滞后等多方面困扰，在推进黄河流域生态保护和高质量发展中，农村污水治理工作依然存在许多问题。

1. 集污管网建设度低，缺乏合理的建管模式

乡镇地区污水管网系统落后，污水难以收集是导致其处理率低的重要因素。"十三五"期间，河南省新增污水管网 7719.7km，50%为老旧管网改造，建制镇规划建设污水管网 1455.1km，污水处理率仅 28.93%，集镇地区污水管网铺设尚未形成规模。流域内农村地区大多住户分散且用于管网建设的资金有限，照搬城市集中式污水处理模式在大多数乡镇地区并不适用。集中式污水管网建设工程投资大、周期长，竣工日期普遍滞后于污水处理设施建设，在资金短缺的乡镇地区，污水处理设施建成后往往因管网系统不完善而达不到预期的设计负荷。

2. 污水处理工艺繁多，难以统一整合管护

市场上可用于处理农村污水的工艺繁多，但由于农村人才缺乏、经济力量有限，以及缺少融资手段，许多污水处理工艺具有局限性。黄河流域农村地区因地形、人口规模、污水量排放大小不同适用于不同的污水处理技术，甚至在同一地区出现十几种污水处理工艺，加大了整合运营的难度。在环境标准、污水排放特征和气候温度不存在较大变化的乡镇地区，其污水处理技术的实用性和统一性应逐渐优化协调，部分乡镇地区盲目追求处理效果而忽视设备运行费用高、操作繁琐、维修困难等问题，从而出现设备"晒太阳"的现象。

3. 农业面源污染严重，缺乏有效的防控措施

黄河流域（河南段）耕地面积广阔，农业发达，但针对农业面源污染的治理措施较少，黄河枯水期大量未处理的农业面源污水及生活垃圾在河道堆积，在黄河丰水期向下游扩散，给下游的污染防治工作带来很大压力。面源污染一旦入河极难治理，虽然部分灌区采用人工湿地、稳定塘及其他组合工艺对污水进行处理，但这都属于末端治理范畴，在农田灌溉高峰期，其污染物去除率难以保证，源头防控与过程拦截等工作尚存在诸多不足。

4. 农村环保意识薄弱，偏远山区缺乏管理

农村污水治理是一个系统工程，仅对污水进行处理防控难以根治，如生活垃圾和农用废弃物等也同样污染周围水环境。在乡村地区，农民作为农村污水治理体系中最大主体，因受教育程度较低，以及缺乏宣传力度，对水环境保护意识不够，其生产活动和日常生活会对农村环境造成一定破坏。尤其偏远山村，基础设施缺乏，居民生活污水随意倾倒，垃圾及畜禽粪便不做收集处理，对当地生态环境的破坏严重。

第三节　水生态修复研究现状

一、水生态修复研究现状

生态修复作为一种恢复生态系统的方法，在早期的研究中，其定义多是简单的描述，

如 Gore et al.（1995）认为恢复或修复的过程是尝试使生物和地球水文过程达到或接近受干扰前的状态。国际生态修复协会（The Society for Ecological Restoration，SER）认为生态修复是帮助退化或受损生态系统恢复的过程，以建立一个可以自我维持的生态系统（Ruiz-Jaen et al.，2005）。即使 Dobson et al.（1997）提出了生态修复的本质，即由较长时间尺度引起的恢复问题的确定和使用或模拟自然过程的人工干涉来解决的过程，其中也仅简单提到方法，并没有详细、全面的概括。

河流生态系统是一个复杂、开放、动态、非平衡和非线性的系统，认识河流本质特征的核心是认识河流生态系统的组成结构与功能，修复受损河流生态系统的核心便是进行河流生态修复（董哲仁等，2010；张振兴，2012）。针对河流生态修复进行的定义，经历了从简单的描述到全面深入阐述的过程，不同的研究者针对其研究内容的差异，从不同的角度分别对其进行了定义。其中最早对河流修复概念进行界定的是 The National Research Council（NRC）在 1992 年的报告中将修复定义为"使生态系统回到接近受损前的状态"，并指出"修复意味着重建受损前水体的功能及相关的物理、化学和生物特征"（王旅等，2003a）。而 Boon（1998）认为修复作为一种可能的保护手段，目的是使河流不再处于半自然状态，其活动本身应集中在重建一种使河流自然过程能够再生的状态，从而使河流生态系统能回到自然演替的轨迹上（赵彦伟和杨志峰，2006）。但由于对河流自然状态难以确定，因此为避免人们的判断过于主观化，"美国河流修复委员会"发展了河流生态修复的概念，提出了目前得到广泛认可的定义：从环境角度，河流修复是保护和恢复河流系统达到一种更接近自然的状态，并利用可持续的特点以增加生态系统的价值和生物多样性的活动，即修改受损河流物理、生物或生态状态的过程，以使修复工程后的河流较当前状态更加健康和稳定（ASCE River Restoration Subcommittee on Urban Stream Restoration，2003），这样定义使抽象的自然状态具体化，明确了河流生态修复的方向。

综上所述，河流生态修复是指以在河流接近自然化的基础上满足人类生产生活要求为目标，通过人工手段改变河流的受损状态，并监测和评价效果的过程。其中修复目标、修复理念和修复影响的评价和监测是河流生态修复的三个重要方面，在以往的研究中分别取得了显著的进展。

一般河流生态修复的目标主要包括河岸带稳定、水质改善、栖息地增加、生物多样性的增加、渔业发达及美学和娱乐（董哲仁，2009），以期河流能够更加自然化，这是修复工程的一个最普遍的目标。

对于不同国家，由于经济发展水平的差异，河流受到人类干扰的程度不同，因此，生态修复的目标也不相同。Nienhuis 和 Leuven（2001）认为河流生态修复是一项很奢侈的行为，对于发达国家还可能实施，其河流修复目标一般包括农业、渔业、河流自然化发展和防洪 4 类，而对一些贫困国家是完全不可能的。国外的众多河流以将水体重建、河流的水文循环恢复、使鱼类和底栖无脊椎动物回到河流以实现河流生态系统完整性作为生态修复的目标（Ward 等，2001）。倪晋仁和刘元元（2006）将河流修复目标分为两类：河流污染治理和生态修复，他们认为我国河流生态修复以改善受污染河流的水质为目标，尚不能完全实现生态修复，这为我国河流恢复今后的发展指明了方向。

基于不同地区的河流修复目标存在的差异性，在修复目标的制定过程中，需要考虑许多因素，包括河流本身和其所处地域的差异。就河流本身而言，由于生态系统的动态性特征，制定目标时不能只考虑河流的静止状态，而是要从整体上把握其未来发展的趋势，设定适当的修复目标（Hobbs 和 Harris，2001）。Boon（1998）认为目标的制定不仅需要考虑是否能实现鱼类等栖息地修复的相关因素，而且要考虑河流系统的整体过程。Pedroli 等（2002）在充分考虑水动力等因素的基础上，提出了设定河流修复目标的策略方法，得出水动力在决定目标动物种群持续潜力方面起到关键作用，说明在设定目标时应重点考虑水动力学等因素。此外，河道形态（Burge，2004）和河床的起伏（James，2006）也是河流修复前需要考虑的因素。但由于河流所处的地域不同，在制定恢复目标时，不能单纯只考虑河流本身的状况，还需要根据其所处地域的生态信息进行分类，并根据其种类来制定目标（Schneiders 等，1999），并注意不同目标之间的协调。如针对跨界河流修复目标的设定，不同国家目标间的相互协调就变得更为重要了。荷兰和比利时对界河马斯河（Maas River）的修复就是一个很好的例子，两国在满足各自目标的基础上进行了合作，虽然进展缓慢，但已经成功地由计划阶段进入到了修复实施阶段（Nienhuis 和 Leuven，2001）。此外，丹麦和英国联合实施的修复 Brede，Cole 和 Skeme 三条河流的 EU-LIFE 工程也是一项典型的多国合作的例子，不仅是在目标的制定方面，而且在修复的每一个环节上都体现了国家间的相互协作（Holmes 和 Nielsen，1998）。

二、水生态修复研究进展

河流生态修复不是打破原有的生态结构和功能而创造新的生态系统，而是要立足于我国目前江河生态现状，以遵循自然规律为前提，在掌握各大河流生态受损程度的基础上，运用现有的修复理念和先进技术，达到对河流生态近自然状态的修复目标，以维持河流生态系统的健康良性循环。

由于受到人类活动、城市化、工业化、水利水电工程等多方面因素的影响，河流的形态、生物多样性、河流水质及水文条件均遭到不同程度的损害。基于河流生态系统的受损机制以及河流生态系统的复杂性、多变性和非线性的特点，总体上说，河流水环境生态修复任务主要从以下三方面来建设：①要建设河流形态多样性；②在保证河流多样性的同时，也要对河流生物多样性进行修复；③从河流水质、水文条件等方面进行修复。

河流形态多样性的修复包括：要保持河流的蜿蜒性以恢复河流纵向上的连续性；要利用生态护坡、生态河底等生态工程替代传统的硬质化工程，从而恢复河流横向和垂向上的连通性；要从整体角度考虑一条河流不同河段的生态特点，从点到线再到面，进行多层次分段化修复。

河流生物多样性修复包括：沿河流廊道和水陆交错带水生、陆生动植物群落的保护，为鱼类、鸟类以及两栖动物提供适宜的生存环境，以维护河流生态食物链的多样性和稳定性。

河流水质、水文条件的修复包括：通过控制污水排放、增建污水处理厂、生物膜法、人工湿地处理污水等技术达到对河流水质的修复。在综合考虑各生态因子的前提下改变水库的调度方式，合理分配水资源以实现河流的生态调度和生态补水，从而维持河流河道最小生态需水量，模拟自然水文变化周期以改善河流下游生境生态条件。

以上三个方面同时又是相辅相成、相互促进、互为保障的联动关系。一方面，河流形态的多样性能促进水质、水文条件的改善，进而促进河流生物的多样性；另一方面，生物群落的丰富又能够为改善水质、水文条件及维持河流形态多样性提供保障。

（一）国外水生态修复研究进展

在意识到以防洪、排涝、航运、灌溉为主要目的传统水利工程以及人类活动对河流生态系统带来的破坏后，西方国家开始有针对性地开展对"非健康"河流的修复工作，包括修复理论的逐步形成和修复工程的逐步实践。其过程大致可分为三个时期：首先是河流生态修复理论的初期阶段；其次是对河流生态修复理论的加工完善丰富阶段；最后经过一系列的复杂过程，终于迎来了河流生态修复理论的阶段。

在 20 世纪 30—50 年代，是河流生态修复理论的初期阶段，1938 年德国 Seifert 第一次提出了"近自然河溪治理"的概念。该理念框架下的河流生态修复治理方案要求使河流达到接近自然标准，同时还必须使治理成本降到最低。其目标是通过人为修复使河流生态恢复至原生自然化状态。Seifert 提出的"近自然河溪治理"的概念为人类对河流生态的修复工作提供了丰富的理论支持，也使人们对河流的修复由传统观念向近自然化观念转变。

20 世纪 50—80 年代，是对河流生态修复理论的加工完善再丰富阶段。西方国家最开始的河流生态修复重点倾向于河流水质的治理和河流污染防控这两方面。随着人们对河流生态受损机制的了解更加深入，意识到河流的渠道化和硬质化是造成河流生态系统退化的重要原因，相关学者开始站在生态学的角度思考传统水利工程存在的弊端，并将其应用于水利工程建设当中。据此，20 世纪 50 年代"近自然河道治理工程学"理念在德国应运而生，并逐步发展成为河流生态修复研究的重要理论支撑。其核心是将生态学原理与工程设计理念相融合，在修复方法上，强调人为治理要与河流的自我恢复能力相结合。1962 年美国生态学家 H.T.Odum 等提出将生态学中的自我设计概念运用到河流的生态修复工程当中，由此生态工程的概念迅速传播开来，并将生态工程定义为"人运用少量辅助能而对那种以自然能为主的系统进行的环境控制"。Schlueter（1971）认为，在对河流生态近自然化治理中，要在满足人类对河流的基本利用要求的前提条件下达到对河溪生态多样性的维护和重塑。直至 20 世纪 70 年代末，瑞士 Zurich 州河川保护建设局在借鉴德国生态护岸试验的基础上对其进一步深入实践，将其延伸发展为"多自然型河道生态修复技术"，其目的是使河流最大化保持原始自然状态。

河流生态修复理论的成熟阶段（20 世纪 90 年代以后）：随着河流修复理论的不断完善以及各种修复手段不断在河流治理中得到成功实践，河流治理的范围也逐渐向多指标和多维度方向拓展。有学者开始将河流水动力学、地质学等知识运用到河流的治理当中。Binder（1983）则认为首先要充分了解河道的水力学特性和地貌特点等基本自然规律，才能更好地对河流进行整治，在这一概念中，明确指出了河流生态治理过程中近自然治理与工程治理两种方法在目的和手段上的差异。Holzmann（1985）认为河流的生态治理应该创造出一个水流断面、水深及流速等水文特征多样性的河溪，并强调河流的近自然治理要面向生境多样性发展。同时。德国、瑞士于 20 世纪 80 年代提出了"河流再自然化"的概念，其最终想法是将河流净化程度达到跟自然水体一样。英国在修复河流时也强调"近自然化"，将河流生态功能的恢复作为治理的重点。

美国的 Mitsch 和 Jorgensn 于 1989 年对 Odum 等在 1962 年提出的生态工程这一概念进行了总结和探讨，从而拓展衍生出了"生态工程"这一理论，奠定了河道生态修复技术的理论基础。日本于 1986 年开始引进和学习欧洲的河道治理经验，随后开创了"创造多自然型河川计划"，并称之为"多自然河川工法"。其理论也随着河流整治工程的不断实践得以完善和发展。

归纳总结国外河流修复的研究成果，其核心理念是将生态学原理应用于工程实践中，其目标是恢复河流生态的多样性，使其达到近自然状态，创造出一个良性循环的河流生态环境。

（二）国内水生态修复研究进展

国内河流生态修复方面的研究在 20 世纪末开始进行。初始阶段主要侧重研究河流生态系统中某一个层面的功能。近年来，国家越来越重视对河流生态环境的保护与修复，相关学者开始从不同角度积极开展对河流生态修复的研究。1999 年高甲荣等系统性阐述了景观生态学在荒溪治理工程中的方法和要点，并在此基础上深入探讨了河溪近自然治理的概念、发展和特征；王超等在 2004 年系统性阐述了水安全、水环境、水景观、水文化和水经济"五位一体"的城市河流水生态系统建设机制，为城市河流的修复提供了理论指导；杨海军（2004）等指出传统的水利工程在一定程度上破坏了河流的生态功能，在分析和总结国内外关于受损河岸生态系统修复研究的基础上，指出了我国在开展受损河岸生态系统修复工作时会面临的问题，并据此提出了相应的解决措施；钟春兴等（2004）详细阐述了河流生态修复的内涵，强调了河道形态的修复在河流生态整治中的重要性，并且要同时兼顾河流在纵向和横向上的修复；赵彦伟和杨志峰（2006）在深入研究城市河流生态系统健康概念的基础上，系统地阐述了城市河流生态健康系统的评价指标体系、评价标准以及评价方法；倪竟仁等（2006）分析了河流治理过程中不同阶段的河流特点和影响因素，提出了自然循环、主功能优先、多功能协调等 10 项河流生态修复原则，并指出了河流生态修复的基本步骤；徐菲等（2014）结合国内外学者的研究成果，对河流治理强调多学科思想相融合指导下的综合型修复将是未来河流修复发展的主要方向；徐艳红等（2017）针对淮河流域河南段部分河流出现的不同程度上的河流生态退化问题，分别构建了三种修复模式和五种修复方法，对淮河流域内生态受损河流的修复具有重要技术指导意义；李飞朝（2019）针对河流提出底泥清理与湿地修复技术，又对生态补水和人工补氧做了相关介绍，指出这两种方法都可以达到净化水体的目的，对河流生态系统的恢复治理达到了很好的效果。

综上，虽然我国在河流生态修复方面的研究起步较晚，但发展迅速，对河流生态系统的修复不再是以单一的水质修复为主，而是逐渐向从流域尺度出发的整体生态修复过渡，在河流生态系统修复的理论、技术和实践上都取得了丰富的研究成果。

（三）河道植物

河南省地跨亚热带和暖温带，水热条件较好，地形复杂，构成了生态环境的多样性，为众多植物的栖息提供了条件，种子植物有 168 科 1121 属 4268 种（含变种及变型）。研究河南水生植物的生物多样性和区系组成对河南的植被组成和园林绿化都有重大的理论意义和实用价值。

1. 水生植物的生物多样性

水生维管束植物目前尚无明确的定义，本节采用 Cook 对水生维管束植物的广义定义，包括所有蕨类植物亚门及种子植物亚门中部分永久或至少一年中数月生活于水中的植物。对 2002 年以来采自河南具有代表性湿地的水生种子植物进行了分类学鉴定，结果表明，河南有水生种子植物 30 科、61 属、125 种、1 亚种、9 变种及 2 变型，其科、属、种的数量占全省种子植物科（168 科）、属（1121 属）、种（4268 种）的百分比分别是 17.86%、5.44% 和 3.21%，其中双子叶植物有 34 种、1 变种，单子叶植物 91 种、1 亚种、8 变种、2 变型。

河南省境内的水生植物以挺水植物为主，有 75 种、1 亚种、5 变种、2 变型，占境内所有水生植物的 60.58%；浮水植物次之，有 33 种、2 变种，占 25.55%；沉水植物较少，有 17 种、2 变种，占 13.87%。河南境内的水生植物以单子叶植物为主，有 91 种、1 亚种、8 变种、2 变型，占 74.45%；双子叶植物次之，有 34 种、1 变种，占 25.55%。河南水生种子植物以多年生草本植物为主，有 78 种、1 亚种、4 变种、1 变型，占 61.31%；一年生草本植物次之，有 47 种、5 变种、1 变型，占 38.69%。水生种子植物的生物多样性构成见表 2-1。

表 2-1　　　　　　　　　　河南省水生种子植物的生物多样性构成

水生植物类型	一年生草本	多年生草本	双子叶植物	单子叶植物
挺水植物	27s, 4v, 1f	48s, 1ssp, 1v, 1f	16s	59s, 1ssp, 5v, 2f
浮水植物	14s	19s, 2v	12s, 1v	21s, 1v
沉水植物	6s, 1v	11s, 1v	6s	11s, 2v
合计	47s, 5v, 1f	78s, 1ssp, 4v, 1f	34s, 1v	91s, 1ssp, 8v, 2f

注　s—种；v—变种；f—变型；ssp—亚种。

2. 水生植物的生活习性、生长环境及分布区类型

河南省水生种子植物的生活习性主要为一年生草本植物和多年生草本植物，其生长环境主要为湖泊、池塘、沟渠、沼泽、水田、河溪、浅水、缓流河水中，其分布区类型有世界广布、泛热带分布、热带亚洲至热带美洲间断分布、旧世界热带分布、热带亚洲至热带大洋洲间断分布、北温带分布、东亚北美洲间断分布、旧世界温带分布、东亚分布等 9 种类型，无热带亚洲至热带非洲间断分布、热带亚洲分布、温带亚洲分布、地中海西亚至中亚分布、中亚分布、中国特有分布等 6 种类型。水生种子植物的生活习性、生长环境及分布区类型见表 2-2。

表 2-2　　　　河南省水生种子植物的生活习性、生长环境及分布区类型

科名	属名	属的分布区类型	种（s）、变种（v）、变型（f）	种名	种的分布区类型	生活习性	生长环境
睡莲科	芡属	14	1s	芡	14	ah　fp	水塘、池沼
	莲属	9	1s	莲	5	ph　ep	池塘
	睡莲属	1	3s	香睡莲	10	ph　ep	水塘、池沼
				睡莲	10	ph　ep	水塘、池沼

续表

科名	属名	属的分布区类型	种（s）、变种（v）、变型（f）	种名	种的分布区类型	生活习性	生长环境
睡莲科	睡莲属	1	1v	红睡莲	10	ph ep	水塘、池沼
	萍蓬草属	8	1s	萍蓬草	8	ph ep	池沼、水塘
金鱼藻科	金鱼藻属	1	1s	金鱼藻	1	ph sp	池塘、河沟
千屈菜科	千屈菜属	1	1s	千屈菜	1	ph ep	山区溪流
	水苋菜属	1	3s	水苋菜	4	ah ep	河滩、稻田中
				耳基水苋	1	ah ep	河滩、沟渠、稻田中
				多花水苋	1	ah ep	水田中
	节节菜属	2	2s	轮叶节节菜	6	ah ep	水田
				节节菜	7	ah ep	水田、水沟
香蒲科	香蒲属	1	7s	香蒲	11	ph ep	湖泊、池塘、沟渠、沼泽、河流缓流处
				宽叶香蒲	1	ph ep	池塘、沟渠、沼泽、湿地、河流缓流处
				无苞香蒲	10	ph ep	湖泊、池塘、沼泽、湿地、河流缓流处
				水烛	8	ph ep	河流、池塘浅水处、沼泽、沟渠
				长苞香蒲	11	ph ep	湖泊、河流、池塘、沼泽、沟渠
				达香蒲	11	ph ep	池塘、河流、沼泽、沟渠
				小香蒲	8	ph ep	池塘、沼泽、河流、渠边、湿地
黑三棱科	黑三棱属	8	2s	黑三棱	8	ph ep	湖泊、河沟、沼泽、水塘边浅水处
				小黑三棱	8	ph ep	湖泊、河沟、沼泽、积水湿地
眼子菜科	眼子菜属	1	14s	小眼子菜	10	ph fp	池塘、湖泊、沼泽、水田、沟渠等静水处
				钝叶眼子菜	8	ph fp	清水河溪中
				尖叶眼子菜	14	ph fp	池塘、小溪及沟渠中
				单果眼子菜	8	ph fp	湖泊、池塘、水沟等静水中
				微齿眼子菜	14	ph fp	湖泊、池塘、河流静水中
				29 菹草	1	ph fp	池塘、水沟、稻田、灌渠及溪流中
				穿叶眼子菜	1	ph fp	湖泊、池塘、灌渠、河流
				光叶眼子菜	8	ph fp	湖泊、沟塘、溪流静水中
				竹叶眼子菜	11	ph fp	沟塘、灌渠、河流静水中

续表

科名	属名	属的分布区类型	种（s）、变种（v）、变型（f）	种名	种的分布区类型	生活习性		生长环境
眼子菜科	眼子菜属	1	14s	禾叶眼子菜	8	ph	fp	池沼、沟塘、溪流静水中
				浮叶眼子菜	8	ph	fp	池沼、稻田、溪流静水中
				眼子菜	11	ph	fp	池塘、水田、溪流静水中
				鸡冠眼子菜	14	ph	fp	池塘、稻田、溪流静水中
				篦齿眼子菜	1	ph	sp	河沟、池塘、稻田中
			1v	钝脊眼子菜	14	ph	fp	池塘、水田、溪流静水中
茨藻科	角果藻属	1	1s	角果藻	1	ah	sp	池沼、稻田、溪流浅水中
			1v	柄果角果藻	14	ah	sp	池沼、稻田、溪流浅水中
	茨藻属	1	3s	大茨藻	1	ah	sp	池塘、湖泊、缓流河水中
				小茨藻	8	ah	sp	池塘、湖泊、水沟、稻田中
				草茨藻	1	ah	sp	池塘、藕田、稻田和缓流河水中
泽泻科	慈姑属	8	2s	矮慈姑	14	ah	sp	沼泽、水田、沟溪浅水处
				野慈姑	11	ph	ep	湖泊、池塘、沼泽、沟渠、水田、河溪
			1v	慈姑	8	ph	ep	湖泊、池塘、水田
			1f	剪刀草	8	ph	ep	湖泊、沼泽、沟渠、水塘、稻田
	泽泻属	8	4s	泽泻	1	ph	ep	湖泊、河滩、溪流、水塘浅水处
				东方泽泻	14	ph	ep	湖泊、水塘、沟渠、沼泽
				窄叶泽泻	14	ph	ep	湖边、溪流、水塘、沼泽和积水湿地
				草泽泻	10	ph	ep	河滩、溪流、水塘
灯芯草科	灯芯草属	1	6s	灯芯草	1	ph	ep	池塘、沟渠、稻田
				野灯芯草	14	ph	ep	水边、浅水中
				细灯芯草	15	ah	ep	池沼边缘浅水处
				星花灯芯草	14	ph	ep	山沟、河滩
				翅灯芯草	14	ph	ep	浅水中
				小花灯芯草	1	ph	ep	水边、河滩

注　s—种；v—变种；f—变型；ssp—亚种；ah—一年生草本；ph—多年生草本；ep—挺水植物；fp—浮水植物；sp—沉水植物。

3. 常见水生植物

黄河流域（河南段）常见水生植物有：水葱、泽泻、香蒲、菖蒲、千屈菜、芡实、凤眼莲等。

（四）人工湿地

黄河流域（河南段）位于黄河的中下游，地形地貌多样且生态问题复杂，水沙不协调致使部分湿地萎缩，威胁生物多样性。黄河流域（河南段）内植被覆盖率低，涵养水源能力较弱，野生动植物栖息地广泛，野生动物资源约 310 种，野生植物资源约 1200 种，物种较为丰富且栖息地保护及修复压力较大。

黄河流域（河南段）由于其特殊的自然环境和区域内以往不合理的发展模式滋生较多的生态问题。首先，土地沙漠化、沙化严重，涉及修复类型多样且难度较大，加之不稳定的生态系统为区域内生态修复造成掣肘；黄河下游净流量较低且泥沙堆积，致使部分河口湿地萎缩和河道泥沙堆积形成"地上悬河"。

河流生态修复技术是一种新的污染河流净化水质技术，污染物可以在原地被分解或是降解，投资少，且不容易造成二次污染等。河流生态修复旨在改善河流水质、恢复河流功能，在河流生态修复过程中要保持水生生物的多样性，处理好河流和地下水的关系并满足河流防洪的要求，实现河流的健康发展，在进行河流生态修复工作时，应该把握河流污染的现状，综合考虑上下游、左右岸的河流污染问题以及水量、水深、流速等因素，采用合适的修复技术。

针对黄河流域（河南段）的水质污染和恶化，企业、政府等采取了多种多样的水生态修复技术，如河流缓冲带净化技术、人工湿地技术、生物膜修复技术和生态浮床等。其中，人工湿地技术以其独特的优势而被广泛应用于黄河流域（河南段）的水生态修复。

1. 河流缓冲带净化技术

河流缓冲带净化技术是指在河岸和河水之间的交错地带或直接在河水中构建一定宽度的各类植被带，利用植物对污染物的净化作用实现河流水质的改善和提升。河流缓冲带可以将一些大粒径的污染物直接过滤，还可以通过植物根系和微生物的作用去除 COD 等污染物质，为水生和陆生动物提供栖息地，而且，可以起到防洪的作用，具有一定的景观效果。例如，芦苇缓冲带对生态系统的恢复有良好的促进作用，而且对河流水质有良好的净化效果，可以有效地削减河流的污染总量。但是植物缓冲带技术太依赖于植物，易受外部环境的影响，如果植物生长不好，处理效果也会大打折扣。

2. 人工湿地技术

河道人工湿地技术是近年来为应对河流水质恶化和生态系统不平衡而采取的一种河流水环境治理措施，通常将污染的河水引入邻近的污水处理设施或河岸的生态湿地等进行净化，然后再返回河道。旁路人工湿地技术最大的优势可以利用自然地形，如河道堤岸带现有洼地、沟渠或池塘，或者作为具有独立净化单元或多级净化单元的人工湿地生态系统，见图2-1。人工湿地技术可以针对污染河水水质状况和沿岸地理环境等实际环境特点，

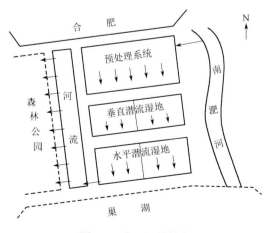

图 2-1 人工湿地技术

采取更适合当地情况的人工湿地可以更有效地达到净化污染河水水质的目的。

3. 生物膜修复技术

生物膜修复技术通过固定生长或附着生长在固体填料载体的表面的微生物所形成的生物膜来达到净化水质的效果。常用的生物膜填料载体有卵石、木炭、沸石、纤维或塑料材质的网格和生态草，这些填料通过巨大的比表面积来捕捉污染物，附着的有益微生物群落能够快速形成生物膜，将污染物进行吸收、降解和转化。生物膜技术处理黄河流域（河南段）受污染的河流水质，有效解决了污染问题，但对大颗粒污染物的去除效果较差。

4. 生态浮床

生态浮床也可叫作人工浮岛或生态浮岛，该技术将绿化技术与漂浮技术结合在一起，包括浮床框架、植物浮床、水下固定装置以及水生植被。它以水生植物为主体，运用无土栽培技术原理，将植物种植于浮于水面的以高分子材料等为载体和基质的床体上，应用物种间的共生关系，充分利用水体空间生态位和营养生态位，从而建立高效的人工生态系统，利用植物根系直接吸收、植物根系和床体基质上附着的微生物降解作用进行水体修复。该技术工程量小，便于维护，处理效果好，且不会造成二次污染，使资源能得到可持续利用。生态浮床具有很强的净化能力，河水经过生态浮床后，COD、TN、TP 和 NH_4^+-N 的浓度均大幅降低，水质得到明显净化。

黄河流域（河南段）两岸建设了多个人工湿地用于河道治理，如黄河国家湿地公园、金水国家湿地公园、金堤河国家湿地公园等，总数量多达几十个。这些湿地公园的建设在水生态修复的同时创造了景观效益、环境效益和经济效益。在沿黄河两岸建设人工湿地，发挥其涵养水分、过滤污水、净化水源的功能，是维护生态平衡、改善生态环境，实现人与自然和谐共处的重要保证。以湿地生态建设为切入点扩大风景区旅游范围，增加风景区的观赏性，缓解风景区发展与环境保护之间的冲突，这样环环相扣、步步相连，将黄河两岸构筑成了一个人与自然和谐共处的栖息之地，全面实现生态效益、经济效益和社会效益的共同发展。

（五）生态驳岸

自古河流是人类文明的起源地，从古代的大禹治水、都江堰，至如今的三峡工程、南水北调工程，人类为了自身的生存和发展，时时刻刻在与自然斗争，利用自然、改造自然；同时也在破坏自然，对河流、河道和湖泊进行了大量的改造，引起了众多生态问题。特别是进入 20 世纪以来，随着科学技术的进步和工程技术手段的提高，人们对河流进行了更大规模整治，兴建了大量水利工程设施。一方面，兴建水利满足了人们对于供水、防洪、灌溉、发电、航运、渔业及旅游等方面的需求，水利工程对于经济发展、社会进步起到了巨大的推动作用，为人类带来巨大的社会利益和经济利益。但，是另一方面，兴建的水利工程设施也在改变着自然河道的演变方式，明显地改变了河流原来的地形地貌，更有甚者影响到了局部气候，特别是在不同程度上降低了河流形态多样性，降低了河流生态系统的服务功能，导致水域生物群落多样性的降低，致使生态系统的健康和稳定性都受到不同程度的负面影响，对河道演变和人类发展造成了较大的影响。至 20 世纪中叶，随着回归自然、景观文化、亲水等新理念的不断涌现，生态护岸技术开始得到了重视，其应用也逐渐广泛起来。

1. 生态护岸的防护原理

在水域相对开阔，水流较缓，河道水位变化不大的河段，可以采用植物的根、茎（枝）或整体作为生态护岸结构的主体元素，对河岸进行防护，这种防护方式将植物的根、茎（枝）或整体按一定方式和方向排列插扦、种植或掩埋在边坡的不同位置，在植物群落生长和建群过程中，植物的根系在土中错综盘结，使边坡土体在其延伸范围内成为土与根系的复合材料，加固和稳定边坡。

2. 传统护岸型式

根据过往研究资料及项目案例，传统护岸型式主要有以下几种：

（1）干砌石护坡。类似案例有吉林省集安市鸭绿江干流青石堤防水毁修复工程、吉林省第二松花江堤防治理工程，迎水坡护砌采用 0.25m 厚干砌石护坡，下设碎石垫层，贴坡铺设无纺布。

（2）浆砌石直立墙护岸。类似案例有吉林省长白县鸭绿江堤防和八道沟防护工程，均采用重力式浆砌石挡墙，墙后设步道。

（3）预制（现浇）混凝土块护坡。比较典型的是吉林省松原市城市防洪工程，为预制六边形制板护坡，预制件厚 0.15m，边长 0.3m，下设垫层，贴坡铺设无纺布反滤。

（4）石笼护坡。比较典型的是饮马河烟北段度汛工程，采用 0.3m 厚石笼（铅丝/格栅）护坡，下设碎石垫层，贴坡铺设无纺布反滤。

（5）模袋混凝土护坡。模袋混凝土护坡是应用广泛的一种硬性材料护坡方式，对于大江大河的治理和保护具有重要意义，在嫩江、松花江等河道治理工程中均有应用，模袋厚度一般为 12～15cm，袋内坡向插有钢筋，袋下贴坡铺设无纺布反滤。

以上属于比较传统的护坡方式，对河道岸坡防护起到了重要作用，但是在生态环境保护、保持原有水环境健康发展方面起到了反面作用，传统硬性材料阻断了水相—陆相—气相的自由交换，对于静置水体，水质恶化现象尤为严重，高高直立的浆砌石挡墙阻断了人们与自然水环境的沟通，也切断了河道内水流与土壤、微生物、植被之间良性循环链条，当地居民更欢迎具有亲水效果、长满绿色植被、水流清澈的河道。

3. 生态护岸类型

我国河道生态护岸建设历史悠久，在古代的河道治理工程中，就有使用柳条、竹子等编成石笼来稳定河岸，随着人们精神文化要求的提高，这种古老的方法愈来愈受到人们的欢迎。国内有关技术人员在古河道治理的基础上提出了多种河流生态岸边保护技术。概括来说，一是"全自然"式护岸，即完全利用植物措施来稳定水岸；二是"半自然"式护岸，即利用工程措施与植物措施相结合的方式。具体来说，主要有以下几种技术：

（1）植草护坡技术。该技术主要用于河道迎水岸坡的防护。在吉林省西部嫩江流域治理过程中，吉林省水土保持研究所许晓鸿、王跃邦、刘明义等（2017）提出了以当地牛毛草、早熟禾、翦股颖等 8 种草本植物为护坡植物，河柳等灌木作为迎水坡脚防浪林的植物护坡措施。这种技术主要利用植被形成的覆盖面，减少土坡裸露，提高坡面表层耐冲刷能力。缺点是柔性护坡的防护安全性得不到保证。

（2）防护林护岸技术。在水岸种植树木，形成连续的林带，在岸坡前形成保护带，洪水时，林带具有削弱的效果，同时可减慢流速，减小水流对水岸的冲刷。缺点是对土质岸坡的有效防护不足，长时间浸泡后，土体饱和后可能会出现滑坡坍塌现象。

（3）三维网垫护坡技术。三维网垫是一种土工合成材料，多用于高速公路边坡及山坡的保护，近年来，发展运用至河道水岸防护工程中。该技术主要利用活性植物结合网垫，在坡面形成自身生长能力的防护系统，通过植物的生长对边坡进行加固。土工网垫往往呈黑色的聚乙烯立体网格状，近年来，为与周围环境协调，开发出绿色的网垫。三维网垫的缺点是抗老化能力较差、易燃、强度低，易遭受人为破坏。

（4）生态袋护坡技术。生态袋护坡技术起源于欧洲，但近年在我国发展较为迅速。生态袋是一种土工织物加工成的编制袋，袋体材料是以聚丙烯（PP）为原材料制成的两面熨烫针刺无纺布。袋内填充土壤和营养成分混合物，植物穿过袋体自由生长，利用根系完成了袋体与主体间的稳固作用，实现了建造稳定性永久边坡的目的。缺点是袋体抗老化性能较差，对植被品种选择性极强，袋体易遭受破坏。

（5）格宾石笼护坡技术。这是一种以铅丝石笼为基础的新型技术，与铅丝石笼体的区别在于更规则、更耐久，仍属硬性防护体。但笼体通透性强，也具有一定的生态效果。缺点是植被覆盖效果较差。

（6）浆砌石护坡技术。使用块石垒砌，砂浆勾缝，刚性好，防护安全性高，但生态效果较差，与植被无法有机融合。

（7）干砌石护坡技术。这是以一定厚度的块石（一般粒径 20cm 以上），砌成一定标准厚度的坡式护岸，与水相、气相交换良好，但坡面基本没有植被覆盖，生态效果不好。

我国生态护岸技术起步较晚，在过去较长一段时间内，在设计和施工中过于重视已有的工程实践和经验，缺少关于生态护岸的理论指导，未能及时总结经验并升华为理论。直到 20 世纪 80 年代后期，我国的一些水利工作者才相继提出了一些关于生态护岸的构建技术和理论，从开始的"水利工程"逐渐发展到"生态水利学"，也有人从"景观设计""环境整治"等角度出发，去研究河道护岸的生态化建设。

随着社会经济的高速发展，城市河道不能仅具"防洪、排涝"这类一般功效（席伟，2014），更应该融入城市景观、生态建设、建筑艺术等各个方面。在此前提下，学者们提出"大水利"和"生态水利"等概念，为水利工程注入新的血液（周世明，2014）。董哲仁等（2014）提出"生态水工学"理念，认为应该结合水工学与生态学理论，不仅应该满足人们对水的需求，还应满足水生态系统的完整性；董哲仁（2018）提到，近年来研究方向上一些新的亮点，其中就包括"考虑了水利工程在水生态系统中的作用机制，改变了长期以来河流生态学以原始的自然河流为其研究对象的局面，把研究重点转向在自然力和人类活动双重作用下的河流生态系统的演替规律，适应了近百年来河流被大规模开发和改造的现实"。

除了理论研究之外，全国各地在城市河道生态修复的研究上也创新了大量的技术手段，并且积累了工程实践经验。目前，生态护坡已在国内外得到大量研究和创新，但研究方向多集中于护坡新材料的研究、服务功能的研究、按照服务功能的不同进行分类和设计、施工方法的研究等。但是，对于生态护岸植被恢复效果的研究较少。

第四节　固体废弃物治理现状

一、我国流域固体废弃物治理现状

固体废弃物，简单来说指的是没有利用价值而被遗弃的固体或半固体物质。根据固体废弃物的来源可分为城市生活固体废弃物、工业固体废弃物和农业固体废弃物三大类。随着人民生活水平的提高和城镇化的快速发展，固体废弃物产生量呈逐年增长态势，年产生量超过 100 亿 t。

固体废弃物具有污染性、资源性和社会性。其污染性表现为固体废弃物自身的污染性和固体废弃物处理的二次污染性。其资源性表现为经济价值不一定大于固体废弃物的处理成本，即固体废弃物是一类低品质、低经济价值资源。其社会性表现为一些固体废弃物通过各种处理方式会得到难以处理的"终态"废弃物，在长期的自然因素作用下，又会缓慢地进入大气、水体和土壤，其危害在数年甚至数十年后才能显现，彼时已造成难以挽救的灾难性后果。

改革开放后，随着城市基础设施的迅猛发展，产生的大量固体废弃物来不及处理或处理不当，对周边环境造成了不良影响，甚至对人身体健康构成了危害，其中处理不得当造成了严重损失的事件有以下几个典型案例。

1991 年，上海市嘉定县盐铁河和江苏省太仓县浏河发生因运输船舶投放含氰化钠危险固体废弃物导致水域污染，使水生生物死亡的恶性社会事件，直接经济损失达 210 余万元。

2004 年，北京市宋家庄地铁站项目施工人员在探井时，由于地处农药厂污染地段，未处理的土壤含有并且释放了大量的废气，导致了多名施工人员中毒。北京市政府着手治理修复 4000 多 m^2 的受污染场地，前后历时 10 年，耗资超 1 亿元。从环境经济学角度估算，该农药厂给社会创造的价值是个负数。

2011 年春节以来，江苏省仪征市古井、谢集、大仪等乡镇接连发生倾倒化学危险固体废弃物的污染事件，导致周围土壤污染，农作物和草木纷纷被灼烧死亡，大量高达 6m 的杨树枯萎死亡，行人接近固体废弃物后有明显头昏眼花的不适感伴随皮肤的刺痛感。

2020 年，我国固体废弃物产生量已高达 100 亿 t，其中以餐厨垃圾、秸秆和畜禽粪便等为代表的有机固体废弃物，年产生量约 60 亿 t；以尾矿、粉煤灰、煤矸石、冶炼废渣、炉渣和脱硫石膏为代表的大宗工业固体废弃物，年产生量约 25 亿 t；以废旧元器件、塑料和金属等为代表的可再生固体废弃物，年产生量超 3 亿 t；还有高污染风险的工业危险固体废弃物，产生量约 4000 万 t。

据相关报道，河南省 2020 年全年固体废弃物产量约 1.62 亿 t，全省固体废弃物处置量为 1.02 亿 t。其中，固体废弃物产量最大的郑州、洛阳、平顶山、安阳和焦作 5 个试点城市已综合利用固体废弃物约 7165 万 t。由此可见，河南省整体对固体废弃物治理重视程度虽大，但是对固体废弃物的治理水平空间分布不均，仍需不断提升。

固体废弃物治理的研究包括多种污染物的治理与研究，相关固体废弃物治理文献主要集中在钢铁厂综合利用、矿山治理和重金属治理等固体废弃物研究，这些研究方向和黄河流域（河南段）发展方向一致。

侯军沛等（2020）调研发现，我国工业固体废弃物 2010 年后年产生量均超过了 30 亿 t，生活垃圾及医疗废弃物存量高达 65 亿 t，电子废弃物中的重金属、制冷剂等造成的污染日益严重。

黄祺等（2021）指出，矿山开发过程中产生的固体废弃物存放占据土地空间较大，受雨水淋滤后有害物质会污染水源，且土壤修复工作的好坏会影响土壤的承载能力。矿山固体废弃物进入人体的途径见图 2-2。根据现存问题，提出了三种矿山开发过程中环境治理的建议；研究了生态修复技术、土壤改良技术、植被复垦技术和农作物复垦技术等内容。

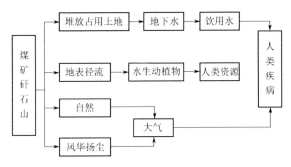

图 2-2 矿山固体废弃物危害途径

王丹丹等（2020）通过理论分析、植被筛选、模型建立和案例分析对比四方面探究尾矿库的生态修复，最大程度地完成废弃尾矿库的整改修复和可持续发展，对比分析合贾沟尾矿库修复的成功案例，给出了矿产行业对生态系统修复效果的几点建议。

祝合勇等（2011）研究了兰州市工业固体废弃物的产生量及处理现状，分析了固体废弃物的污染特性以及对其处置过程中存在的问题，并对兰州市经济发展承受能力、对工业固体废弃物产生量增长趋势进行了预测，并从立法、执法和管理等方面提出了相应的控制对策和建议。

郝建秀等（2021）对黄河干流底泥的重金属进行了分析，其中研究了 6 种重金属（Cu、Ni、Pb、Zn、Cr 和 Cd）在不同土地利用类型区域的生态风险水平情况，其中，Cu、Zn、Cr 和 Cd 在工业区含量最大，水域区含量最小；Ni 和 Pb 含量的最大值分别出现在水域区和城市区，最小值都在林地区。

龚喜龙等（2020）以黄河流域采集的沉积物为研究对象，通过密度浮选的方式提取其中的微塑料，统计了沉积物中微塑料的丰富度和粒径分布等，同时分析了微塑料的组成和表面形貌特征。研究发现：下游沉积物中微塑料平均丰富度高于中上游，且碎片类与发泡类塑料占比高达 78.43%；合成的塑料原材料中氧化聚乙烯和聚苯乙烯含量最高；透明和白色微塑料占比高达 77.83%，1～4mm 粒径占比高达 64.8%。

张春燕等（2015）在养殖固体废弃物的分布特点及其中氮磷钾的分布特点与规模化的关系方面，分析探讨了我国在实行规模化发展支持政策后，养殖固体废弃物及其氮磷钾的时空分布和变化趋势。

刘海涛等（2014）从造纸企业实际问题出发，通过调研、实验分析，首次提出将造纸企业产生的固体废弃物应用于企业供热，解决了造纸企业固体废弃物难以处置的问题。

钟仁华等（2021）从盾构渣土的处置和资源化利用的角度分析了我国盾构渣土的现状，指出全国每年在建隧道产生约 2.25 亿 m³ 的渣土，并提出了多种资源化利用的方法。因为我国处理盾构渣土的方式单一以及能耗高，所以应加大绿色节能多样的再利用技术研究。

由上述研究可知，流域固体废弃物包括生活垃圾、医疗废弃物、电子废弃物、矿山固体废弃物、河底淤泥中的微塑料和重金属、养殖固体废弃物、造纸产生的废弃物和盾构渣土等多种类型的固体废弃物。尤其是，盾构渣土作为一种产生量巨大、资源利用困难的新型固体废弃物，逐渐受到研究人员的重视，研究文献频繁提出盾构渣土产生量大渣土中使用的各类化学渣土改良剂种类繁杂，难以处理。就此提出了多种形式的治理与资源化利用，但是目前处理与资源化利用程度较低。

二、固体废弃物治理研究现状

从固体废弃物的处理方式来看，主要有填埋、焚烧、堆肥、资源回收利用以及各种处理方式的综合利用，其中卫生填埋法占全部固体废弃物收运量的 81.8%，焚烧技术则主要是沿海大中城市优先选用的处理方式，约占收运量的 14.5%，堆肥方式处理城市固体废弃物，约占收运量的 3.7%。

目前，我国已建成投产和在建的建筑垃圾年处置能力在 100 万 t 以上的生产线仅有 70 条左右，小规模处置企业几百家，总资源化利用量不足 1 亿 t。相关企业以民营为主，已建成规模化的生产线实际产能发挥不到 50%，且大多处于非盈利状态。建筑垃圾总体资源化率不足 10%，远低于欧美国家的 90% 和日本、韩国的 95%。

河南省依靠自身焚烧处理的规模优势，逐渐开展大规模的固土废弃物治理。

据中国固废网不完全统计，自 2018 年 11 月中旬至 2019 年 1 月 28 日，短短的两个半月，已有 10 余座垃圾焚烧项目评标工作结束（表 2-3），纷纷落户河南省下属的滑县、商城县、林州市、原阳县、三门峡市、郸城县、获嘉县、唐河县和汝南县等地，总投资超 40 亿元，成为大规模建垃圾焚烧厂的典型省份。

表 2-3 2018 年 11 月中旬至 2019 年 1 月 28 日，河南省启动的 10 余座垃圾焚烧项目

时间	项目名称	所属的地级市	处理规模	总投资/亿元	中标企业
2018 年 11 月 14 日	滑县垃圾清运+静脉产业园焚烧项目	安阳市	1000t/d	4.5	滑县城市发展投资（牵头）；三峰环境、洛阳城市建设勘察设计院、河商域发桑德环保为联合体成员
2018 年 11 月 26 日	商城县垃圾焚烧发电项目 PPP 项目	信阳市	600t/d	2.71	——
2018 年 11 月 29 日	林州市垃圾焚烧发电项目 EPC	林州市	1000t/d	2.66	中国能源建设集团浙江省电力设计院
2018 年 12 月 21 日	河南三门峡环卫+垃圾焚烧项目	三门峡市	——	6.82	北京环境（牵头）；北京中科仁和环保为联合体成员；焚烧：锦江集团牵头，临安嘉盛环保、三门市投贷集团为联合体成员
2018 年 12 月 24 日	郸城县静脉产业园垃圾焚烧项目	周口市	1200t/d（两期）	4.02	康恒环境
2018 年 12 月 29 日	获嘉县第二生活垃圾处理场 PPP 项目	新乡市	填埋区库容为 130.63 万 m³	——	首创环境

时间	项目名称	所属的地级市	处理规模	总投资/亿元	中标企业
2019 年 1 月 18 日	邓州垃圾焚烧发电项目	邓州市	1000t/d	5.78	康恒环境牵头；河南城发环境股份、洛阳城市建设勘察设计院为联合体成员
2019 年 1 月 23 日	新蔡县静脉产业园生活垃圾焚烧发电项目	驻马店市	1200t/d（两期）	3.8	光大国际
2019 年 1 月 23 日	唐河县垃圾焚烧热电项目	南阳市	1200t/d（两期）	4.02	首创环境
2019 年 1 月 26 日	河南新乡溧阳县垃圾焚烧发电	新乡市	1200t/d（两期）	3.32	康恒环境
2019 年 1 月 28 日	汝南县垃圾焚烧项目	驻马店市	900t/d（两期）	3.78	河南城发环境股份有限公司牵头；洛阳城市建设勘察设计院有限公司组成联合体
合计				41.41	

注　1. 本表引自中国固废网，表格制作人：程云。

　　2. 中标企业为公司简称。

2019 年 11 月，河南省发展改革委员会同省住建厅、环保厅、国土厅发布的《河南省生活垃圾焚烧发电中长期专项规划（2018—2030 年）》指出，到 2020 年，在全省形成"村收集、县（市、区、镇）转运、集中焚烧处置"的城乡生活垃圾区域收运和处理新模式，确保全省生活垃圾焚烧处理率达到 50% 以上，集中全力弥补垃圾焚烧能力的不足。

在提升垃圾焚烧处理能力方面，按照"省级统筹，市、县主体"的原则，在河南省全省范围内规划新建生活垃圾焚烧发电项目 75 个，全部建成后新增生活垃圾焚烧处理能力约 7.5 万 t/d。其中，2020 年前计划开工建设项目 53 个，合计处理能力为 5.1 万 t/d，装机容量约 100 万 kW；2021—2030 年，预计开工建设项目 22 个，合计处理能力为 2.4 万 t/d，装机容量约 50 万 kW。

2017 年，郑州市作为国家 46 个试点城市之一，率先启动国家生活垃圾分类试点。2018 年，河南省确定安阳市、洛阳市、焦作市、开封市等 4 个城市开展省级生活垃圾分类试点工作，为全省探索积累经验。

截至 2021 年年底，郑州市生活垃圾分类投放收集设施覆盖 327 万户，安阳市、洛阳市、焦作市、开封市等 4 个省级试点城市完成生活垃圾分类投放收集设施覆盖 77.5 万户，其他 12 个省辖市和济源示范区完成生活垃圾分类投放收集设施覆盖 72 万户，覆盖率得到有效提升，居民分类意识和参与度逐步加强。

另外，郑州市作为国家固体废弃物治理试点城市之一，在固体废弃物治理和防治方面，依然是河南省的标杆城市。

2020 年郑州市处理危险固体废弃物的处置能力为 75.2 万 t/a，并且率先推行危险固体废弃物物联网监管系统技术应用试点工作，对转入转出危险固体废弃物流向做到了"来源可追溯、去向可查询、风险可掌控、责任可追究"；郑州市域生活垃圾处理主要有焚烧发电和卫生填埋两种方式。市域日产垃圾量约 11730 t，现有垃圾处理场 7 座，已建成污泥处理厂 4 座，固体废弃物整体治理水平较高。

在固体废弃物污染防治方面，郑州市围绕"减量化、资源化、无害化"的总体思路，不断提升危险废弃物管理工作；以加强医疗废弃物源头管理为方法，以加强对医疗废弃物收集人员的专业能力为手段，以加强全程监管为保障，优化医疗废弃物的管理和处置；按照"城乡统筹、科学规划、合理布局、适度超前"的原则，加强城市生活垃圾处置能力，逐步实现多元并举的污泥处理工艺路线，以提高城市污泥处理能力。

第三章 区 域 概 况

第一节 自 然 概 况

一、区域位置

河南省位于华北平原南部的黄河中下游地区，西起东经 110°21′，东至东经 116°39′，跨经度 6°18′，东西直线距离约 580km；南自北纬 31°23′，北到北纬 36°22′，跨纬度 4°59′，南北直线距离约 550km。东连山东、安徽，西邻陕西，北与河北、山西相接，南临湖北；全省总面积 16.7 万 km²。

黄河流域位于东经 95°53′~119°05′、北纬 32°10′~41°50′之间，西起巴颜喀拉山，东临渤海，北抵阴山，南达秦岭，横跨青藏高原、内蒙古高原、黄土高原和华北平原等四个地貌单元，地势西部高，东部低，由西向东逐级下降，地形上大致可分为三级阶梯。

黄河流域（河南段）由西向东横跨第二、第三阶梯，整体地势西高东低。西部为太行山山地丘陵区、豫西山地丘陵区、豫西黄土丘陵区，主要包括黄河中游涉及的三门峡市、洛阳市、焦作市、郑州市、济源市，包括太行山、小秦岭、崤山、熊耳山等山脉；东部为黄淮海平原区，主要包括黄河下游涉及的新乡市、安阳市、濮阳市等。

二、地形地貌

河南省地势呈望北向南、承东启西之势，地势西高东低，北、西、南三面由太行山、伏牛山、桐柏山、大别山沿省界呈半环形分布；中、东部为黄淮海冲积平原；西南部为南阳盆地。平原和盆地、山地、丘陵分别占总面积的 55.7%、26.6%、17.7%。灵宝市境内的老鸦岔为全省最高峰，海拔 2413.80m；海拔最低处在固始县淮河出河南省处，仅 23.20m。

三、气候特征

黄河流域处于中纬度地带，受大气环流和季风环流影响的情况比较复杂，因此，流域内不同地区气候的差异显著，气候要素的年、季变化大。

黄河流域（河南段）主要属于暖温带，同时还具有自东向西由平原向丘陵山地气候过渡的特征，具有四季分明、雨热同期、复杂多样和气象灾害频繁的特点。降雨以 6—8 月最多，年均日照 1285.7~2292.9 h，全年无霜期 201~285 d，适宜多种农作物生长。

四、水文概况

河南省地跨长江、淮河、黄河、海河四大流域。河南省内河流大多发源于西部、西北

部和东南部山区，流域面积 100km² 以上的河流有 560 条。全省多年平均水资源总量 403.5
亿 m³，居全国第 19 位；人均水资源占有量约 383m³，相当于全国平均水平的 1/5。

第二节　自　然　资　源

一、水资源

河南省境内有 1500 多条主干河流纵横交错，其中河南省内黄河水系流域面积 100km² 以
上的河流有 88 条。河南省水力资源蕴藏量 490.5 万 kW，可供开发量 315 万 kW。河南省内
大型的水电工程有两个，第一个是具有万里黄河第一坝之称的三门峡水库大坝（图 3-1），建
于 1957 年，是由我国和苏联专家共同设计建造的，集排沙、泄洪和发电为一体；第二个是小
浪底水利枢纽，水库大坝（图 3-2）位于河南省洛阳市以北 40km 的黄河干流上，南岸属孟津
县，北岸属济源市。国家特大型水利重点工程——南水北调中线工程开通以来，河南段常年
平均受水量达 8.7 亿 m³。2017 年，河南省省控河流监测断面中，水质符合Ⅰ～Ⅲ类标准的占
57.5%，符合Ⅳ类标准的占 24.8%，符合Ⅴ类标准的占 7.8%，水质为劣Ⅴ类的占 9.2%。

图 3-1　三门峡水库

图 3-2　小浪底水库

黄河流域（河南段）位于黄河的中下
游，以荥阳桃花峪为界，以上为中游，以
下为下游。黄河干流自陕西潼关进入河南
省，西起灵宝市（图 3-3），东至台前县，
涉及三门峡（图 3-4）、济源、洛阳、郑
州（图 3-5）、焦作、新乡、开封、安阳、
鹤壁、濮阳等 10 市 47 个县（市、区），
河道总长 711km，主要支流有伊洛河、泌
河水系，流域面积 3.62 万 km²，占黄河流
域总面积的 5.1%，占河南全省总面积的
21.7%，见表 3-1。

图 3-3　黄河干流（灵宝市）

图 3-4 黄河干流（三门峡市）

图 3-5 黄河干流（郑州市）

表 3-1　　　　　　　　黄河流域（河南段）流域面积分布表

序号	地市	县（市、区）	涉及乡镇	在黄河流域内面积 /km²	县（市、区）面积 /km²	流域内面积占比 /%
1	三门峡市	湖滨区	所有乡镇	219	219	100.00
2		陕州区	所有乡镇	1610	1610	100.00
3		渑池县	所有乡镇	1368	1368	100.00
4		卢氏县	范里镇、城关镇、官坡镇、东明镇、双龙湾镇、文峪乡、横涧乡、沙河乡、徐家湾乡、潘河乡、木桐乡、杜关镇、官道口镇	2587.66	4004	64.63
5		义马市	所有乡镇	112	112	100.00
6		灵宝市	所有乡镇	2997	2997	100.00
7	洛阳市	老城区	所有乡镇	56.7	56.7	100.00
8		西工区	所有乡镇	56	56	100.00
9		瀍河区	所有乡镇	34.8	34.8	100.00
10		涧西区	所有乡镇	90	90	100.00
11		吉利区	所有乡镇	80	80	100.00
12		洛龙区	所有乡镇	244	244	100.00
13		孟津县	所有乡镇	758.7	758.7	100.00
14		新安县	所有乡镇	1160	1160	100.00
15		栾川县	合峪镇、城关街道、赤土店镇、潭头镇、石庙镇、庙子	2151.20	2478	86.81

　　河南省内黄河干流的主要一级支流包括伊洛河、蟒河、沁河、济河、泓农涧河、青龙涧河、金堤河、天然文岩渠等，主要二级支流包括伊河、洛河、涧河、黄庄河、天然渠、文岩渠等。黄河干流桃花峪以上的中游段两侧均有支流，而桃花峪以下的下游段支流主要集中在干流左岸。

黄河流域（河南段）主要河流水系包括伊洛河水系、蟒沁河水系、天然文岩渠水系、金堤河水系等。

1. 伊洛河水系

伊洛河水系主要河流包括洛河、伊河。

洛河为黄河十大支流之一，是黄河三门峡以下的最大支流，洛河干流在陕西省有两条，西干流发源于蓝田县灞源乡，北干流发源于洛南县洛源乡，汇合后流经陕西省的洛南县和河南省的卢氏县、洛宁县、宜阳县、洛阳市区、偃师市、巩义市，在巩义市审堤村注入黄河，伊河汇入后称伊洛河，河南省境内干流河长 335.5km，流域面积 15813km^2。

伊河是洛河的第一大支流，发源于河南省栾川县陶湾乡三合村闷敦岭，流经嵩县、伊川、洛阳市、偃师市，在顾县乡杨村注入洛河，干流河长 267km，流域面积 5974km^2。

2. 蟒沁河水系

蟒沁河水系主要河流包括沁河、蟒河。

沁河发源于山西省平遥县，由济源市辛庄乡火滩村入河南省境，经沁阳、博爱、温县，至武陟县方陵汇入黄河，河长 495km，流域面积 13069km^2。河南省境内河长 135km，流域面积 737km^2。主要支流丹河，发源于山西省高平县丹珠岭，由博爱县入河南省境，在沁阳县金村汇入沁河，河南省境内河长 33.5km。

蟒河，亦称漭河、莽河，黄河支流沁河的支流，发源于山西省晋城市阳城县南指住山麓花野岭，由北向南，流经晋城市阳城县、河南省济源市、孟州市，分为两支，再经温县、武陟县，在武陟县分别入黄河和沁河，全长 130km，流域面积 1328km^2。

3. 天然文岩渠水系

天然文岩渠水系主要河流包括天然渠、文岩渠。

天然文岩渠属黄河一级支流，其源头分两支，南支称天然渠，北支称文岩渠，均发源于原阳县王禄南和王禄北，在长垣县大车集汇合后称天然文岩渠，于濮阳县渠村入黄河，是新乡市原阳、封丘、延津 3 县和长垣县大部分地区的唯一排水通道，河长 124km，流域面积 2311km^2。

4. 金堤河水系

金堤河水系主要河流包括金堤河、黄庄河、西柳青河。

金堤河属黄河的一级支流，发源于新乡县荆张排水沟，流向东北，经河南、山东两省，至河南省台前县张庄附近穿临黄堤入黄河，地跨河南、山东两省 5 市 12 县，河长 159km，流域总面积 5047km^2。

5. 其他河流

黄河流域（河南段）主要河流水系还有泓农涧河、青龙涧河。

泓农涧河（图 3-6）发源于三门峡灵宝市芋园西，于灵宝市北寨村入黄河，河长 10km，流域面积 2087km^2。

图 3-6 泓农涧河

青龙涧河（图 3-7）发源于三门峡市陕州区南部的大南山、方山和三角山脚下，流经陕州区和湖滨区后注入黄河，全长 45km，流域面积 415.3km²。

二、湿地资源

河南省湿地类型可划分为河流湿地、湖泊湿地、沼泽湿地、人工湿地等四大类，其中人工湿地又可分为水库、池塘、输水河、水产养殖场等。根据全国第二次湿地资源调查结果显示，全省面积大于 8hm² 的湿地面积约 62.81 万 hm²（不含水稻田），仅占河南省国土总面积的 3.76%。河南省湿地分布与地表水资源密切相关，总体呈现北少南多、山区多平原少的特点，黄河和淮河流经地市湿地分布较为集中。

党的十八大以来，随着生态文明建设得到日益重视，河南省人民政府发出了《关于加强湿地保护管理的通知》，并颁布了《河南省湿地保护修复制度实施方案》等多项政策措施。通过建立湿地自然保护区、湿地公园等，不断完善湿地保护管理体系，湿地保护被纳入河南森林生态建设十年规划。据统计，截至 2018 年，河南省共建有各级湿地自然保护区 11 处，建立省级以上湿地公园 48 处，其中国家级湿地公园试点 35 处、省级湿地公园试点 13 处，湿地保护率为 47.8%。河南省天鹅湖国家湿地公园见图 3-8。

图 3-7　青龙涧河

图 3-8　天鹅湖国家湿地公园

三、植物资源

河南省植物兼有南北种类，维管植物有 198 科 1142 属 3979 种，占全国维管植物的 10%，其中，蕨类植物有 29 科 70 属 205 种及变种，多裸子植物有 10 科 28 属 74 种及变种，多被子植物有 159 科 1044 属 3670 种及变种，其中国家级珍稀濒危保护植物 63 种，省级保护植物 64 种，它们共同组成了河南的植物区系。

四、动物资源

河南省已知动物 3500 多种，其中，原生动物 51 种，多孔动物和腔肠动物 6 种，扁形动物 10 种，线形动物 23 种，环节动物 10 种，软体动物 17 种，节肢动物 2500 余种，鱼类 110 种，两栖类 19 种，爬行类 37 种，鸟类 300 余种，哺乳类 72 种，大部分种类有重要经济价值，少部分对农业、林业生产和人类健康有很大危害。

河南动物的地理分布成分属古北界和东洋界，按"中国自然区划分类单位"制定的原则，河南动物区划分为 2 个 I 级区（华北区、华中区）6 个Ⅲ省（豫西北太行山地森林省、豫西黄土台地农作省、豫东豫北平原及南阳盆地农作省、豫西伏牛山地森林省、淮南冲击平原农作省、豫南桐柏-大别山地森林省），全省两栖类 19 种，属东洋界的 12 种，占总种数的 63.1%；古北界 7 种，占总种数的 36.8%。爬行动物 37 种中，属古北界的 5 种，占总种数的 13.5%；古北界和东洋界的共有种计 8 种，占总种数的 21.6%；东洋界 24 种，占总种数的 64.9%。哺乳动物 72 种，除广布种外，属古北界 26 种，占总种数的 52%；东洋界 24 种，占总种数的 48%。济源太行山中国豹通过影像累计辨识个体不少于 6 只。

五、林草资源

1. 森林资源

河南省土地总面积 16.7 万 km^2，位于我国中东部、黄河中下游，处于我国第二阶梯和第三阶梯的过渡地带，属暖温带-亚热带、湿润-半湿润季风气候，冬季寒冷雨雪少，春季干旱风沙多，夏季炎热雨丰润，秋季晴和日照足。复杂多样的地形地貌孕育了南北兼容、丰富多样的生物物种资源，森林植被类型以伏牛山主脉—淮河干流为界，南部属北亚热带常绿落叶阔叶林带，北部属南温带落叶阔叶林带。全省森林资源主要分布于太行山、伏牛山、桐柏山和大别山等山地和丘陵区，以天然阔叶林为主，主要发挥保持水土、涵养水源的生态功能；平原地区森林资源以杨树、泡桐等为主，主要分布于豫东黄淮海冲积平原和南阳盆地等区域。

2017 年，河南省共营造林 48.167 万 hm^2，其中人工造林 12.628 万 hm^2。2017 年年底，共有自然保护区 30 个，面积 76.2 万 hm^2，其中国家级自然保护区 13 个；森林公园 118 个，其中国家级森林公园 31 个；森林覆盖率 24.53%。

根据 2018 年第九次全国森林资源连续清查数据，河南省林地面积 520.74 万 hm^2，森林面积 403.18hm^2，森林蓄积量 20719.12 万 m^3，森林覆盖率 24.14%。

2. 草地资源

根据黄河流域特点，结合廊道建设特色，在沿黄 14 个省辖市选择确定 10 个县布设菌草种植试点，共发展菌草种植 3390 亩。根据第三次全国国土调查初始数据，河南省现有草地面积 404.23 万亩，其中人工牧草地 0.03 万亩、其他草地 404.2 万亩。

六、矿产资源

河南省矿产资源丰富，截至 2021 年，已发现矿藏 107 种。全省已探明储量的矿产有 76 种，其中 47 种居全国前 10 位，13 种居全国第三位。萤石、青石棉、天然碱、珍珠岩等 7 种矿产储量居全国第 1 位；铝土矿和耐火黏土储量、黄金和煤炭产量均居全国第二位；天然气探明储量居全国第三位；玻璃制品产品居全国第四位。形成了三大优势矿产系列，其中，能源系列中，煤炭产量全国第二，天然气产量居全国第三，拥有中原油田和河南油田；有色金属及贵金属矿产资源系列中，钼居全国首位，金、铝居全国首位；非金属矿产资源系列中，耐火黏土、珍珠岩、天然碱、溶剂用石灰石、盐、泥灰岩等 6 种非金属矿产储量居全国前列。

第三节 社 会 经 济

一、人口与民族

2021 年年末,河南省常住人口 9883 万人,其中,城镇常住人口 5579 万人,乡村常住人口 4304 万人;常住人口城镇化率为 56.45%,比 2020 年年末提高 1.02 个百分点。全年出生人口 79.3 万人,人口出生率为 8.00‰;死亡人口 73.0 万人,人口死亡率为 7.36‰;自然增加人口 6.3 万人,自然增长率为 0.64‰。截至 2020 年 11 月,河南全省常住人口中,汉族人口为 9821.0 万人,占 98.84%;少数民族人口为 115.6 万人,占 1.16%。

河南省 56 个民族成分齐全,占比较高的少数民族有回族、蒙古族、满族。少数民族分布呈大分散、小聚居的显著特征。

二、经济与产业

2021 年,根据地区生产总值统一核算结果,全省地区生产总值 58887.41 亿元,按不变价格计算,同比增长 6.3%,两年平均增长 3.6%。其中,第一、二、三产业增加值分别为 5620.82 亿元、24331.65 亿元、28934.93 亿元,同比增长分别为 6.4%、4.1%、8.1%。三次产业结构为 9.5:41.3:49.1。全年人均地区生产总值 59410 元,比 2020 年增长 6.4%。

河南省耕地面积为 687.1 万 hm^2,名列全国第二。总播种面积达 1207 万 hm^2,其中主要是种植粮食作物,是全国粮食产量超过 3000 万 t 大关的 3 个省份之一。

河南工业经济总量稳居全国第五位、中西部省份第一位,新中国成立初期至 21 世纪前 10 年,河南工业结构以冶金、化学、建材、轻纺、能源等传统行业为主。进入 21 世纪特别是中共十八大以来,全省大力发展高技术产业和先进制造业,积极推动战略性新兴产业,工业不断向中高端迈进。

三、交通运输

2019 年 10 月 15 日,交通运输部确定河南省为第一批交通强国建设试点地区。截至 2017 年年末,河南省高速公路通车里程为 6522.63 km,普通干线公路为 3.1 万 km,农村公路 23 万 km。河南境内有京港澳高速、连霍高速、济广高速、大广高速、二广高速、洛宁高速等 17 条国家高速公路大动脉及 50 余条区域高速公路及 105、106、107、207、220、310、311、312、343 等 23 条国道。

截至 2022 年 9 月,河南省共开通轨道交通线路 10 条,其中,郑州市 8 条,全长 232.6km;洛阳市 2 条,全长 43.5 km。

截至 2020 年末,河南省共有通用机场 6 个。已通航客运机场有郑州新郑国际机场、洛阳北郊机场、南阳姜营机场、信阳明港机场。

截至 2017 年年末,河南省有内河航道 1725km。河南的水路航运主要集中在豫东南和豫中地区的郑州、开封、商丘、许昌、平顶山、漯河、周口、驻马店、信阳、南阳等地市,已初步形成了淮河、唐河、白河、贾鲁河、沙颍河等多条通江达海的内河航运通道。

四、古城文化

河南是中华民族和华夏文明的重要发祥地。中华民族的人文始祖黄帝诞生在今河南新郑，中华文明的起源、文字的发明、城市的形成和统一国家的建立，都与河南有着密不可分的关系。在 5000 年中华文明史中，河南作为国家的政治、经济、文化中心长达 3000 多年，先后有 20 多个朝代在此建都、200 多个皇帝在此执政。

（一）历史古都与名城

夏朝、商朝、西周、东周、西汉、东汉、曹魏、西晋、后赵、冉魏、前燕、北魏、东魏、北齐、隋朝、唐朝、武周、后梁、后唐、后晋、后汉、后周、辽朝、北宋、南宋、金朝、民国等 20 多个朝代先后建都或迁都河南。中国八大古都河南占有 4 个，分别为十三朝古都洛阳、八朝古都开封、七朝古都安阳、夏商古都郑州。从夏朝在河南建都起，河南孕育了洛阳、开封、安阳、郑州、商丘、南阳、濮阳、许昌、登封、夏邑、偃师、禹州、长葛、虞城、柘城、济源、汤阴、内黄、温县、鹤壁、淇县、淮阳、新郑、新蔡、遂平、平顶山等古都。

河南省国家级历史文化名城有 8 个，分别是洛阳、开封、安阳、商丘、南阳、郑州、浚县、濮阳，省级历史文化名城 15 个；国家级历史文化名镇 10 个，省级历史文化名镇 51 个；国家级历史文化名村 2 个，省级历史文化名村 46 个；中国传统村落 123 处，省级传统村落 811 处。

（二）中原文化

中原文化博大精深，源远流长。从表层看，是一种地域文化，以河南为核心，以广大的黄河中下游地区为腹地，逐层和向外辐射，影响延至海外。河南省以其特殊的地理环境、历史地位和人文精神，使中原文化在漫长的中国历史中长期居于正统主流地位，中原文化一定程度上代表着中国传统文化。

从深层看，中原文化是黄河中下游地区物质文化和精神文化的总称，是中华民族传统文化的根源和主干，是中华文化的重要源头和核心组成部分。在古代，中原地区不仅是中国的政治经济中心，也是主流文化和主导文化的发源地。无论是口头相传的史前文明，还是有文字记载以来的文明肇造，都充分体现了中原文化在整个中华文明体系中具有发端和母体的地位。从"盘古开天""女娲造人""三皇五帝""河图洛书"等神话传说，到对早期的裴李岗文化、仰韶文化、龙山文化和二里头文化的考古发掘，河南省都有大量的遗址遗物。夏、商、周三代，被视为中华文明的根源，同样发端于河南。作为东方文明轴心时代标志的儒道墨法等诸子思想，也正是在研究总结三代文明的基础上而生成于河南的。

中原文化是中华文明的摇篮，在中华文化发展史上占有突出地位。

第四章　河流水质及有机物现状监测

第一节　研　究　目　标

以黄河流域（河南段）黄河干流和支流为研究对象，通过对水体中常规水质指标的监测以及对水体中溶解性有机物（Dissolred Organic Matter，DOM）的监测，以此明确各河道水体中 DOM 赋存形态及迁移演化规律；通过对水体中 DOM 的迁移转化影响，为水体治理进一步优化提供理论依据。通过测定水体底泥中有机质的含量，为微生物种类多样性和群落结构调整奠定基础。运用紫外-可见光谱相关性分析，解析干支流水体中溶解性有机质的赋存形态特征，掌握 DOM 的沿程演变规律。

第二节　研　究　区　域　与　方　法

一、研究区域概况

伊洛河是郑州市境内最大的黄河支流，发源于洛阳伊川西部山区，两条较大支流伊河、洛河在洛阳偃师市汇合后进入巩义市境内，在巩义市内全长 37.8km，河床宽度 120~225m，平均流量 120m³/s，平均年径流量 35.5 亿 m³，流域面积 803km²。

汜水河由两条支流汇成，南支流源于新密市五指山区，西支流源于巩义市小关、新中山区，在巩义市米河两河口汇合，贯穿荥阳市西部，于荥阳市汜水镇口子村汇入黄河。流域面积 373km²，全长近 30km。

枯河源于荥阳王村乡，向东北在广武附近进入郑州市区，并沿邙山山脉在郑州北郊汇入黄河，河流的流域面积为 300km²，全长 50km。

沁河发源于山西省平遥县黑城村，自北向南，过沁潞高原，穿太行山，自济源五龙口进入冲积平原，于河南省武陟县南流入黄河。河长 485km，流域面积 13532km²。流域边缘山岭高程多在 1500m 以上，中部山地高程约 1000m。流域内石山林区占流域面积的 53%，土石丘陵区占流域面积的 35%，河谷盆地占流域面积的 10%，冲积平原区占流域面积的 2%。

二、采样点分布

以黄河流域干流及其河南段主要支流为研究对象，在干、支流上共设置 5 个采样点。采样点位置分布见表 4-1。黄河流域干流及支流主要包括黄河、伊洛河、汜水河、枯河桥、沁河，它们所对应的断面分别为：八卦亭、河洛镇伊洛河大桥、汜水镇汜水河桥、广武镇枯河桥、水浒新村沁河桥。

表 4-1　　　　　　　　　　　　　　　采样点位置分布

河流名称	采样点（断面）名称	经度/(°)	纬度/(°)	断面描述
黄河	八卦亭	113.674	34.905	惠济区黄河大坝路八卦亭
伊洛河	河洛镇伊洛河大桥	113.042	34.808	沿黄河快速通道伊洛河大桥，与黄河交汇处下游
汜水河	汜水镇汜水河桥	113.204	34.848	荥阳市康泰路汜水河桥，与黄河交汇处下游
枯河	广武镇枯河桥	113.430	34.904	广武镇荥广路枯河桥，与黄河交汇处下游
沁河	水浒新村沁河桥	113.512	34.983	焦作市武陟县水浒新村旅游景点沁河桥，与黄河交汇处下游

三、样品预处理

2021 年 11 月，于黄河流域黄河干流和黄河支流伊洛河、汜水河、枯河、沁河，郑州市内其他河流索须河、贾鲁河、熊儿河、金水河、七里河、东风渠进行采集表层水样，表层厚度为 0～50cm，采样设施为有机玻璃采水器。采集的水样放于聚乙烯塑料瓶中，保温箱内保存。水样经 0.45 μm 滤膜过滤，再使用聚醚砜水系针式滤头（0.22 μm）过滤后放入冰箱中 4℃保存进行样品分析。

四、样品测定

（一）水样 DOC 的测定

取过滤水样 15mL，使用总有机碳分析仪（Elementa Vario）测定溶解性有机碳（DOC）的浓度，单位为 mg/L，仪器内置稀盐酸用于去除无机碳。

（二）水质常规参数的测定

水温、溶解氧（DO）和 pH 值等水体参数在采样时现场测定，其中水温和 DO 使用便携式溶解氧测定仪（哈希 HQ30d）测定；pH 值采用哈希 HQ30d 测定。

（三）紫外可见光吸收光谱的测定

紫外可见光吸收光谱采用 DU-800 紫外分光光度计（美国 Beckman）测定，光谱范围为 200～800nm，步长 1nm，比色皿光程 10mm，测吸光度时，以去离子水做空白对照。UV-Vis 光谱主要包括了 DOM 的吸收系数 α_{355}、α_{254}、$SUVA_{254}$、E_2/E_3 和光谱斜率参数 $S_{275-295}$。

吸收系数为单位光程下样品对紫外-可见光的吸收程度，计算方法如下：

$$\alpha_\lambda = \ln 10 A_\lambda / l \qquad (4-1)$$

式中：α_λ 是波长 λ 处的吸收系数，m^{-1}；A_λ 为波长 λ 处的吸光度，各样品通过扣除 700～800nm 间吸光度均值，以消除仪器噪声以及细小微粒散射等造成的影响；l 为比色皿光程，m。

$SUVA$ 是对 DOC 含量标准化后的 DOM 吸收系数，反映了单位 DOC 下 CDOM 的吸光能力，采用 254nm 处的吸收系数进行 $SUVA$ 值的计算，计算方法如下：

$$SUVA_{254} = \alpha_{254} / \rho_{DOC} \tag{4-2}$$

式中：$SUVA_{254}$ 为 254nm 波段下的 DOM 吸收系数，简化后的单位为 L/（mg·m）；α_{254} 为波长 254nm 处的吸收系数，m^{-1}；ρ_{DOC} 为水样的 DOC 浓度，mg/L。

吸收系数比值 E_2/E_3 为反映 DOM 分子量大小的重要指标，以 250nm 和 365nm 波长下的吸收系数比值进行计算，即：

$$E_2/E_3 = \alpha_{250}/\alpha_{365} \tag{4-3}$$

光谱斜率参数 S 是用来判定 DOM 结构组成的重要指标，通过对吸收光谱的非线性拟合所得，其拟合模型为：

$$\alpha_\lambda = \alpha_{\lambda 0} e^{-S(\lambda-\lambda 0)} + k \tag{4-4}$$

式中：α_λ 为波长 λ 处的吸收系数，m^{-1}；$\alpha_{\lambda 0}$ 为参考波长 λ_0 处的吸收系数，m^{-1}；k 为背景散射项；S 为吸收光谱的斜率参数。通过对波段 275～295nm 拟合，得出 $S_{275}～S_{295}$。

第三节　结　果　与　分　析

一、常见水质指标

（一）水温

温度是水环境中重要的影响因子，它对水生生物有着巨大的意义，影响着河流的水质，如溶解氧和悬浮物的浓度。研究区各采样点水温见表 4-2。黄河干流采样点的水温为 9.2℃，黄河河南段支流伊洛河、汜水河、枯河、沁河等各河采样点的水温分别为 12.2℃、13.7℃、11.7℃ 和 13.1℃。

表 4-2　　　　　　　　　　　　　采 样 点 水 温

河流名称	黄河	伊洛河	汜水河	枯河	沁河
采样点水温/℃	9.2	12.2	13.7	11.7	13.1

（二）pH 值

pH 值可以用来描述水体的酸碱性强弱程度，研究区各采样点 pH 值见表 4-3。黄河干流采样点的 pH 值为 6.03，黄河河南段支流伊洛河、汜水河、枯河、沁河等各河采样点 pH 值分别为 7.52、7.40、7.87 和 8.03。所有采样点的 pH 值均在《地表水环境质量标准》（GB 3838—2002）规定的 6～9 范围内，满足标准规定的限值。黄河干流水质呈弱酸性，而其他支流采样点水质呈弱碱性。

表 4-3　　　　　　　　　　　　　采 样 点 pH 值

河流名称	黄河	伊洛河	汜水河	枯河	沁河
采样点 pH 值	6.03	7.52	7.40	7.87	8.03

（三）溶解氧（DO）

溶解氧（DO）对于水生生物的生理活动或生产力水平具有重要意义，是评价河流水质优劣的重要指标之一。研究区各采样点 DO 的浓度见表 4-4。黄河干流采样点的 DO 浓度为

9.70mg/L，黄河河南段支流伊洛河、氾水河、枯河、沁河等各河采样点 DO 浓度分别为 9.57mg/L、8.99mg/L、5.15mg/L、9.86mg/L。由此可以看出，除了枯河采样点的 DO 浓度高于 5mg/L，为 GB 3838—2002 规定的Ⅲ类标准，其他采样点均高于 7.5mg/L，为 GB 3838—2002 规定的Ⅰ类标准。

表 4-4　　　　　　　　　　　　采样点溶解氧（DO）浓度

河流名称	黄河	伊洛河	氾水河	枯河	沁河
采样点 DO 浓度/（mg/L）	9.70	9.57	8.99	5.15	9.86

（四）化学需氧量（COD）

化学需氧量（COD）是指处理水样时所消耗的氧化剂含量，本研究中化学需氧量采用的氧化剂为铬酸钾，它可以较快测定并反映有机物污染的参数。研究区各采样点 COD 浓度见表 4-5。黄河干流采样点的 COD 浓度为 14.23mg/L，黄河河南段支流伊洛河、氾水河、枯河、沁河等各河采样点的 COD 浓度分别为 7.11mg/L、6.97mg/L、15.06mg/L、8.07mg/L。由此可以看出，除了枯河采样点的 COD 浓度在 15～20mg/L，为 GB 3838—2002 规定的Ⅲ类标准，其他采样点均小于 15mg/L，为 GB 3838—2002 规定的Ⅰ类标准。

表 4-5　　　　　　　　　　采样点化学需氧量（COD）浓度

河流名称	黄河	伊洛河	氾水河	枯河	沁河
采样点 COD 浓度/（mg/L）	14.23	7.11	6.97	15.06	8.07

（五）总氮（TN）

总氮（TN）是指水体中各种形态的无机氮和有机氮含量的总和，它常被用来评价水体的富营养化程度，是水质监测和评价的重要指标之一。研究区各采样点 TN 浓度见表 4-6。黄河干流采样点的 TN 浓度为 2.74mg/L，黄河河南段支流伊洛河、氾水河、枯河、沁河等各河采样点的 TN 浓度分别为 7.84mg/L、27.43mg/L、21.49mg/L、14.51mg/L。由此可以看出，黄河河南段干支流各采样点的 TN 浓度均大于 2.0mg/L，为 GB 3838—2002 规定的Ⅴ类标准。

表 4-6　　　　　　　　　　　　采样点总氮（TN）浓度

河流名称	黄河	伊洛河	氾水河	枯河	沁河
采样点 TN 浓度/（mg/L）	2.74	7.84	27.43	21.49	14.51

（六）氨氮（NH₃-N）

氨氮（NH_3-N）是指水体中以游离氨和铵离子形式存在的氮，一般盐水中的游离氨会对水生生物产生极大的毒性，pH 值和水温越高，其毒性越强。研究区各采样点氨氮（NH_3-N）浓度表 4-7。黄河干流采样点 NH_3-N 浓度为 0.24mg/L，黄河河南段支流伊洛河、氾水河、枯河、沁河等各河采样点的 NH_3-N 浓度分别为 0.53mg/L、1.20mg/L、9.39mg/L、0.90mg/L。由此可以看出，黄河河南段干流各采样点的 NH_3-N 浓度在 0.15～0.5mg/L，为 GB 3838—2002 规定的Ⅱ类标准；各支流中伊洛河和沁河的采样点的 NH_3-N 浓度在 0.5～1.0mg/L，为 GB 3838—2002 规定的Ⅲ类标准；氾水河采样点的 NH_3-N 浓度在 1.0～1.5mg/L，为 GB 3838—2002 规定的Ⅳ类标准；而枯河采样点的 NH_3-N 浓度大于 2.0mg/L，为 GB 3838—2002 规定的 V 类标准。

表 4-7 采样点氨氮（NH_3-N）浓度

河流名称	黄河	伊洛河	氾水河	枯河	沁河
采样点 NH_3-N 浓度/（mg/L）	0.24	0.53	1.20	9.39	0.90

（七）总磷（TP）

水体中的磷是藻类生长需要的一种关键元素，过量磷是造成水体污秽异臭，使湖泊发生富营养化和海湾出现赤潮的主要原因。研究区各采样点总磷（TP）浓度见表 4-8。黄河干流采样点 TP 浓度为 0.026mg/L，黄河（河南段）支流伊洛河、氾水河、枯河、沁河等各河采样点的 TP 浓度分别为 0.039mg/L、0.0082mg/L、0.52mg/L、0.0082mg/L。由此可以看出，黄河河南段干流和伊洛河的采样点的 TP 浓度在 0.02～0.1mg/L，为 GB 3838—2002 规定的Ⅱ类标准；氾水河和沁河的采样点的 TP 浓度小于 0.02mg/L，为 GB 3838—2002 规定的Ⅰ类标准；枯河采样点的 TP 浓度大于 0.4 mg/L，为 GB 3838—2002 规定的 V 类标准。

表 4-8 采样点总磷（TP）浓度

河流名称	黄河	伊洛河	氾水河	枯河	沁河
采样点 TP 浓度/（mg/L）	0.026	0.039	0.0082	0.52	0.0082

（八）底泥有机质

底泥微生物在底泥有机碳转化过程中起到重要作用，会产生大量的胞外酶参与到物质循环过程中，微生物种类多样性和群落结构影响底泥有机质，有机质含量的大小也影响着微生物群落的大小、生物量、密度和生产力。研究区各采样点底泥有机质含量见表 4-9。黄河干流采样点 VSS/SS 值为 4.36%，黄河河南段支流伊洛河、氾水河、枯河、沁河等各河采样点的 VSS/SS 值分别为 4.1%、2.4%、2.4%和 2.5%。

表 4-9 采样点底泥有机质含量

河流名称	黄河	伊洛河	氾水河	枯河	沁河
采样点 VSS/SS/%	4.36	4.1	2.4	2.4	2.5

（九）小结

黄河干流水质呈弱酸性，而黄河河南段各支流采样点水质呈弱碱性；DO 浓度除枯河为 GB 3838—2002 规定的Ⅲ类标准外，均满足 GB 3838—2002 规定的Ⅰ类标准；黄河干、支流采样点 COD 浓度除枯河采样点在 15～20mg/L，为 GB 3838—2002 规定的Ⅲ类标准，其他采样点均小于 15mg/L，为 GB 3838—2002 规定的Ⅰ类标准；黄河干流采样点 TN 浓度为 2.74mg/L，而其他黄河河南段支流则远大于 2.0mg/L，干支流 TN 浓度均为 GB 3838—2002 规定的 V 类标准；黄河干支流采样点的 NH_3-N 浓度差别较大，其中枯河的 NH_3-N 浓度最高，为 GB 3838—2002 规定的 V 类标准；黄河干支流采样点的 TP 浓度差别也较大，其中枯河采样点的 TP 浓度大于 0.4mg/L，为 GB 3838—2002 规定的 V 类标准。以上数据表明，枯河水质较差，这可能是由于沿河雨水的汇入或污水造成的。河道底泥有机质数据表明，黄河干支流采样点的有机质含量基本相当，在2%～5%。

二、DOM 来源分析

（一）a_{355}

一般以 355nm 处的吸收系数 a_{355} 代表有色溶解性有机质（CDOM）的相对浓度。研究区各采样点 a_{355} 值见表 4-10。黄河干流采样点的 a_{355} 值为 6.66，黄河河南段支流伊洛河、汜水河、枯河、沁河等各河采样点的 a_{355} 值分别为 3.58、2.49、5.49、2.42。由此可见，黄河流域黄河干流和枯河采样点的 CDOM 吸收系数 a_{355} 均高于伊洛河、汜水河、沁河等各河采样点的吸收系数 a_{355}。黄河干流采样点可能是由于水体流动性差，而枯河采样点由于有雨水汇入，导致两处水质含有大量生色团含量及共轭结构，从而导致 CDOM 浓度偏高。

表 4-10 采样点底泥吸收系数 a_{355} 值

河流名称	黄河	伊洛河	汜水河	枯河	沁河
采样点 a_{355}	6.66	3.58	2.49	5.49	2.42

（二）a_{254}

研究区各采样点吸收系数 a_{254} 值见表 4-11。黄河干流采样点的 a_{254} 值为 24.95，黄河河南段支流伊洛河、汜水河、枯河、沁河等各河采样点的 a_{254} 值分别为 16.94、11.15、20.66、13.00。

表 4-11 采样点底泥吸收系数 a_{254} 值

河流名称	黄河	伊洛河	汜水河	枯河	沁河
采样点 a_{254}	24.95	16.94	11.15	20.66	13.00

（三）$SUVA_{254}$

有机物在 254 nm 处吸光度主要由芳香族有机化合物结构中所含的不饱和碳碳双键和不饱和共轭双键产生，该结构越多，该处的紫外线吸收强度越强。因此，常用紫外线参数 $SUVA_{254}$ 值来反映 DOM 组分中芳香度水平。Weishaar 等（2003）从河流、湖泊、大洋等自然水体中提取的富里酸、腐殖酸和疏水性酸的 $SUVA_{254}$ 值变动范围为 1.4～12.2L/（mg·m）。研究区各采样点 $SUVA_{254}$ 值见表 4-12。黄河干流采样点的 $SUVA_{254}$ 值为 1.75L/（mg·m），黄河河南段支流伊洛河、汜水河、枯河、沁河等各河采样点的 $SUVA_{254}$ 值分别为 2.38L/（mg·m）、1.60L/（mg·m）、1.37L/（mg·m）、1.61L/（mg·m）。根据以上数据，只有枯河采样点的 $SUVA_{254}$ 值不在 1.4～12.2L/（mg·m）范围内，其他均在此范围内，说明黄河河南段干支流 CDOM 中分子结构中的芳香化程度较高。

表 4-12 采样点的 $SUVA_{254}$ 值

河流名称	黄河	伊洛河	汜水河	枯河	沁河
$SUVA_{254}$ /[L/（mg·m）]	1.75	2.38	1.60	1.37	1.61

（四）E_2/E_3

特定波长的吸收系数之比 E_2/E_3 是表征 CDOM 结构特性的参数。250nm 与 365nm 吸收系数比值（E_2/E_3）与 CDOM 相对分子量的大小成反比，其值越大，CDOM 的分子量越小。分子量可进一步反映出腐殖酸、富里酸在其中所占的比例。研究表明，当 E_2/E_3 较高（$E_2/E_3>3.5$）时，CDOM 中富里酸含量较多，相对分子量较小；反之，腐殖酸含量较多，相对分子量则较大。研究区各采样点 E_2/E_3 值见表 4-13。黄河干流采样点的 E_2/E_3 值为 4.43，黄河河南段支流伊洛河、汜水河、枯河、沁河等各河采样点的 E_2/E_3 值分别为 5.80、5.88、4.78、6.94。根据上述数据，所测样品中的 E_2/E_3 值均大于 3.5，表明黄河河南段干支流 CDOM 中富里酸所占比例较大，而腐殖酸含量较小。

表 4-13　　　　　　　　　　　　　　采样点的 E_2/E_3 值

河流名称	黄河	伊洛河	汜水河	枯河	沁河
E_2/E_3	4.43	5.80	5.88	4.78	6.94

（五）$S_{275\sim295}$

光谱斜率 S 是用以表征 CDOM 吸收系数随波长增加而递减速率的参数，与 CDOM 的组成有关，而对其浓度变化并不敏感。拟合波段的不同，所得到的 S 值往往具有较大差异，一般短波波段值要高于长波波段。275～295 nm 波段内的光谱斜率与 CDOM 相对分子量大小呈显著负相关。CDOM 的来源不同，光谱斜率 S 也有所不同，这主要是由于 CDOM 中富里酸和腐殖酸所占比例不同造成的。研究区各采样点 $S_{275\sim295}$ 值见表 4-14。黄河干流采样点的 $S_{275\sim295}$ 值为 0.015，黄河河南段支流伊洛河、汜水河、枯河、沁河等各河采样点的 $S_{275\sim295}$ 值分别为 0.014、0.008、0.016 和 0.014。

表 4-14　　　　　　　　　　　　　　采样点的 $S_{275\sim295}$ 值

河流名称	黄河	伊洛河	汜水河	枯河	沁河
$S_{275\sim295}$	0.015	0.014	0.008	0.016	0.014

（六）小结

黄河干流采样点可能是由于水体流动性差，而枯河采样点由于有雨水汇入，导致两处水质含有大量生色团含量及共轭结构，从而导致 CDOM 浓度偏高；$SUVA_{254}$ 值表明，黄河河南段干支流 CDOM 中分子结构中的芳香化程度较高；E_2/E_3 值均大于 3.5，表明黄河河南段干支流 CDOM 中富里酸所占比例较大，而腐殖酸含量较小；光谱斜率 S 数据表明，黄河河南段干支流 CDOM 中富里酸和腐殖酸所占比例差别不大。

第五章 生态保护和高质量发展现状分析与存在问题

第一节 现 状 分 析

一、生态保护和高质量发展现状分析

（一）生态保护现状

生态文明建设是协调人类和自然环境和谐共处必不可少的社会活动，也是关系到中华民族永续发展的根本大计。随着经济的快速增长和综合国力的不断提高，在人民生活水平显著提高的同时，生态环境保护工作也在不断优化改革。河南省在探索发展的道路上，同时加大了对污染防治的整治规划，在发展中解决问题。河南省在生态文明建设方面稳步推进，发生了全局性变化。全省主要污染物排放总量持续大幅下降，生态环境质量明显提升。2020 年经生态环境部审核认定，河南省生态环境约束性指标全面完成，空气和水两项指标综合评价结果均为"优"，土壤污染防治工作走在全国前列，圆满完成污染防治攻坚战三年行动计划目标任务。

生态环境指数（Ecological Environment Index）是指反映被评价区域生态环境质量状况的一系列指数的综合，根据生态环境状况指数，将生态环境分为 5 级，即优、良、一般、较差和差。2019 年，全国生态环境状况指数（Ecological Indes，EI）值为 51.3，生态质量优和良的县域面积占国土面积的 44.7%。而河南省生态环境状况指数（EI）值为 62.6，生态环境质量等级为"良"。各省辖市及济源示范区生态环境状况指数（EI）值为 53.7～75.9，其中，三门峡市生态环境质量等级为"优"，郑州等 13 个省辖市及示范区生态环境质量等级为"良"。

本书选取黄河流域（河南段）2010—2019 年各生态环境指标进行分析，深入了解该研究区域内生态环境变化趋势及情况。数据均取自河南省统计年鉴。

1. 植被及绿化情况

根据全国第二次湿地资源调查结果，河南省湿地总面积 62.79 万 hm^2，占全省国土面积的 3.8%。湿地种类包括河流湿地、湖泊湿地、沼泽湿地和人工湿地 4 类。截至 2020 年年底，河南省已建立湿地类型自然保护区 11 处（国家级 3 处、省级 8 处），总面积 371 万亩。建立省级以上湿地公园（含试点）98 处（国家级 35 处、省级 63 处），总面积 184 万亩。截至 2020 年年底，河南省已建立省级以上自然保护区 30 处，面积 1154 万亩，占全省国土面积的 4.6%。其中，国家级自然保护区 13 处，面积 671 万亩；省级自然保护区 17

处，面积 483 万亩。但从总体趋势来看，湿地面积剧烈削减，已由 2011 年的 111 万 hm² 减少到 2019 年的 62.79hm²，消耗了全省将近一半的湿地面积。

相比湿地的发展趋势，森林情况发展情况较好。森林作为陆地生态的主体，是自然生态系统的碳储库、基因库和调节中枢。截至 2018 年年底，河南省森林总面积共 416.5 万 hm²，森林覆盖率达到 24.9%，见图 5-1。现有省级以上森林公园 129 个，面积 451.35 万亩。其中，国家级森林公园 33 个，面积 189.3 万亩；省级森林公园 96 个。2005—2018 年，河南省森林面积显著增加，并呈现逐年升高的趋势，总面积共增长了 54%。全省森林覆盖率由 2005 年的 16.2%增长到 2018 年的 29.4%。这一阶段性的成果离不开人工造林措施的实施。河南省主要采取人工造林、封山育林、飞播造林等技术开展植树造林，并同时实施石漠化土地综合治理、沙化土地综合治理、林业重点生态建设保护修复工程、森林质量精准提升工程等相关工作。持续的人工造林政策维持了每年稳定的人工造林面积，平均每年可以达到 17.1 万 hm² 的新增森林面积。但随着森林面积扩大和生态系统逐渐稳定，人工造林面积出现下滑趋势，2016 年仅新增 9.76 万 hm²。

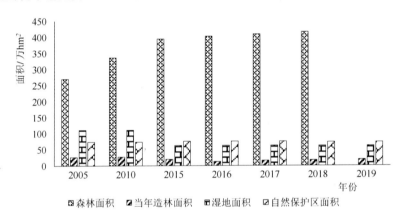

图 5-1 河南省自然保护区及植被情况

2. 水环境现状

河南省总土地面积 16.7 万 km²，其中黄河流域 3.62 万 km²，占全省总面积的 21.7%。河道形态多上宽下窄，存在着不利于排泄洪涝的特性。全省流域面积 50km² 及以上的河道共 1030 条，其中黄河流域 213 条。黄河在灵宝市进入河南省境内，流经三门峡、济源、洛阳、郑州等 10 个省辖市。孟津县白鹤乡以上是一段峡谷，其下均为平原。河南省内干流河长 711km，主要支流有伊洛河、沁河水系。河南省境建有三门峡、小浪底、西霞院、故县、陆浑、窄口、河口村等 7 座大型水库，干流建有北金堤蓄滞洪区。

（1）降水量。2020 年，河南省平均年降水量为 836.8mm，较常年偏多 14%。2010—2013 年降水量呈现明显下降趋势，仅 3 年时间下降 329.2mm，在 2013 年达到最低，年降水量为 576.6mm。但从 2014 年起，降水量迅速提高并稳步增长，仅在 2015 年和 2018 年分别小幅度下降了 21.8mm 和 72.8mm，见图 5-2。

（2）水资源现状。地表水资源量是指河流、湖泊、冰川等地表水体中由当地降水形成的、可以逐年更新的动态水量，一般用河川天然径流量表示。河南省地表水资源即河川径流，主要由降水形成，从图 5-2 和图 5-3 中可以看出 2005—2017 年河南省全省地表水资源量与历年降水量走势基本相同，2005—2013 年由于降水量的不断下降，地表水资源量也随之呈现明显下降趋势；2013—2017 年降水量回升，导致地表水资源量稳步上升。

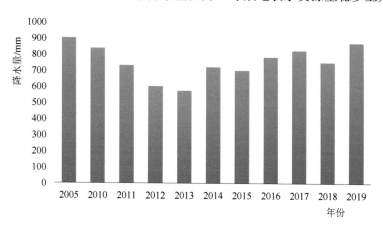

图 5-2　河南省历年降水量

地下水资源则是与大气降水、地表水体有直接补排关系的动态重力水，即赋存于地面以下饱水带岩土空隙中参与水循环且可以更新的浅层地下水。河南省浅层地下水主要来源于大气降水、地表水体入渗补给及侧向补给。从图 5-3 中可以看出，虽然地下水资源量随着降雨量变化有较小浮动，但总体趋势平稳，在研究范围的时间尺度中未发生较为明显的变化趋势。但与地表水资源量共同观察可以发现，2019 年的地表水资源量和地下水资源量都明显相对于其他年份水量偏少，分别为 105.79 亿 m^3 和 119.12 亿 m^3，仅为 24.3%和 54.2%。

水资源总量指当地大气降水形成的地表和地下产水量。由于地表水与地下水相互联系而又互相转化，河川径流量中包括一部分地下水排泄量，而地下水资源量中又有一部分来源于地表水体的补给。在数学计算中，水资源总量应为地表水资源量与地下水资源量之和再扣除相互转化的重复计算水量，其中地下水专指浅层地下水。河南省水资源地区分布不均，水资源分布与土地资源和生产力布局不均衡。从收集的 2005—2019 年河南省水资源数据中可以看出。河南省水资源总量总体呈现下降趋势，在 2019 年水资源总量减少到历年最低的 168.56 亿 m^3。图 5-3 中折线为河南省水资源总量历年变化趋势，在 2010—2011 年急剧减少。结合统计结果和河南省水利局资料显示，全省多年平均年河川径流量为 237.53 亿 m^3，多年平均年地下水资源量为 179.90 亿 m^3，扣除地表水与地下水重复计算量 75.32 亿 m^3，全省多年平均年水资源总量为 340.13 亿 m^3，其中河南省辖黄河水资源量占 59.87 亿 m^3。河南省人均、亩均水资源总量分别为 376m^3、331m^3，仅相当于全国人均、亩均水资源总量的 20%左右，居全国第 22 位。

除河南本省境内的地表水、地下水资源以外，还有可供引用的过（入）境水流黄河、史河、漳河和梅山、丹江口、岳城等水库的径流以及丹江、洛河、丹河、沁河等上游来水，但其开发利用要受流域分配水量指标的制约和工程开发程度的影响。河南省多年平均年入境水量为 413.64 亿 m^3，其中主要为黄河流域的 379.96 亿 m^3，占全省的 91.86%。全省多年平均年出境水量为 630.22 亿 m³，其中黄河流域的为 381.23 亿 m³，占全省的 60.5％，见图 5-3。

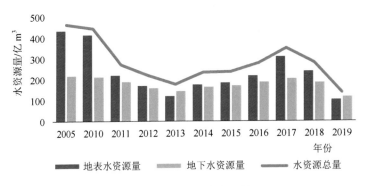

图 5-3 河南省历年水资源情况

（3）用水情况。2005—2019 年，河南省用水总量趋势变化较为平稳，多年平均年用水总量为 226.57 亿 m³，仅在 2014 年略有下降。2012 年达到用水量高峰 238.6 亿 m³，除 2005 年用水总量为 197.81 亿 m³ 外，2014 年减少到用水总量最低值 209.29 亿 m³。其中农业用水为主要输出途径，平均每年占用水总量的 54.8%；其次，按照占比大小分别是工业用水、生活用水和生态环境补水，其中生态环境补水量呈现逐年递增趋势，9 年间增长近 3 倍，共 21.89 亿 m³。生态补水是通过调度水资源保障生态环境用水的重要实践，通过对因最小生态需水量无法满足而受损的生态系统进行补水，补给区域生态系统的水资源短缺量，遏制生态系统结构的破坏和功能的丧失，保护区域生态系统生境的动态平衡。河南省通过生态补水稳定了受水河流生态流量，沿线城市河湖、湿地水面明显扩大，山水林田湖得到有效涵养，进一步促进了其森林、湿地、流域、农田、城市五大生态系统建设，见图 5-4。

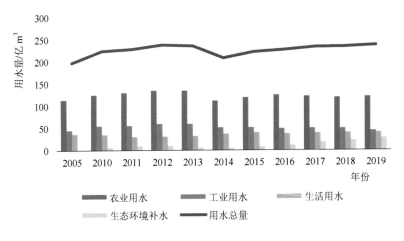

图 5-4 河南省历年用水情况

3. 水处理现状

（1）废水排放情况。由于统计年鉴数据未更新到最新年份，本书中水处理情况仅整理归纳到 2017 年。2005—2017 年河南省废水排放总量、工业废水排放量和城镇生活污水排放量呈现先上升后下降的过程，在 2015 年达到废水排放总量最大值 43.35 亿 t，其中工业废水和城镇生活污水排放量分别为 13 亿 t 和 30.35 亿 t，见图 5-5。工业废水排放量在 2010 年达到最大值 15.04 亿 t。随着城市化进程的推进，城镇面积和城市人口的不断增加，城镇生活污水排放量逐渐升高，并在 2016 年达到历年中最大排放量 33.24 亿 t。图 5-6 中远离圆心的圆环代表更新年份的数据，从图中可以看出城镇生活污水为主要污水排放来源，且占比逐年提高，其次为工业废水和农村生活污水。

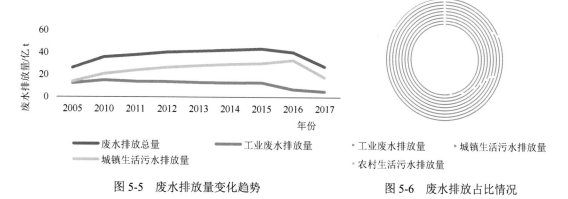

图 5-5　废水排放量变化趋势　　　　　图 5-6　废水排放占比情况

（2）废水中化学需氧量（COD）情况。因数据难以获得等原因，本部分仅讨论 2011—2017 年废水中的化学需氧量情况。据 2012 年河南省环境容量状况研究报告指出，河南省化学需氧量的最大环境容量为 45.22 万 t。2011—2017 年，河南省水环境中的化学需氧量同农业 COD 排放量、工业废水中 COD 排放量和城镇生活污水中 COD 排放量都呈现略微下降的趋势，但化学需氧量排放总量和农业 COD 排放量一直高居最大环境容量的红线以上，仅 2016 年分别下降到 46.43 万 t 和 2.71 万 t。2017 年两个指标又急剧升高，可能是由于河南省城市化速度和工业化水平加快，居民对粮食需求增高引起的农业用水增加，导致农业 COD 排放量增加，从而促使化学需氧量排放总量集聚增加。从图 5-7 中可以看出，农业 COD 排放量与化学需氧量排放总量趋势相同。

2017 年，河南省水体中的化学需氧量排放总量达到 143.55 万 t，为其最大环境容量的 3.2 倍。说明河南省水环境总体上已经没有了容量，污染比较严重，见图 5-7。

（3）废水中氨氮排放情况。据 2012 年河南省环境容量状况研究报告指出，河南省氨氮的最大环境容量 4.13 万 t，2011 年河南省环保厅公布环境容量状况研究报告的结果显示：河南水环境已无容量，氨氮成为首要污染物。

2011—2017 年，河南省氨氮排放量一直高居最大环境容量之上，2011—2015 年更是保持在最大环境容量红线的 3 倍以上，虽然变化趋势平缓且呈现下降趋势，但 4 年间仅下降 1.95 万 t。从 2015 年开始氨氮排放量迅速降低，到 2017 年下降到最低点，仅两年间共减少 8.87 万 t，但氨氮排放总量仍未降低到红线以内。根据河南省统计年鉴的整理结果，河南省废水中氨氮排放量按照从小到大的顺序为：农村生活污水中氨氮排放量、集中式治理设施污水中氨氮排放量、工业废水中氨氮排放量、农业氨氮排放量和城镇生活污水中氨氮排放量(因农村生活污水中氨氮排放量和集中式治理设施污水中氨氮排放量数据严重短缺,并未在本次讨论中展现)。其中城镇生活污水和农业用水为氨氮主要排放源,2011 年分别排放氨氮 7.25 万 t 和 6.62 万 t,相当于 2010 年氨氮排放总量,见图 5-8。

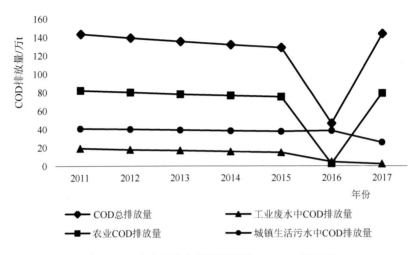

图 5-7　河南省水体中化学需氧量（COD）排放量

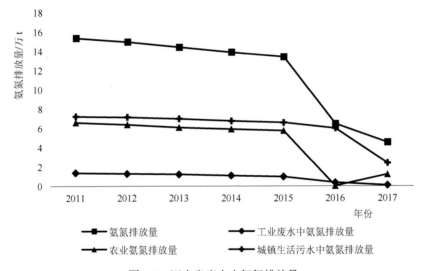

图 5-8　河南省废水中氨氮排放量

4. 固体废弃物产生与利用情况

固体废弃物是在人类社会经济活动中因失去使用价值而被丢弃的固体或者半固体物质。随着城市化的推进和科学技术的快速发展,固体废弃物的种类和数量都在以肉眼可见的速度增加。在将生产活动逐渐产业化的同时,伴随着人类社会的扩大,社会活动在生产、分配、交换、消费的过程中都在不断产生和增加废弃物产量。以产品的生命周期为例,一个产品从初始的规划设计、原材料采购、制造、包装、运输和分配,到最终消费,到最后失去经济和利用价值被丢弃,其中的每个生产节点和环节在其自身的运行使用过程中都会产生固体废弃物,对生态环境造成一定的垃圾排放量和环境影响。固体废弃物的种类大体可分为工业废弃物、农业废弃物和生活废弃物三大类。因河南省统计年鉴中仅包含一般工业固体废弃物和危险废物，以下分析将从这两方面展开。

（1）一般工业固体废弃物。一般工业固体废弃物是指从工业生产等行业的生产生活中产生的不具有危险性的固体或者半固体废物，如造纸厂相关企业产生的废纸等纸质类固体废弃物、汽车制造企业产生的废旧轮胎和橡胶、饰品加工业产生的废弃包装等。一般工业固体废弃物系指未列入《国家危险废物名录》或者根据国家规定的危险废物鉴别标准认定其不具有危险特性的工业固体废物。

2010—2017 年河南省一般工业固体废弃物产生量平均每年 14674 万 t。2005—2013 年迅速增长，2011 年仅一年间提高 3863.14 万 t，但在 2012—2013 年一般固体废弃物产生量增速放缓。在 2013 年开始出现下降的趋势，直到 2016 年达到最低点，一般固体废弃物产生量减少到14255.6 万 t。2013—2016 年，4 年间一般固体废物产生量共减少 2014.5 万 t，见图 5-9。

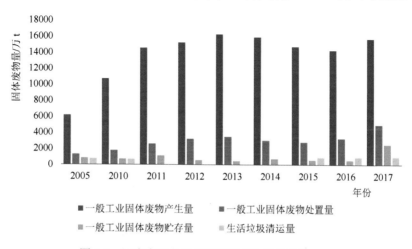

图 5-9　河南省工业固体废弃物产生和处置量

（2）危险废物。危险废物是指列入国家危险废物名录或者根据国家规定的危险废物鉴别标准和鉴别方法认定的具有危险特性的固体废物。危险废物属于固体废弃物的一种，但是具有一些危险特性，其中包括具有腐蚀性、毒性、易燃性、反应性或者感染性等，或者不排除具有危险特性，但可能对环境或者人体健康造成有害影响。

河南省危险废物产生量逐年递增，且在 2017 年达到最大值 184.6 万 t。2011—2016 年增长趋势平稳，平均每年增长 11.1 万 t。

随着社会经济工业化的发展，工业生产过程中产生并排放的危险废物日益增多。由于危险废物带来的严重污染和潜在的严重影响，政府对于危险废物的合理处置和综合利用愈加重视。截至 2017 年，危险废物综合利用量有实质性提高，较 2005 年增加了 8.4 倍共113.3 万 t，见图 5-10。

5. 大气环境情况

《2020 年河南省环境质量公报》显示，截至 2020 年，河南省省辖市及济源示范区环境空气质量级别总体为轻污染。其中，信阳市和驻马店市空气质量级别为良，其他 16 个城市均为轻污染。

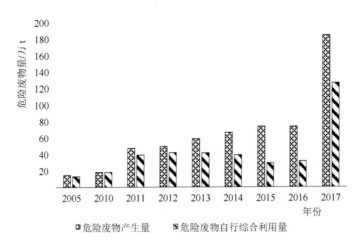

图 5-10 河南省危险废物产生及利用情况

（1）SO₂。据 2020 年河南省环境质量公报显示，河南省省辖市及济源示范区，SO_2 浓度年均值均达到一级标准，年均浓度由低到高排序依次为：信阳、三门峡、商丘、驻马店、洛阳、南阳、郑州、开封、漯河、周口、濮阳、鹤壁、许昌、平顶山、焦作、安阳、新乡和济源示范区。

根据河南省统计年鉴多年的整理结果，二氧化硫排放量主要包括工业二氧化硫排放量和城镇生活二氧化硫排放量两项。其中占主导地位的是工业二氧化硫排放量。从图 5-11 中可以看出，河南省二氧化硫总排放量正在快速下降，减排力度最为明显的是 2015—2016 年，共减排 73.07 万 t，相当于减少了 2015 年全年二氧化硫排放量的 64%。

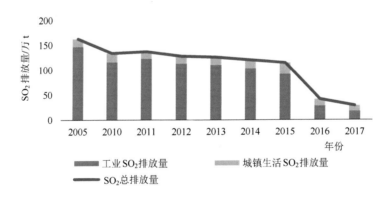

图 5-11 河南省 SO_2 排放量

（2）氮氧化物。天然排放的氮氧化物主要来自土壤和海洋中有机物的分解，属于自然生态系统中的氮循环过程。由人类社会经济活动所导致排放的氮氧化物，大部分来自化石燃料的燃烧过程，如汽车、飞机及工业窑炉的燃烧过程。在《国家环境保护"十二五"环保规划》中，氮氧化物将成为继二氧化硫之后实行总量控制的污染物。造成大气污染的主要是一氧化氮（NO）和二氧化氮（NO_2），因此环境学中的氮氧化物一般就指这二者的总称。

2020 年河南省环境质量公报显示，河南省省辖市及济源示范区，NO_2 浓度年均值均达到二级标准，年均浓度由低到高排序依次为：信阳、驻马店、南阳、周口、漯河、商丘、开封、濮阳、许昌、平顶山、三门峡、焦作、洛阳、济源示范区、新乡、安阳、鹤壁和郑州。

2010—2017 年，河南省氮氧化物排放量呈现出先增加上升后下降的趋势，其中上升时间段仅限于 2011 年，较 2010 年氮氧化物排放量增加 45.3 万 t。2011—2015 年氮氧化物排放总量及其包括的工业氮氧化物排放量稳步递减，平均每年分别减少 10.1 万 t 和 10.6 万 t。在 2017 年达到氮氧化物排放量新的最低点 66.3 万 t，为氮氧化物排放量最高年份 2011 年的 40%，见图 5-12。

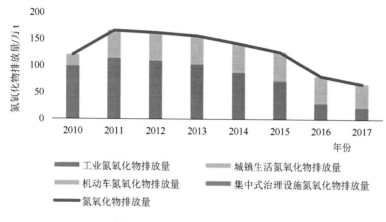

图 5-12　河南省氮氧化物排放量

（3）烟尘。由于氧化、升华、蒸发的冷凝的热过程中形成的悬浮于气体中的固体微粒称为烟尘。统计结果中的烟尘排放量，是指在研究尺度内工业、城镇生活、机动车和集中式治理设施烟（粉）尘排放量之和。

据 2020 年河南省环境质量公报显示，河南省省辖市及济源示范区，细颗粒物（PM2.5）年均浓度均超二级标准，年均浓度由低到高排序依次为：信阳、驻马店、三门峡、周口、郑州、洛阳、平顶山、新乡、南阳、商丘、许昌、济源示范区、开封、漯河、焦作、鹤壁、濮阳和安阳。

河南省省辖市及济源示范区中，信阳市可吸入颗粒物（PM10）年均浓度达到国家二级标准，其他 17 个城市均超过国家二级标准，年均浓度由低到高排序依次为：驻马店、许昌、周口、三门峡、商丘、南阳、平顶山、漯河、郑州、济源示范区、开封、洛阳、濮阳、新乡、鹤壁、焦作和安阳。

河南省在大力整治空气污染等政策下，烟尘量从 2005 年开始迅速减少，2010—2012 年趋于平缓，略有下降 17.37 万 t。2012—2014 年出现烟尘排放总量短暂上浮现象，在 2014 年达到 88.2 万 t 的烟尘排放总量。2014—2017 年减排力度再次加大，3 年间减排成效达到 65.9 万 t，2017 年的烟尘总排放量达到历年最低值 22.3 万 t，仅为 2005 年烟尘总排放量的 28.9%，见图 5-13。

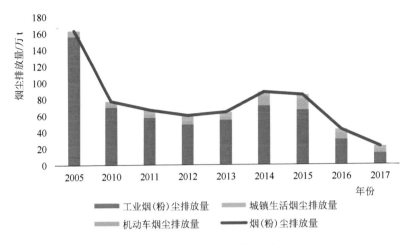

图 5-13　河南省烟尘排放量

（二）黄河流域（河南段）水系统现状与情势

1. 水资源演变与供需态势

1956—2016 年的 61 年来，黄河流域的气候和环境条件发生了巨大变化，气候变暖、下垫面变化、人工取用水等区域高强度人类活动对水循环造成了强烈影响。根据黄河流域水资源评价成果，黄河流域（河南段）花园口断面 1956—1979 年降水系列（历史同期下垫面）天然年径流量为 568 亿 m³，1956—2000 年降水系列（2000 年下垫面）天然年径流量为 487 亿 m³，1956—2016 年降水系列（2016 年下垫面）天然年径流量为 453 亿 m³，水资源呈持续减少趋势。总体上讲，黄河流域的自产水量在持续减少，其中主要产水区（兰州以上）年径流量只有小幅减少，年径流量的衰减主要发生在兰州以下区域，占总衰减量（115亿 m³）的 90% 以上，见表 5-1。

表 5-1　　　　　　　　　　黄河流域三个时期水资源量对比　　　　　　　　　单位：亿 m³

情景\断面		断面				
降水系列	下垫面	兰州	头道拐	龙门	三门峡	花园口
1956—1979 年	历史同期	327	343	402	521	568
1956—2000 年	2000 年	320	319	365	452	487
1956—2016 年	2016 年	317	303	341	422	453

历史上黄河流域天然年径流量逐步减少，而人类活动导致地表水消耗持续增加。在此双重影响下，黄河干流实测流量显著减少。黄河干流河南段主要断面实测年径流量统计成果见表 5-2。可以看出，与 1956—2000 年均值相比，2001—2019 年，黄河河南段主要断面实测流量都有明显的减少。龙门断面 2001—2019 年平均年径流量为 201.1 亿 m³，较 1956—2000 年均值减少了 26.3%；三门峡断面 2001—2019 年平均年径流量为 237.8 亿 m³，较 1956—2000 年均值减少了 33.6%；花园口断面 2001—2019 年平均年径流量为 272.9 亿 m³，较 1956—2000 年均值减少了 30.1%。

表 5-2　　　　1956—2019 年黄河干流（河南段）主要断面分阶段实测径流量

断面	实测多年平均年径流量/亿 m³				
	1956—1979 年	1980—2000 年	1956—2000 年	2001—2019 年	1956—2019 年
干流龙门	307.4	233.4	272.8	201.1	251.6
干流三门峡	408.9	299.7	357.9	237.8	322.3
干流花园口	447.1	326.2	390.6	272.9	355.7

2. 水环境现状及演变

黄河流域不同河段水质呈好转态势。根据黄河流域水资源公报及中国生态环境状况公报，黄河流域水质在 2005 年以前总体偏差，除 1999 年和 2000 年外，Ⅲ类以上水质河长低于Ⅳ～Ⅴ类和劣Ⅴ类，见图 5-14。2005 年后，黄河流域水质Ⅲ类以上河长所占比例高于Ⅳ～Ⅴ类和劣Ⅴ类，Ⅲ类以上水质河长所占比例呈逐渐上升的趋势，2018 年高达 73.8%，Ⅳ～Ⅴ类和劣Ⅴ类水质河长所占比例均呈下降趋势，在 2018 年Ⅳ～Ⅴ类和劣Ⅴ类水质河长所占比例分别为 13.8% 和 12.4%，说明黄河流域水质显著改善。

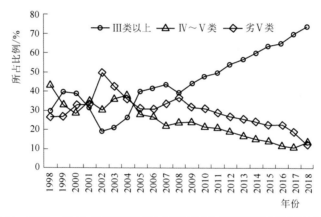

图 5-14　1998—2018 年黄河流域干支流不同水质河长所占比例变化特征

同时，结合近年来黄河流域河段水质评价和不同断面的监测结果可以看出，黄河流域水质达标情况呈现明显的空间差异性，上游水质状况明显优于中游、下游。黄河下游（河南段）干流水质总体较好，近年来水质持续达标，2019 年Ⅰ～Ⅲ类水质断面 17 个，占 94.4%，高于国家下达的 66.7% 的目标，无劣Ⅴ类水质断面；南岸支流伊洛河水质达到Ⅰ类、Ⅱ类，北岸支流沁河水质较差，存在部分劣Ⅴ类河段。而根据 2020 年、2021 年发布的中国生态环境状况公报，黄河流域（河南段）主要监测断面持续维持Ⅰ～Ⅲ类水质，水质状况良好。

黄河流域（河南段）近年来地表水化学需氧量和氨氮年均浓度见图 5-15，其中氨氮浓度均呈显著下降趋势，而化学需氧量无明显变化趋势。

根据近 3 年（2019—2021 年）河南省环境状况公报，黄河流域（河南段）总体水质状况良好，并且呈现持续向好的趋势，2019—2021 年Ⅰ～Ⅲ类水质断面占比分别为 70.7%、80.5%、78.3%。2021 年，46 个省控断面中，Ⅰ～Ⅲ类水质断面 36 个，Ⅳ类水质断面 7 个，Ⅴ类水质断面 1 个，劣Ⅴ类水质断面 1 个。干流水质级别为优，支流中金堤河水质级别为轻度到中度污染，其余支流水质级别良好。

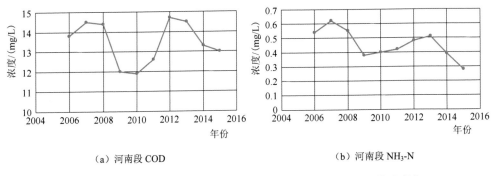

（a）河南段 COD　　　　　　　　　　　（b）河南段 NH_3-N

图 5-15　2006—2015 年黄河流域（河南段）COD 和 NH_3-N 浓度变化

3. 水生态现状及演变

黄河流域重点河流断面近年来面临生态流量保障率偏低的问题，干支流断面生态水量亏缺形势严峻，在下游断面表现尤为突出。根据黄河干流及重要支流 50 个代表断面，采用 95%保证率下最枯月均径流法（Q95），综合考虑断面天然和实际径流条件、枯水期和非枯水期径流变化等因素确定的断面生态基流保障目标，采用逐日达标评价的方法，对断面 2009—2018 年生态基流达标情况进行分析，50 个断面中有 40 个断面达标年份占比低于 90%，即 10 年里生态基流达标的年份低于 9 年，无法保证生态基流 90%的保证率要求；占比超过一半（26 个）的断面基流达标年份占比不足 50%。生态水量亏缺的情况在下游断面表现更为明显，黄河流域（河南段）的龙门镇、三门峡、白马、武陟、黑石关等断面达标年份占比甚至为 0%。

黄河流域湿地比例低，且总体呈萎缩趋势。根据《黄河流域综合规划（2012—2030 年）》，黄河流域湿地面积约为 2.5 万 km^2，占流域总面积约 3%。我国全国的湿地面积率为 5.6%，长江流域湿地面积率为 10%。可以看出，黄河流域湿地面积比例明显低于全国和长江流域水平；与此同时，黄河流域湿地面临着较为严重的退化问题。与 1996 年、1986 年相比，现状黄河流域湿地面积分别减少了 10.7% 和 15.8%，远高于全国湿地总面积减少率 8.8%的同期水平；其中湖泊和沼泽湿地减少相对较多，分别为 24.9% 和 20.9%。

根据 2013 年第二次全国湿地资源调查，河南黄河流域湿地面积为 20.39 万 hm^2，占河南湿地总面积的 32.47%，其中主要是河流湿地，面积为 15.65 万 hm^2。近年来，随着人口增长和经济发展，加剧了对湿地资源的破坏，尤其是滩地种植、沼泽开垦等对湿地破坏严重。例如，位于新乡、开封、濮阳等地的黄河背河洼地的沼泽湿地，由于引黄淤灌、泥沙淤积，导致水位下降，湿地变为旱地。湿地面积减小，鱼类等野生生物栖息地受到破坏，加上过度捕捞，对生物多样性造成严重危害。据河南省水产科学研究院的调查资料：1958—1965 年黄河河南段有 83 种鱼类，2007—2008 年调查只有 49 种。20 世纪 50 年代盛产的珍贵鱼类（如北方铜鱼 *Coreius septentrionalis Nichols*）现已难捕到，大型经济鱼类种类明显下降。

4. 防洪现状与形势

黄河标准化堤防提供了黄淮海平原防洪安全保障，但随着社会的不断发展和进步，滩区防洪基础薄弱问题常态化、显性化与滩区发展及脱贫致富成为河南黄河治理的主要矛盾。

滩区因缺乏必要的防洪、避洪设施而造成洪水淹没长期化，并伴有突发性、反复性、不确定性等特点，对滩区农业生产和经济发展具有直接和重大威胁。

黄河下游滩区共涉及山东、河南两省 15 个市，面积 4368.93km²，滩区内居住人口 183.46 万人，耕地 490 万亩。滩区应急避险设施主要有：避水台 10585 万 m²、撤退道路 1442km。1949 年以来，共有 46 个年份发生漫滩。黄河滩区避洪设施和撤迁道路数量少、状况差，仅能满足部分群众的临时避洪和撤迁转移需要；若遇大洪水，短时间内完成数百万群众的转移任务十分艰巨。

（三）经济社会发展现状与情势

黄河流域的经济社会发展整体滞后，产业构成以第二产业为主体，其中初级加工业占比较高，能源矿产资源采掘业特色突出；第三产业占比低于全国平均水平，显著低于沿海地区；第一产业占比高于全国平均水平。流域内部发展差距较大。

黄河流域（河南段）第二产业占比高。流域内有色金属矿产和石油资源丰富，有色金属矿采选和冶炼、石油开采和石油化工等行业在河南省地位突出，尤以济源、洛阳、三门峡、濮阳等市有色金属、石油化工、装备制造等行业分布较为集中。根据 2018 年河南省统计年鉴数据，2017 年，黄河流域（河南段）第二产业占比高达 54.3%，居河南省四大流域之首，高于河南省 6.9 个百分点，高于全国 13.8 个百分点，见图 5-16。

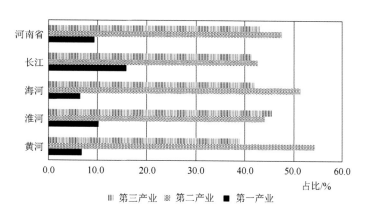

图 5-16　河南省四大流域三次产业结构对比

2019 年黄河流域人口总量为 3.24 亿人，占全国人口总量的 23.31%，人口空间分布状况为：下游地区（河南、山东）人口占流域总人口比例高达 60.62%，人口密度为 612.6 人/km²，远超出中游地区的 209.53 人/km² 和上游地区的 26.62 人/km²。

2018 年黄河流域 GDP 总量为 19.4 万亿元，占全国 GDP 总量的比例为 21.55%，上、中、下游地区占流域 GDP 的比例分别为 14.54%、21.27% 和 64.19%。从人均 GDP 与全国平均水平的对比来看，黄河干流沿岸 8 省（自治区）大体分三个层次：山东和内蒙古为第一层次，明显高于其他省份，并且多年高于全国平均水平。河南、山西、陕西、宁夏和青海位于第二层次，5 省份 GDP 在 2012 年以前差距不大，大多位于全国平均水平的 60%～90%，2013年后陕西和其他省份的差距略微拉开，基本接近全国平均水平，河南省人均 GDP 基本徘徊在全国平均水平的 80% 左右。甘肃省位于第三层次，其 GDP 明显低于其他省份，大体在全国平均水平的50%左右徘徊。详见图5-17。

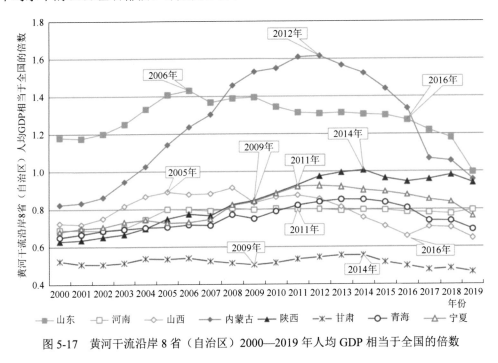

图 5-17　黄河干流沿岸 8 省（自治区）2000—2019 年人均 GDP 相当于全国的倍数

　　根据《中国统计年鉴》中对居民收入的统计，2013 年以来，黄河干流沿岸 8 省（自治区）与全国的人均收入平均水平、长江经济带 9 省 2 直辖市的人均收入平均水平相比，不断下降。河南省人均 GDP 从 2005 年起基本维持在全国平均水平的 80%，2016 年以后又略有下降，这在一定程度上反映了市镇发展的经济活力相对欠缺。

　　黄河下游滩区（以下简称"滩区"）面积约 3154km²，其中大部分位于陶城铺以上河段，面积约 2625km²，占滩区面积的 83%；陶城铺以下除长平滩（面积 369km²）是连片大滩外，其余滩区面积较小。滩区既是黄河行洪、滞洪和沉沙的重要区域，也是 189.5 万群众赖以生存的家园。河南黄河滩区涉及洛阳、郑州、开封等 6 市所属 23 县（市、区），滩内现有人口 124.7 万人，总面积 2698.65km²。滩区一直延续"人为洪水泥沙让路，全滩用于保障防洪安全和泥沙处理"的运用模式。现状运用模式下，受洪水淹没和河势摆动威胁影响，滩区治理滞后，安全和生活、生产设施简陋，群众生活贫困，经济社会发展落后，与周边地区的差距越来越大，下游治理与滩区群众安全和发展的矛盾日益尖锐。

二、水环境治理现状分析

1. 污染源污染物排放现状分析

　　（1）水污染物排放结构特征分析。2018 年，黄河流域（河南段）工业源和生活源废水排放量为 76160.35 万 t、COD 排放量为 56683.19 t、氨氮排放量为 6556.05 t，其中水污染物排放以生活源排放为主，其废水、COD 和氨氮排放量分别占流域排放总量的 87.10%、92.16% 和 93.37%，具体见图 5-18。

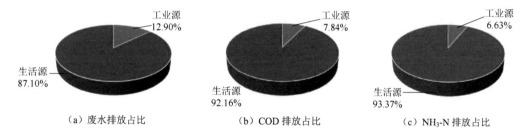

图 5-18　黄河流域（河南段）工业源和生活源废水、COD 和氨氮排放占比情况

（2）水污染物排放全省占比情况分析。2018 年，黄河流域（河南段）工业源和生活源废水、COD 和氨氮排放量分别占河南省水污染物排放总量的 18.89%、13.92% 和 11.85%，其中工业源废水、COD 和氨氮排放量分别占全省工业源水污染物排放总量的 20.26%、18.63% 和 25.38%，生活源废水、COD 和氨氮排放量分别占全省生活源水污染物排放总量的 18.70%、13.62% 和 11.41%，工业源水污染物排放量占全省的比例高于生活源，见图 5-19。

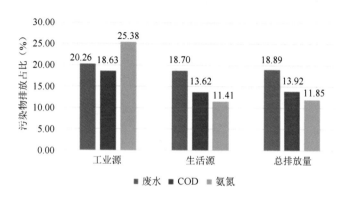

图 5-19　黄河流域（河南段）水污染物排放占全省比例

2. 污染源空间分布现状分析

（1）工业污染源污染物空间排放特征分析。2018 年，黄河流域（河南段）内 8 个地市重点调查单位工业废水排放量为 9824.66 万 t/a，COD 排放量为 4441.94t/a，氨氮排放量为 434.79t/a。其中，工业源水污染物排放主要来自洛阳、三门峡、郑州和濮阳，其废水、COD 和氨氮排放量累计占流域工业源水污染物排放总量的 81.19%、85.35% 和 84.99%。洛阳市工业源水污染物排放量占比最大，其废水、COD 和氨氮排放量分别占流域工业源水污染物排放总量的 37.33%、31.67% 和 25.82%；其次是三门峡市，其废水、COD 和氨氮排放量分别占流域工业源水污染物排放总量的 12.83%、28.21% 和 33.13%；郑州市工业源废水、COD 和氨氮排放量分别占流域工业源水污染物排放总量的 21.90%、15.12% 和 11.64%；濮阳市工业源废水、COD 和氨氮排放量分别占流域工业源水污染物排放总量的 9.13%、10.35% 和 14.4%，见图 5-20。

（2）生活污染源污染物空间排放特征分析。2018 年，黄河流域（河南段）内 8 个地市生活源废水排放量为 66335.69 万 t/a，COD 排放量为 52241.25t/a，氨氮排放量为 6121.26t/a。流域内生活源污染物排放主要来自洛阳、三门峡、郑州和新乡，这 4 个地市生活源废水、

COD 和氨氮排放量分别占流域内生活源水污染物排放总量的 75.55%、78.01%和 67.02%。其中洛阳市生活源水污染物排放量占比最大，其废水、COD 和氨氮排放量分别占流域生活源水污染物排放总量的 38.40%、30.82%和 20.68%，见图 5-21。

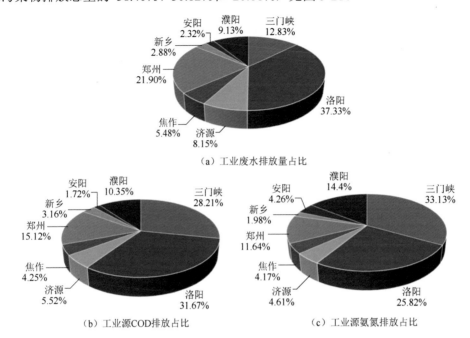

图 5-20　黄河流域（河南段）内工业源水污染物排放占比情况

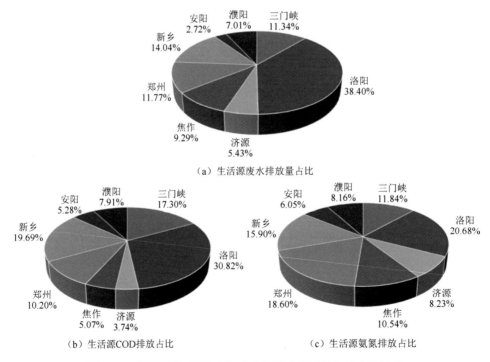

图 5-21　黄河流域（河南段）内生活源水污染物排放占比情况

（3）污染源污染物空间排放总体特征分析。2018 年，黄河流域（河南段）内 8 个地市工业源和生活源废水排放总量为 76160.35 万 t/a，COD 排放总量为 56683.19 t/a，氨氮排放总量为 6556.05 t/a。流域内洛阳、三门峡、郑州和新乡水污染物排放量占比较大，4 地市废水、COD 和氨氮排放量分别占流域水污染物排放总量的 75.48%、78.01%和 67.38%。其中洛阳市水污染物排放量最大，其废水、COD 和氨氮排放量分别占流域水污染物排放总量的 38.26%、30.88%和 21.02%，见 5-22。

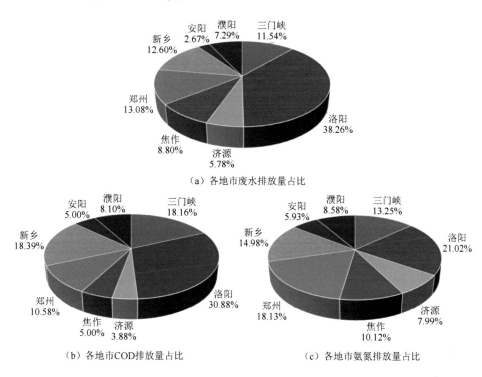

（a）各地市废水排放量占比

（b）各地市COD排放量占比　　　　　　（c）各地市氨氮排放量占比

图 5-22　黄河流域（河南段）内工业源和生活源水污染物排放总体占比情况

（4）主要支流污染物排放情况。黄河流域（河南段）水污染物入河量较大的支流为洛河（伊洛河）、蟒河、伊河、金堤河、沁河、西柳青河、黄庄河。这 7 条河流的废水、COD、氨氮、总氮、总磷污染物入河量占流域污染物入河总量的 81.74%、86.86%、84.14%、81.28%和 90.70%。其中，废水入河量较大的为洛河（伊洛河）、蟒河、伊河、沁河、金堤河；COD 入河量较大的为洛河（伊洛河）、蟒河、沁河、堤河、西柳青河；氨氮入河量较大的为洛河（伊洛河）、黄庄河、金堤河、西柳青河、沁河；总磷入河量最大的为洛河（伊洛河）、蟒河、伊河、黄庄河、金堤河。

黄河流域（河南段）内污染物入河浓度较高的支流为黄庄河、蟒河、西柳青河、天然渠、文岩渠、金堤河。流域各主要支流规模以上入河排污口 COD 入河浓度多在 100mg/L以下，其中最高的为沁河，其次为蟒河、西柳青河、丹河、金堤河，此外还有天然渠、文岩渠、黄庄河的 COD 入河浓度也超过了 50mg/L；除黄庄河以外，其他支流入河排污口氨氮入河浓度均在 4mg/L 以下，氨氮入河浓度相对较高的支流有黄庄河、文岩渠、西柳青河、汜水河、金堤河；除黄庄河以外，其他支流入河排污口总磷入河浓度均在 0.8mg/L 以下，总磷入河浓度相对较高的支流有黄庄河、蟒河、伊河、洛河（伊洛河）、天然渠。具体详见图 5-23。

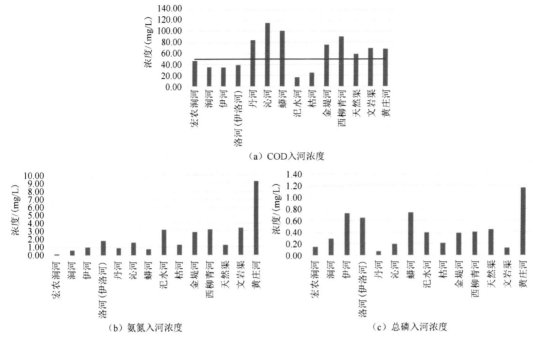

（a）COD入河浓度

（b）氨氮入河浓度

（c）总磷入河浓度

图 5-23　黄河流域（河南段）内主要支流入河排污口水污染物入河浓度

3．水污染物排放行业现状分析

（1）工业园区分布情况分析。黄河流域（河南段）共有省级产业集聚区 43 个，主要分布在洛阳市（占总数的 39.53%）、三门峡市（占总数的 16.28%）和新乡市（占总数的 13.95%）。

从各产业集聚区的主导产业来看，16 个产业集聚区主导产业包括化工行业，11 个产业集聚区主导产业包括有色金属加工行业，19 个产业集聚区主导产业包括装备制造业。黄河流域（河南段）内黄河上游，特别是洛阳、三门峡等市有色金属、煤化工、装备制造等重污染行业企业分布较为集中，涉重金属和危险废物企业、历史遗留尾矿库等较多，潜在的环境风险较高。

（2）水污染物排放主要工业行业现状分析。2018 年，黄河流域（河南段）水污染物排放重点调查企业分属 36 个行业，其废水、COD、氨氮、总氮、总磷和石油类排放量分别为 9824.66 万 t、4441.94t、434.79t、1462.43t、23.85t 和 50.21t。流域内水污染物排放主要来自煤炭开采和洗选业，化学原料和化学制品制造业，电力、热力生产和供应业，皮革、毛皮、羽毛及其制品和制鞋业，燃气生产和供应业，农副食品加工业，酒、饮料和精制茶制造业，石油、煤炭及其他燃料加工业，有色金属冶炼和压延加工业这 9 个行业，这 9 个行业的废水、COD、氨氮、总氮、总磷、石油类排放量分别占流域重点调查企业水污染物排放总量的 82.16%、80.82%、81.41%、88.43%、91.28%、86.35%。流域内的重点水污染物排放行业多，行业特征差异较大，水污染物排放特征不同，需要综合管控。具体详见图 5-24。

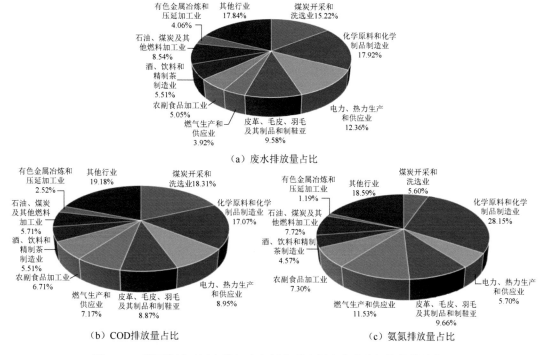

（a）废水排放量占比

（b）COD排放量占比

（c）氨氮排放量占比

图 5-24 黄河流域（河南段）内各行业重点调查企业水污染物排放占比

流域化工企业数量众多且分布范围广，其次为农副食品、有色金属、皮革行业。安阳市工业企业以农副食品加工业和化工制造业为主，济源市工业企业以化工、有色金属为主，焦作市工业企业以皮革和化工为主，洛阳市工业企业以有色金属、电力、化工为主，濮阳市工业企业以化工、农副食品、皮革为主，三门峡市工业企业以化工、有色金属为主，新乡市工业企业以农副食品、化工为主，郑州市工业企业以化工、有色金属为主，总体上化工企业数量多，分布广。具体见表 5-3 和图 5-25。

表 5-3　　黄河流域（河南段）内重点水污染物排放行业企业分布情况

行业名称	企业数量/个								
	安阳市	济源市	焦作市	洛阳市	濮阳市	三门峡市	新乡市	郑州市	合计
煤炭开采和洗选业				10		11		4	25
农副食品加工业	16	5	8	15	23	4	26	6	103
酒、饮料和精制茶制造业	1	6	3	3		6	2	2	23
皮革、毛皮、羽毛及其制品和制鞋业		1	50		23		2		76
石油、煤炭及其他燃料加工业		3		4	11		1		19
化学原料和化学制品制造业	9	19	30	23	39	16	20	47	203
有色金属冶炼和压延加工业		13	2	27		16	1	25	84
电力、热力生产和供应业		3	2	25		9	1	2	42
燃气生产和供应业					1	2			3
总计	26	50	95	107	97	64	53	86	578

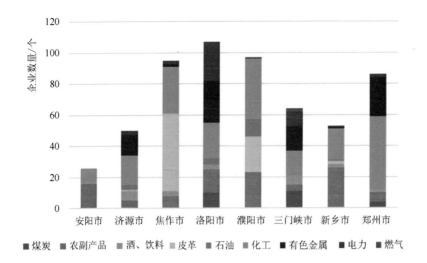

图 5-25　黄河流域（河南段）内重点水污染物排放行业企业分布情况

（3）工业企业废水排放去向情况分析。2018 年，黄河流域（河南段）内废水直排企业废水排放量占流域企业排放总量的 54.06%，废水直排企业排放的 COD、氨氮、总氮、总磷和石油类分别占流域企业排放总量的 50.01%、35.73%、28.36%、42.12% 和 36.75%。废水直排企业废水和 COD 排放量占流域企业水污染物排放总量的比例相对较高。

黄河流域（河南段）内废水直排企业水污染物排放主要来自煤炭开采和洗选业，皮革、毛皮、羽毛及其制品和制鞋业，化学原料和化学制品制造业，电力、热力生产和供应业，酒、饮料和精制茶制造业，石油、煤炭及其他燃料加工业，农副食品加工业，有色金属冶炼和压延加工这 8 个行业，这 8 个行业废水直排企业的废水、COD、氨氮、总氮、总磷和石油类的排放量分别占所有废水直排企业水污染物排放总量的 85.32%、78.59%、80.24%、87.24%、92.48% 和 96.96%。其中，煤炭开采和洗选业废水直排企业废水和 COD 排放量分别占所有废水直排企业水污染物排放总量的 21.75% 和 23.76%；皮革、毛皮、羽毛及其制品和制鞋业废水直排企业氨氮和总氮排放量分别占所有废水直排企业水污染物排放总量的 16.52% 和 13.45%；化学原料和化学制品制造业废水直排企业 COD、氨氮和总氮排放量分别占所有废水直排企业水污染物排放总量的 13.25%、18.51% 和 19.52%。

黄河流域（河南段）内废水直排企业各行业水污染物排放量占比情况见图 5-26。

（4）水污染物排放浓度情况分析。流域内废水直排企业水污染物排放浓度较低，多数企业 COD、氨氮、总氮、总磷排放浓度低于 40mg/L、3mg/L、15mg/L、0.5mg/L。33 家废水直排企业有化学需氧量在线监测数据，涉及农副产品、酒饮料、皮革、造纸、石化、化工、化纤、有色、电力等行业，化学需氧量平均排放浓度不高于 30mg/L 的企业有 23 家，占 69.7%；30～40mg/L 的企业有 6 家，占 18.2%；40～50mg/L 的企业有 1 家，占 3.0%；高于 50mg/L 的企业有 3 家，占 9.1%。详见表 5-4。

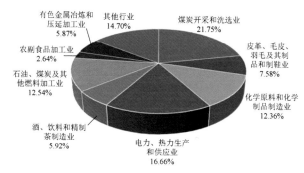

（a）废水排放量占比

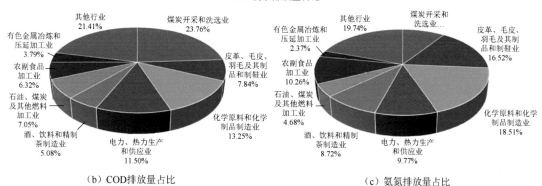

（b）COD排放量占比　　　　　　　　　　（c）氨氮排放量占比

图5-26　黄河流域（河南段）内废水直排企业各行业水污染物排放量占比情况

表5-4　　　　　　　　流域废水直排企业化学需氧量平均排放浓度及分布情况

平均排放浓度/（mg/L）	企业数量	数量占比 / %
≤30	23	69.7
30～40（含）	6	18.2
40～50（含）	1	3.0
>50	3	9.1
合计	33	100

30家废水直排企业有氨氮在线监测数据，涉及农副产品、酒饮料、皮革、造纸、石化、化工、化纤、有色、电力等行业，氨氮平均排放浓度不高于2.0mg/L的企业有21家，占70%；2.0～3.0mg/L的企业有8家，占26.7%；高于5.0mg/L的企业有1家，占3.3%。详见表5-5。

表5-5　　　　　　　　流域废水直排企业氨氮平均排放浓度及分布情况

平均排放浓度 /（mg/L）	企业数量	数量占比 / %
≤2.0	21	70
2.0～5.0（含）	8	26.7
>5.0	1	3.3
合计	30	100

13 家废水直排企业有总磷在线监测数据，涉及酒饮料、皮革、化工、石化、电力等行业，总磷平均排放浓度不高于 0.3mg/L 的企业有 10 家，占 76.9%；0.3～0.4mg/L 的企业有 2 家，占 15.4%；高于 0.5mg/L 的企业仅有 1 家，占 7.7%，总磷平均排放浓度为 0.558mg/L；仅有 8 家废水直排企业总磷平均排放浓度稳定小于 0.5mg/L。详见表 5-6。

表 5-6　　　　　　流域废水直排企业总磷平均排放浓度及分布情况

平均排放浓度 /（mg/L）	企业数量	数量占比 / %
≤0.3	10	76.9
0.3～0.5（含）	2	15.4
>0.5	1	7.7
合计	13	100

17 家废水直排企业有总氮在线监测数据，涉及农副产品、酒饮料、皮革、造纸、石化、化工、有色、电力等行业，总氮平均排放浓度不高于 10mg/L 的企业有 10 家，占 58.8%；10～12mg/L 的企业有 2 家，占 11.8%；12～15mg/L 的企业有 3 家，占 17.6%；高于 15mg/L 的企业有 2 家，11.8%；仅有 8 家废水直排企业总氮平均排放浓度稳定小于 15mg/L。详见表 5-7。

表 5-7　　　　　　流域废水直排企业总氮平均排放浓度及分布情况

平均排放浓度 /（mg/L）	企业数量	数量占比 / %
≤10	10	58.8
10～12（含）	2	11.8
12～15（含）	3	17.6
>15	2	11.8
合计	17	100

流域内重金属污染物排放主要涉及铅、镉、汞、总铬和六价铬的排放。流域内涉铅排放企业 68 家，铅排放来自有色金属矿采选业、有色金属冶炼和压延加工业、电气机械和器材制造业 3 个行业；涉镉排放企业 61 家，镉排放来自有色金属矿采选业、有色金属冶炼和压延加工业这 2 个行业；涉汞排放企业 42 家，汞排放来自有色金属矿采选业、有色金属冶炼和压延加工业、化学原料和化学制品制造业 3 个行业；涉总铬排放企业 42 家，涉六价铬排放企业 12 家，总铬和六价铬排放均来自皮革、毛皮、羽毛及其制品和制鞋业，有色金属冶炼和压延加工业，金属制品业，专用设备制造业，铁路、船舶、航空航天和其他运输设备制造业，化学原料和化学制品制造业等 6 个行业。

总体上，黄河流域（河南段）内工业企业水污染物重金属排放主要来自有色金属矿采选业、有色金属冶炼和压延加工业，皮革、毛皮、羽毛及其制品和制鞋业、化学原料和化学制品制造业、电气机械和器材制造业、金属制品业、专用设备制造业这些行业。

（5）污水处理厂建设及运行现状。

1）污水处理厂设计及建设规模。截至 2019 年年底，黄河流域（河南段）内共有 92 座污水处理厂，对其中有相关调度数据的 86 座污水处理厂进行分析，86 座污水处理厂设计总规模为 261 万 t/d，实际处理规模为 225.84 万 t/d，其中处理生活污水量 178.88 万 t/d，处理工业废水量 46.95 万 t/d，见表 5-8。

表 5-8　　　　　　　　　　　流域污水处理厂建设运行情况

地市	污水处理厂个数/个	设计处理规模/（万 t/d）	实际处理规模/（万 t/d）
三门峡	17	38.5	30.71
洛阳	32	100.5	100.87
济源	4	16	12.50
焦作	9	31	21.85
郑州	4	11.5	9.90
新乡	12	39	32.40
安阳	2	6	5.60
濮阳	6	18.5	12.00
合计	86	261	225.84

流域内污水处理厂设计规模主要集中在 1 万～5 万 t/d 的规模，占污水处理厂总数的 70.93%，1 万 t/d 规模的污水处理厂占总数的 23.26%，规模较大如 10 万 t/d 以上的污水处理厂较少，见表 5-9。

表 5-9　　　　　　　　　　　流域污水处理厂设计规模分类

序号	污水设计处理规模（W）分档/（万 t/d）	污水处理厂数量/个	设计总规模/（万 t/d）
1	$W \leq 1$	20	18
2	$1 < W \leq 3$	47	112.5
3	$3 < W \leq 5$	14	64.5
4	$5 < W \leq 10$	3	26
6	$10 < W \leq 20$	2	40
合计		86	261

2）污水处理厂处理工艺。黄河流域（河南段）污水处理厂主要采用的工艺是 A2/O、A2/O+深度处理、改良型 A2/O 工艺、氧化沟、改良型氧化沟、卡鲁塞尔氧化沟、改良型卡鲁塞尔氧化沟、奥贝尔氧化沟。

3）污水处理厂排放标准。流域内 73 家污水处理厂执行《城镇污水处理厂污染物排放标准》（GB 18918—2002）一级 A 标准；7 家污水处理厂执行主要污染物（COD、BOD5、氨氮、总磷）满足《地表水环境质量标准》（GB 3838—2002）V 类标准，其他污染物执行《城镇污水处理厂污染物排放标准》（GB 18918—2002）一级 A 标准，主要涉及新乡市的 2 家、濮阳市的 1 家、濮阳县的 1 家、范县的 2 家和台前县的 1 家污水处理厂；6 家污水处理厂执行《涧河流域水污染物排放标准》（DB41/1258—2016），即 COD 浓度≤40mg/L，氨氮浓度≤4.0（5.0）mg/L，主要涉及义马市 2 家、渑池县 3 家和三门峡陕州区 1 家污水处理厂。

4）污水处理厂排放浓度情况。流域内污水处理厂水污染物排放浓度较低，80%以上的污水处理厂 COD、氨氮、总氮、总磷排放浓度分别在 30mg/L、2.0mg/L、12mg/L、0.4mg/L 以下。对流域内有在线监测数据的 89 座污水处理厂进行分析，89 座污水处理厂在线监测 COD 平均排放浓度≤30mg/L 的有 80 座，占 89.9%；30mg/L＜COD 平均排放浓度≤40mg/L 的污水处理厂有 7 座，占 7.9%；40mg/L＜COD 平均排放浓度≤50mg/L 的污水处理厂仅有 2 座，占 2.2%。流域内 89 座污水处理厂在线监测氨氮平均排放浓度≤2.0mg/L 的有 75 座，占 84.3%；2.0mg/L＜氨氮平均排放浓度≤3.0mg/L 的污水处理厂有 11 座，占 12.4%；3.0mg/L＜氨氮平均排放浓度≤5.0mg/L 的污水处理厂仅有 3 座，占 3.4%。流域内 89 座污水处理厂中有 85 座有总氮在线监测数据，这 85 座污水处理厂中，总氮平均排放浓度≤10mg/L 的有 57 座，占 67.0%；10mg/L＜总氮平均排放浓度≤12mg/L 的污水处理厂的有 27 座，占 31.8%；12mg/L＜总氮平均排放浓度≤15mg/L 的污水处理厂仅有 1 座，占 1.2%。流域内 89 座污水处理厂中有 88 座有总磷在线监测数据，这 88 座污水处理厂中，总磷平均排放浓度≤0.4mg/L 的有 82 座，占 93.2%；0.4mg/L＜总磷平均排放浓度≤0.5mg/L 的污水处理厂有 6 座，占 6.8%。

4. 水环境现状分析

（1）地表水环境质量现状。

1）"十三五"期间，黄河流域（河南段）设置了 18 个国考断面、27 个省考断面（包括 18 个国考断面），设置情况见表 5-10。

表 5-10　　　　　黄河流域（河南段）国考、省考断面设置情况

序号	考核地市	河流名称	断面名称	断面类型
1	郑州	黄河	花园口	国考、省考
2		伊洛河	巩义七里铺	国考、省考
3	洛阳	伊河	栾川潭头	国考、省考
4		洛河	洛宁长水	国考、省考
5		伊河	龙门大桥	国考、省考
6		洛河	高崖寨	国考、省考
7		洛河	洛阳白马寺	国考、省考
8		伊洛河	偃师伊洛河汇合处	省考
9	安阳	金堤河	濮阳大韩桥	国考、省考
10	新乡	天然渠	封丘陶北	国考、省考
11		文岩渠	封丘王堤	国考、省考
12		西柳青河	滑县黄塔桥	省考
13		黄庄河	滑县孔村桥	省考
14	焦作	沁河	武陟渠首	国考、省考
15		蟒河	温县氾水滩	省考
16	濮阳	黄河	刘庄	国考、省考
17		金堤河	张秋	国考、省考
18	三门峡	洛河	洛河大桥	国考、省考
19		泓农涧河	窄口水库长桥	国考、省考

序号	考核地市	河流名称	断面名称	断面类型
20	三门峡	三门峡水库	三门峡水库	国考、省考
21		涧河	渑池吴庄	省考
22		泓农涧河	灵宝坡头桥	省考
23	济源	黄河	小浪底水库	国考、省考
24		蟒河	济源南官庄	省考
25		济河	沁阳西宜作	省考
26		沁河	沁阳伏背	省考
27		小浪底水库	南山	国考、省考

2）国考、省考断面水质不能稳定达标，化学需氧量、氨氮、总磷、氟化物为主要超标污染物。断面水质整体较好，但仍存在Ⅴ类水质断面。黄河流域（河南段）国考断面主要涉及黄河、伊河、洛河、伊洛河、金堤河、天然渠、文岩渠、沁河、泓农涧河等9条河流和三门峡水库、小浪底水库2个水库，2019年18个国考断面中，Ⅰ～Ⅲ类水质断面17个，占94.44%；Ⅴ类水质断面1个，占5.56%，为金堤河张秋断面。流域省考断面除上述国考断面涉及的河流和湖库外，新增了黄庄河、涧河、西柳青河、蟒河和济河等5条河流，2019年27个省考断面中，Ⅰ～Ⅲ类水质断面21个，占77.78%；Ⅳ类水质断面5个，占18.52%，分别为西柳青河滑县黄塔桥、蟒河温县氾水滩和济源南官庄、涧河渑池吴庄、济河沁阳西宜作断面；Ⅴ类水质断面1个，占3.70%，为金堤河张秋断面。详见图5-27和图5-28。

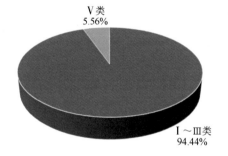 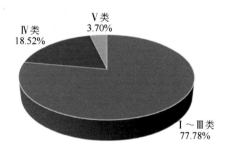

图 5-27　2019年黄河流域（河南段）
国考断面不同水质类别占比

图 5-28　2019年黄河流域（河南段）
省考断面不同水质类别占比

部分断面水质不能稳定达标。从2019年断面达标率来看，流域内1个断面达标率为16.67%，为伊洛河巩义七里铺断面；1个断面达标率为25%，为西柳青河滑县黄塔桥断面；1个断面达标率为58.55%，为金堤河张秋断面；3个断面达标率为66.67%，分别为黄河花园口、伊河龙门大桥、伊洛河偃师伊洛河汇合处断面；4个断面达标率为75%，分别为伊河栾川潭头、天然渠封丘陶北、黄河刘庄、济河沁阳西宜作断面；3个断面达标率为83.33%，分别为洛河高崖寨、文岩渠封丘王堤、三门峡水库断面；3个断面达标率为91.67%，分别为金堤河濮阳大韩桥、蟒河温县氾水滩、蟒河济源南官庄断面；11个断面达标率为100%，分别为洛河洛宁长水、洛河洛阳白马寺、黄庄河滑县孔村桥、沁河武陟渠首、洛河洛河大桥、泓农涧河窄口长桥水库、涧河渑池吴庄、泓农涧河灵宝坡头桥、黄河小浪底水库、沁河沁阳伏背、小浪底水库南山断面。

断面超标污染物主要为化学需氧量、氨氮、总磷、氟化物。断面超标时段主要集中在2月、4月、5月、6月和8月，超标污染物涉及氨氮、总磷、化学需氧量、高锰酸盐指数、五日生化需氧量、氟化物、溶解氧、pH值，其中出现超标频次较高的是化学需氧量、氨氮、总磷、氟化物。

整体上看，虽然流域地表水水质在近年来得到了显著改善提升，断面水质年均值能够达到考核目标要求，但仍有部分国考、省考断面不能稳定达标，断面超标风险较高，化学需氧量、氨氮、总磷、氟化物为主要超标污染物。

3）市控断面水质仍存在劣Ⅴ类。"十三五"期间，黄河流域（河南段）各地市共设置了31个市控断面，主要涉及涧河、阳平河、枣乡河、文峪河、南涧河、青龙涧河、伊河、

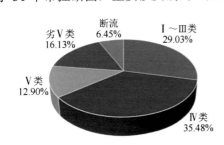

图5-29　2019年黄河流域（河南段）市控断面不同水质类别占比

洛河、伊洛河、涧河、瀍河、猪龙河、济蟒截排、济河、沁河、老蟒河、新蟒河、滩区涝河、汜水河、文岩渠、天然渠、金堤河等22条河流。2019年，31个市控断面中，Ⅰ～Ⅲ类水质断面9个，占29.03%；Ⅳ类水质断面11个，占35.48%；Ⅴ类水质断面4个，占12.90%；劣Ⅴ类水质断面5个，占16.13%；涉及河流为南涧河、滩区涝河、老蟒河、汜水河、金堤河；断流断面2个，占6.45%，涉及河流为老蟒河、济河。详见图5-29。

（2）地表水环境质量变化趋势。

1）地表水水质逐年改善，2018年已消除劣Ⅴ类水体。"十三五"以来，黄河流域（河南段）水质得到了较大改善，Ⅰ～Ⅲ类水质断面占比由"十三五"末的15.79%提升到2019年的77.78%；劣Ⅴ类水质断面由"十二五"的10.53%，到2018年已消除劣Ⅴ类水体。2015—2019年黄河流域（河南段）国考、省考断面"好Ⅲ劣Ⅴ"断面占比见图5-30。

图5-30　2015—2019年黄河流域（河南段）国考、省考断面"好Ⅲ劣Ⅴ"断面占比

2）地表水断面COD、氨氮和总磷浓度明显下降。2015—2019年，黄河流域（河南段）国考、省考断面COD、氨氮和总磷浓度呈明显下降趋势，COD浓度由"十二五"末的20.97mg/L下降为2019年的15.48mg/L，氨氮浓度由"十二五"末的1.12mg/L下降为2019年

的 0.33mg/L，总磷浓度由"十二五"末的 0.18mg/L 下降为 2019 年的 0.09mg/L，详见图 5-31。

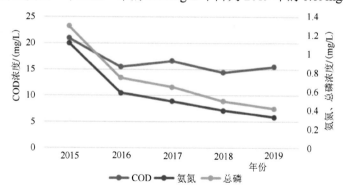

图 5-31 2015—2019 年黄河流域（河南段）国考、省考断面主要水质监测因子浓度变化

（3）"十四五"地表水考核要求。

"十四五"时期国家在新增考核断面的基础上进一步加严了考核要求。目前，"十四五"期间的国考、省考断面已基本完成设置，"十四五"时期黄河流域（河南段）国考断面由"十三五"时期的 17 个增加到 35 个，省考断面由"十三五"时期的 27 个增加到 46 个。"十四五"时期，国考、省考断面不仅考核断面数量大幅增加，部分断面初定考核目标也进一步加严。

根据 2020 年前 3 个月的水质监测数据，虽然前 3 个月受疫情影响停工停产，污染物排放量下降，水质整体较好，但仍有 11 个断面水质不能稳定达标，这些断面分别为黄河干流三门峡水库、泓农涧河灵宝坡头桥、伊河陶湾、伊河岳滩、洛河洛阳白马寺、伊洛河偃师伊洛河汇合处、二道河吉利区入黄口、汜水河口子、蟒河西石露头、济河沁阳西宜作、西柳青河滑县黄塔桥。

（4）水功能区考核断面设置情况。

根据 2004 年 6 月河南省政府批准实施的《河南省水功能区划》，黄河流域（河南段）40 条河流上划定一级水功能区 54 个（其中保护区 14 个、保留区 6 个、开发利用区 28 个、缓冲区 6 个），二级水功能区 95 个（其中饮用水源区 11 个、工业用水区 4 个、农业用水区 28 个、渔业用水区 2 个、景观娱乐用水区 7 个、过渡区 21 个、排污控制区 22 个），共 121 个功能区（见图 5-32），其中 66 个（见图 5-33）列入 2011 年国家公布的《全国重要

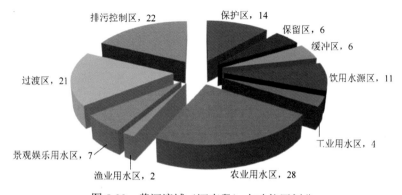

图 5-32 黄河流域（河南段）水功能区划分

江河湖泊水功能区划登记表》，涉及 11 个一级功能区和 55 个二级功能区。分河流来看，66 个功能区涉及 14 条河流，其中有 8 条河流布设有水质常规监测断面，即丹河 3 个断面、金堤河 4 个断面、洛河 16 个断面、漭改河 1 个断面、漭河 6 个断面、沁河 6 个断面、新漭河 2 个断面、伊河 11 个断面。河南省监测了 49 个水功能区，对应水质监测断面 49 个。

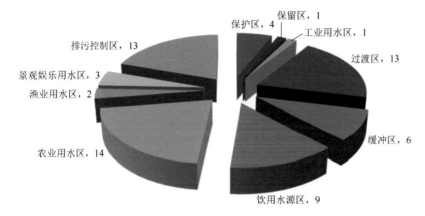

图 5-33 黄河流域（河南段）重点水功能区划分

（5）纳入国家考核的水功能区考核断面水质情况。

1）重点水功能区水体仍存在劣 V 类水质。2018 年，河南省对 49 个重点水功能区中的 48 个水功能区进行了监测。按照全因子评价，48 个水功能区中，Ⅰ～Ⅲ类水功能区占 68.75%，Ⅳ类水功能区占 12.5%，Ⅴ类水功能区占 6.25%，劣 V 类水功能区占 10.42%，劣 V 类水功能区主要涉及蟒河、新蟒河、天然文岩渠和金堤河。按照双因子评价，48 个水功能区中，Ⅰ～Ⅲ类水功能区占 68.75%，Ⅳ类水功能区占 14.58%，Ⅴ类水功能区占 6.25%，劣 V 类水功能区占 8.33%，劣 V 类水功能区主要涉及新蟒河、天然文岩渠和金堤河。水功能区水质评价结果见表 5-11。

表 5-11 黄河流域（河南段）水功能区全年水质类别结果

项目	统计项	Ⅰ类	Ⅱ类	Ⅲ类	Ⅳ类	Ⅴ类	劣Ⅴ类	断流	合计
全因子评价	数量/个	0	22	11	6	3	5	1	48
	占比 / %	0.00	45.83	22.92	12.50	6.25	10.42	2.08	100
双因子评价	数量/个	14	9	10	7	3	4	1	48
	占比 / %	29.17	18.75	20.84	14.58	6.25	8.33	2.08	100

2）重点水功能区水质达标率不足 85%。对监测的 48 个水功能区中的 47 个（1 个水功能区断流）达标情况进行分析。2018 年，47 个水功能区中，按照双因子评价，有 39 个水功能区达标，达标率为 82.98%，未达标水功能区主要涉及蟒河、新蟒河、天然文岩渠、金堤河和黄河；按照全因子评价，有 38 个水功能区达标，达标率为 80.85%，未达标水功能区主要涉及蟒河、新蟒河、天然文岩渠、金堤河、丹河和黄河。监测断面达标情况见表 5-12。

表 5-12　　　　　黄河流域（河南段）水功能区监测断面达标情况

评价类型	参评数量/个	达标数量/个	达标率/%
双因子评价	47	39	82.98
全因子评价	47	38	80.85

（6）主要河流水文情况。

1）黄河干流径流量下降明显。2017 年，黄河流域（河南段）黄河干流三门峡站、花园口站、高村站实测年径流量分别为 191.9 亿 m³、193.5 亿 m³、167 亿 m³，较 2010 年实测值分别降低了 23.27%、29.97% 和 35.35%，较 2012 年最高实测值分别降低了 43.82%、50.13%、53.97%，同时也低于各站点 1987—2000 年均值和 1956—2000 年均值。

2）黄河支流径流量呈现不同程度的下降。伊洛河径流量自 2012 年起下降明显，年径流量基本维持在 12.5 亿 m³ 左右，低于 2010—2017 年均值的 32.32%，低于 1987—2000 年均值 24.17%，仅为 1956—2000 年均值的 50%；沁河年径流量较小且年际变化较大，近年年均值为 4.22 亿 m³，基本与 1987—2000 年均值持平，但仅为 1956—2000 年均值的 50%。

根据 2013—2015 年河流监测断面流量监测情况，伊洛河流量最大，文岩渠、天然渠、天然文岩渠、西柳青河、黄庄河流量较小，个别年份接近断流。总体上，流域上游支流伊洛河、沁河的流量相对较大，下游金堤河、文岩渠、天然渠的流量较小。根据现场调研情况，流域内西柳青河出现断流干涸情况，金堤河河道内不能保障长流水、部分河段断流。主要支流流量情况见表 5-13。

表 5-13　　　　　黄河流域（河南段）主要支流流量情况

河流	监测断面	流量/（m³/s）				水文站
		2013 年	2014 年	2015 年	2018 年	
伊洛河	伊洛汇合处	33.96	38.80	45.76		
伊洛河	巩义七里铺	36.21	37.20	48.85		
涧河	渑池吴庄	0.70	2.16	0.47		
泓农涧河	灵宝坡头桥	2.88	2.07	3.36		
蟒河	济源南官庄	2.05	1.82	3.03	3.07	济源水文站
蟒河	温县泛水滩	2.96	1.82	3.60		
沁河	沁阳伏背	30.46	14.67	6.05		
沁河	武陟渠首	24.21	11.27	8.71		
金堤河	濮阳大韩桥	3.43	2.62	1.98	1.20	濮阳水文站
金堤河	台前贾垓桥	7.33	5.72	4.05	5.00	范县水文站
文岩渠	封丘王堤	0.00	0.18	0.79		
天然渠	封丘陶北	0.60	0.07	0.00		
天然文岩渠	濮阳渠村桥	1.45	0.49	0.43		
西柳青河	滑县黄塔桥	0.17	0.03	0.00		
济河	沁阳西宜作	2.03	1.82	2.75		
黄庄河	滑县孔村桥	0.58	0.68	0.10		

5. 水生态环境管理现状

（1）统筹谋划，做好水污染防治工作顶层设计。2015 年，河南省印发了《河南省碧水工程行动计划（水污染防治工作方案）》（以下简称《碧水工程》）。2017 年年初，印发了《关于打赢水污染防治攻坚战的意见》，正式打响了水污染防治攻坚战，制定出台了"1+2+9"系列文件，将《河南省辖黄河流域水污染防治攻坚战实施方案（2017—2019 年）》作为 9 个攻坚方案之一。2018 年，进一步印发了《关于全面加强生态环境保护坚决打好污染防治攻坚战的实施意见》《河南省污染防治攻坚战三年行动计划（2018—2020 年）》，对 2018—2020 年水污染防治工作进行统筹谋划、安排部署。2019 年和 2020 年，河南省污染防治攻坚办又印发了《河南省 2019 年水污染防治攻坚战实施方案》《河南省 2020 年水污染防治攻坚战实施方案》，细化了各项水污染防治的目标任务及措施。

（2）制定严格的环境保护标准。为减少黄河流域（河南段）水污染物排放总量，河南省生态环境厅组织制定实施了《蟒沁河流域水污染物排放标准》（DB41/776—2012）、《洇河流域水污染物排放标准》（DB41/1258—2016）等严于国家的地方流域标准，督促企业更加注重节约用水，减少污染物排放量，促进了黄河流域（河南段）水环境质量的持续改善。

（3）严格地表水河流断面水质监督管理。实行河流水质超标预警制度，实时监控水质情况，每日发布超标预警信息，建立了水环境质量周分析例会制度，分析研判全省水质变化现状及发展趋势，梳理水质超标原因，研究解决办法，及时解决水质超标问题；完善了水环境生态补偿制度，在黄河流域（河南段）按月实施水环境生态补偿制度，逐步建立健全了"超标就扣款，超标越多扣缴生态补偿金越多，水质改善越多生态补偿金越多"的机制，每月兑现；出台了《河南省地表水环境质量月排名暨奖惩暂行办法》，每月对全省省辖市、县（市、区）水质进行排名，根据排名情况进行警示、通报、约谈等。此外，还采取了周调度、定期通报、致函督办、现场督办、媒体曝光等措施，督促各级党委、政府及有关部门采取切实有效措施，持续改善河流水质。

（4）加大黄河流域饮用水水源保护。根据新修订的《饮用水水源保护区划分技术规范》（HJ 338—2018），河南省生态环境厅联合水利厅对郑州、开封、洛阳、三门峡、濮阳、济源等近 20 个集中式饮用水水源保护区及时进行调整，并依法经河南省政府批准实施；按照《河南省集中式饮用水水源地保护区勘界立标技术指南》，督促指导沿黄河各市、县完成了饮用水水源保护区勘界工作，制作了保护区矢量边界图，按国家要求设立了界牌、警示牌和宣传牌等标识标牌；会同河南省水利厅，按照生态环境部和水利部统一部署，组织开展集中式饮用水水源地环境保护专项行动，制定印发专项行动方案，强力推动饮用水水源保护区内违法违规环境问题的排查整治，涉及黄河流域（河南段）水源保护区的 51 个环境问题，全部完成整治任务。

（5）开展黄河流域（河南段）入河排污口排查整治。印发《关于加强黄河流域入河排污口排查整治工作的通知》，组织沿黄河各省辖市政府统筹生态环境、水利、住建、农业农村等有关部门按照"查、测、溯、治"四项主要任务，实行"一口一策"，制定实施方案，建立台账，明确任务，细化时间表、路线图、施工图，推进黄河流域（河南段）入河排污口排查整治各项工作。

（6）对流域内污水处理厂加严排放限值。流域内部分地市为了减少污染物排放，改善地表水水质，对区域内的污水处理厂进一步加严了排放限值要求。如流域内洛阳市要求本地区集中式污水处理厂 2021 年底要完成改造主要污染物 COD、BOD_5、氨氮和总磷达到地表水Ⅳ类水标准，其他污染物执行《城镇污水处理厂污染物排放标准》（GB 18918—2002）一级 A 排放标准，乡镇污水处理设施达到《城镇污水处理厂污染物排放标准》（GB 18918—2002）一级 A 排放标准；流域内濮阳市要求本地区污水处理厂主要污染物 COD、BOD_5、氨氮和总磷达到地表水Ⅴ类水标准，其他污染物执行《城镇污水处理厂污染物排放标准》（GB 18918—2002）一级 A 排放标准。

强化水环境承载能力约束，建立水环境承载能力预警机制，严控废污水排放量和污染物入河量。

6. 新污染物防控治理现状

2020 年年底，党的十九届五中全会通过的《中共中央关于制定国民经济和社会发展第十四个五年规划和二〇三五年远景目标的建议》提出"重视新污染物治理"的要求。随着我国常规污染物治理体系和治理能力的日趋完善和对新污染物认识的不断提升，新污染物的风险防控和污染治理将成为今后一段时期环保工作的重点。

新污染物（Emerging Contaminants，ECs；Emerging Pollutants，EPs）是指在环境和自然生态系统中可检测出来的，且对人体和生态系统带来较大健康风险和环境风险，但尚无法律法规和标准予以监管或规定不完善的一类环境污染物。新污染物对生态系统中包括人类在内的各类生物具有潜在的危害，如遗传毒性、内分泌干扰效应及"三致"（致癌、致畸、致突变）效应等。研究表明，人类 70%～90% 的慢性疾病与化学污染物有关，环境因素对肿瘤的贡献率可达 80%。目前，全球已发现的新污染物种类超过 20 大类，每一类又包括数十、上百种化合物，其中与人们日常生活密切相关的新污染物主要可以分为：①生物类，如抗性基因（Antibiotic Resistant Genes，ARGs）、藻毒素（Algal Toxins）等；②化学品类，如药品及个人护理品（Pharmaceuticals and Personal Careproducts，PPCPs）、内分泌干扰物（Endocrine Disrupterchemicals，EDCs）、新型农药（Pesticide）、食品添加剂（Food Additives）、塑化剂（Plasticizers）、阻燃剂（Flame Retardants）、消毒副产物（Disinfection Byproducts）、表面活性剂（Surfactants）等；③物理类，如微塑料（Microplastics）、纳米材料（Nanomaterials，NMs）等。新污染物造成的污染已经成为全球性环境问题。

我国是化学品生产、消费和贸易大国，各类化学物质的大规模生产、使用和管理不善，使我国面临日趋严峻的新污染物污染问题。2018 年，我国化工产业生产总额占全球总额的 40%，预计到 2030 年将达到 49%，这令构建中国特色新型污染物风险防控体系显得尤为迫切。我国对新污染物的风险防控、污染治理能力滞后于现实需求。

（1）典型新污染物来源及现状。新污染物种类繁多且来源广泛，从公开发表的新污染物区域或点位检测数据来看，我国以内分泌干扰物、全氟和多氟烷基化合物、抗生素、微塑料为典型新污染物造成大气、土壤、水环境污染问题十分严峻。

1）内分泌干扰物（Endocrine Disrupting Chemicals，EDCs）。内分泌干扰物是指介入人类或动物体内荷尔蒙的合成、分泌、输送、结合、反应和代谢过程，以类似雌激素的方式干扰内分泌系统，给生物体带来异常影响的一种外源性化学物质。内分泌干扰物种类多、来源广，已确定的 EDCs 有邻苯二甲酸酯类（PAEs）、多溴二苯醚类（PBDEs）、重金属类（Pb、Cd、Cr）、双酚 A（BPA）以及溴化阻燃剂（BFRs）等。

对我国 23 个城市 90 个自来水厂的 141 个水源的水样进行 5 种常用 PAEs 的代谢产物进行检测，发现邻苯二甲酸单酯（MPAEs）的检出率为 100%，邻苯二甲酸单正丁酯（MnBP）检出浓度最高为 74.7ng/L。在我国青藏高原的湖泊沉积物和地表土壤中，均发现了 PBDEs 的存在；上海河流沉积物中检测到 10 种 PBDEs，其浓度范围为 0.042 ～21.7ng/g（干重）。

2）全氟和多氟烷基化合物（Per- and PolyfluorinatedAlkyl Substances，PFASs）。全氟和多氟烷基化合物是由 4700 多种人造化学物质组成的一组化合物，其代表性的两种化合物是全氟辛酸（PFOA）和全氟辛烷磺酸（PFOS）。我国是全氟和多氟烷基化合物（PFASs）生产和使用的大国。2002 年，3M 公司停止生产 PFASs 后，我国开始大规模生产 PFASs，生产区域主要集中在我国的中部和东部地区。2009 年，全氟辛基磺酸（PFOS）及其母体化合物全氟辛烷磺酰氟（PFOSF）被列入《关于持久性有机污染物的斯德哥尔摩公约》（以下简称《斯德哥尔摩公约》）的附录 B 中，但包括我国在内的发展中国家仍在大量使用。在我国的地表水、沉积物、土壤、大气等环境介质中都检测到了 PFASs 的存在，检测到的种类也从最初的 2 种增加到 17 种之多。长江三角洲水体中 PFOS 和全氟辛酸（PFOA）的质量浓度远高于国内其他地区。长江下游黄浦江中全氟有机物（PFCs）总质量浓度为 39.8～596.2ng/L（其中主要为 PFOA 和 PFOS），高于辽河（1.4～131ng/L）、淮河（11～79ng/L）、珠江（3.0～52 ng/L）等流域的水平。我国人体 PFASs 含量水平也较高，广州市 0～7 岁儿童血浆中有 14 种 PFASs 被检出，其中 PFOS 和 PFOA 的检出率均超过 99%，且其平均浓度之和占 14 种多氟化合物（PFASs）总浓度的 90% 以上。PFASs 已成为危害我国生态系统与人体健康的重要新污染物。

3）抗生素（Antibiotics）。抗生素是指由细菌、霉菌或其他微生物产生的，能够杀灭或抑制其他微生物并用于治疗敏感微生物（常为细菌或真菌）所致感染的一类物质及其衍生物，其广泛用于人类医疗和畜禽水产养殖。我国是世界上最大的抗生素生产国和使用国，2013 年，我国抗生素使用量为 16.2 万 t，约占全球抗生素使用量的 50%。由抗生素诱导产生的抗性基因对生态安全具有严重的威胁，特别是在我国经济发达、人口密集的区域。在我国河流中，不同程度地检出了磺胺类（SAs）、喹诺酮类（QNs）、大环内酯类（MLs）和四环素类（TCs）抗生素，其中海河、辽河和珠江流域的抗生素平均质量浓度均达到 100ng/L 以上，尤其是在海河流域，SAs 和 MLs 在水体中的平均质量浓度高达 6997ng/L 和 10144ng/L。长江流域的抗生素平均质量浓度属于中等程度，黄河和松花江流域的抗生素平均质量浓度较低，基本上在 100ng/L 以下。我国土壤中 TCs 和 QNs 的检出频率和检出浓度都较高，这两类抗生素在畜牧养殖业中被广泛用作添加剂来预防动物生病和促进动物生长。

4）微塑料（Microplastics）。微塑料是尺寸小于 5 mm 的塑料纤维、颗粒或薄膜。微塑料化学性质稳定，可在环境中存在几百年至几千年。我国沿海表层水体微塑料平均密度约为 0.08 个/m^3，基本与地中海西北部、濑户内外海等处于同一水平，海滩上的微塑料密度介于 245～504 个/m^2。我国淡水水体中微塑料污染问题十分严重，长江口海域中微塑料的最高丰度是加拿大温哥华西海岸海域的 2.3 倍。三峡水库和太湖表层水中检测到的微塑

料丰度分别高达 1.36×10^7 个/km² 和 6.8×10^6 个/km²。在青藏高原的河流、湖泊中也检测到微塑料的存在，其主要来源于商品的塑料泡沫包装材料。

（2）新污染物治理难点。新污染物有别于以往管理的常规污染物，因其自身特性，在防控和管理上存在很多共性挑战：①新污染物不易降解，易在生物体内累积富集，其危害性短时间内不易显现，其毒性、迁移、转化机理研究难度大；②种类多、数量大、分布广，涉及行业广泛、产业链长，但单位产品使用量小，在环境中含量低、分布分散，隐蔽性强，其生产、使用和环境污染底数不易摸清；③可以远距离迁移，其管理需要宏微结合、粗细结合，既要大尺度区域协同防控，又要有的放矢，精准管理；④部分新污染物是人类新合成的物质，具有优良的产品特性，其替代品和替代技术不易研发；⑤部分新污染物是无意产生的物质或代谢产物，生成机理和减排技术研究难度大。同时，新污染物也各具特性，需分类分级、分阶段、分区域管理：①危害程度、暴露程度不同，需识别优先管控物质；②研究和管控基础不同，替代和减排技术发展水平不同，管控产生的经济社会代价不同，需结合实际分阶段部署管控；③重点分布地区差别较大，应识别重点管控地区；④相关重点行业差异较大，需识别重点管控行业；⑤产生环节和机理不同，有些来自原料和产品的生产或使用，有些来自工业过程中的无意添加或生成，需识别重点管控环节；⑥在环境介质中的归趋不尽相同，需识别重点管控环境介质，完善环境质量管理体系。

清华大学的一项研究表明，中国 66 个被研究城市中，超过 40%的城市饮用水 PFAS 污染超过了美国加州 2019 年发布的通知水平，其中就包括部分黄河流域城市。此外，还有短链氯化石蜡，具有持久性、生物聚集性和毒性，对水生生物的毒性尤其明显。类似的新污染物均为持久性有机污染物，很难被生物体代谢吸收，会随着食物链逐级传递。而黄河沿岸的农作物、畜牧作物、鱼类等食物通过接触污染水体，最终会将污染物传递到人体，并逐级升高其富集程度。由于黄河流域缺乏对新污染物的环境监测，使得黄河流域新污染物的种类、来源、污染水平、分布特征、迁移规律、转化机制和生态风险等都缺乏了解，相关的污染物通知的水平、排放标准等难以确立。现行地表水、大气和土壤环境质量标准以及各类污染物排放标准中，均未涉及国际社会已普遍关注的新污染物。目前，我国短链氯化石蜡、PFOA 等多种污染物还在正常使用生产，滞后国际公约至少 2～5 年时间，应借鉴相关国际公约，对已有的《优先控制化学品名录》《环境保护综合名录》《中国履行斯德哥尔摩公约国家实施计划》等条例予以增补修订，补充新污染物相关标准。同时，支持鼓励相关高校、科研院所开展对新污染物的基础研究。通过"新污染物健康影响专项"，对新污染物环境与健康研究、污染物与健康的关联、健康损伤机制等问题开展学术研究，加强对新污染物的研究积累与学术引领，为政府相关决策提供应用支持，并开展对新污染物治理与去除技术的相关研究，促进相关环保产业发展。

三、水生态修复现状分析

河南作为黄河流域的重要省份，在促进生态环境保护与高质量发展方面，进行了积极探索，成就显著。近年来，河南省辖黄河流域生态保护取得实效。

（1）黄河生态系统和生物多样性得到有效保护，划定 467.15km²的生态保护红线，为水源涵养、湿地生态系统和珍稀濒危水禽筑起坚实生态屏障。

（2）黄河沿线生态环境明显改善。2019 年，河南省辖黄河流域增加造林面积 137.22 万亩，森林覆盖率远高于河南省平均水平。持续实施绿盾专项行动，重点对沿黄地区的自然保护区、湿地公园等进行生态治理和生态修复。

（3）黄河流域（河南段）水质持续稳定提升。统筹推进水资源、水生态、水环境、水灾害"四水同治"，实施饮用水水源地保护、黑臭水体整治、全域清洁河流等攻坚行动，黄河干支流水质持续好转。

四、固体废弃物治理现状分析

2020 年随着《固体废弃物污染环境防治法》的修订，国内注册固体废弃物处理相关企业约 2.5 万家，同比增长 80.0%，但中小型企业居多，大型企业较少。当前我国的固体废物处理技术仍以"无害化"为主。2020 年全国大、中城市固体废物污染环境防治年报显示，2019 年我国 196 个大、中城市一般工业固体废弃物产生量为 13.8 亿 t，工业危险废物产生量为 4498.9 万 t，城市生活垃圾产生量为 23560.2 万 t，固体废弃物的处置利用压力越来越大。面对大量固体废弃物的处置压力，"十三五"期间我国节能环保财政支出累计超过 3 万亿元，截至 2020 年年底，环保信贷余额达到 11.9 万亿元。据国家统计局发布的《中国统计年鉴 2020》显示，2019 年我国城市生活垃圾无害化处理率达到 99.2%，但在危险物、大宗工业固体废弃物和有机固体废弃物等固体废弃物综合利用领域，我国相对于发达国家还有一定的差距。

根据河南省生态环境厅中公布的数据可知，河南省 2018 年全年一般工业固体废弃物产生量为 18304.2 万 t，一般固体废弃物处置量为 2992.3 万 t，一般工业废弃物存储量为 2222.2 万 t，一般固体废弃物综合利用量为 1353.4 万 t，其中综合利用往年一般固体废弃物存储量为 29.9 万 t。在河南重点发展城市中，洛阳市 2018 年全年一般固体废弃物产生量为 5729.4 万 t，占比超过 1/4，2018 年全年固体废弃物产生量超过 1000 万 t 的重点市、县还有平顶山市（1948.8 万 t）、三门峡市（1708.8 万 t）、安阳市（1305.1 万 t）、郑州市（1281.86 万 t）、焦作市（1181.83 万 t）。

（一）固体废弃物治理方式

固体废弃物的治理方式的现状包括以下 6 个方面：

（1）提取各种有价组分，尤其把最有价值的组分提取出来。如从有色金属废渣中提取的某些稀有贵重金属的价值甚至超过主金属的价值。

（2）生产建筑材料。利用工业固体废弃物生产建筑材料，是一条较为广阔的资源化途径，主要有以下 5 个方面：

1）利用高炉渣、钢渣和铁合金渣等生产碎石，用作混凝土集料、道路材料和铁路道砟等。

2）利用粉煤灰、经水淬的高炉渣和钢渣等生产水泥。

3）在粉煤灰中掺入一定量炉渣、矿渣等集料，再加石灰、石膏和水拌和，制成蒸汽养护砖、砌块和大型墙体材料等硅酸盐建筑制品。

4）利用部分冶金炉渣生产铸石，利用高炉渣或铁合金渣生产微晶玻璃。

5）利用高炉渣、煤矸石和粉煤灰生产矿渣棉和轻质集料。

（3）生产农肥。可利用固体废弃物生产或代替农肥，如城市垃圾、农业固体废弃物等经堆肥化，可制成有机肥料；粉煤灰、高炉渣、钢渣和铁合金渣等，可作为硅钙肥直接施用于农田；而钢渣中含磷较高的可生产钙镁磷肥。

堆肥法是将生活垃圾中的有机物资源化再利用的处理技术。在堆肥过程中，城市生活垃圾中有机质在微生物作用下降解为稳定的有机质，并有效杀死垃圾中大量有害细菌。该法广泛应用于土地资源丰富、耕地面积较多、种植区附近村庄，堆肥后的产物方便直接应用。该法在农村被广泛应用，对减少农村垃圾的产生量起到很好的作用。但是，由于使用不合理或使用量有限等因素，农村生活垃圾问题依旧很严峻。堆肥处理过程中的重金属会残留在土壤中，对土壤造成污染，且这种方法需要人工将有机垃圾和无机垃圾进行分类，虽然我国逐步开始实施垃圾分类，但仍不成熟，故影响堆肥过程与效果，更影响市场效益等。堆肥方式处理的城市固体废弃物约占收运量的3.7%。

（4）回收能源。很多工业固体废弃物热值较高，如粉煤灰中碳含量达10%以上，可加以回收利用。

焚烧法是世界上许多先进国家和地区最常采用的方法，主要是沿海大中城市优先选用的处理方式，约占收运量的14.5%。与其他处理城市垃圾的方法相比，具有占地少、可回收能源、达到减量化和资源化等优点。但是，目前最好的焚烧设备，在运转正常的情况下，也将释放出75种可能会导致胎儿畸形与数种癌症的有害物质，灰烬中的有毒有害物质就更多（如较高浓度的铅、镉等重金属等）。如何处理这些灰烬和消除对大气的污染，是垃圾焚烧法亟待解决的问题。

（5）取代某种工业原料。工业固体废物经一定加工处理后可代替某种工业原料，以节省资源。如煤矸石代替焦炭生产磷肥；高炉渣代替砂、石作滤料处理废水，还可作吸收剂，从水面回收石油制品；粉煤灰可作塑料制品的填充剂，还可作过滤介质，如可过滤造纸废水，不仅效果好，而且还可以从纸浆废液中回收木质素。

（6）对大批量的固体废弃物进行填埋处理。其中填埋分为直接填埋与卫生填埋，卫生填埋法占全部固体废弃物收运量的81.8%。直接填埋是指直接挖坑对固体废弃物进行填埋，然后进行压实，操作简单，费用较低，但容易污染地下水；卫生填埋就是选好场地填埋固体废弃物后，采用覆土、防渗等措施消除其对地下水和大气的污染，具有容量大、耗费少等优点。

随着社会的发展、土地资源逐渐短缺与可持续发展战略的要求，填埋法作为主要的固体废弃物处理方式，弊端逐渐显现。主要体现在如下方面：

1）所修建的垃圾填埋场占地面积大，耗费大量土地资源，且可持续使用时间较短（大约10年），造价相当高。

2）垃圾中大部分可回收利用的资源一同填埋，造成可回收利用资源的浪费。

3）垃圾填埋场的渗出液容易污染其周围的土壤和水体。

4）由于一般固体废弃物种类繁多，成分相对复杂，如果没有妥当的安全处理措施，废弃物不能得到有效处置，同样会对周边自然环境及社会环境造成严重影响。

5）垃圾填埋普遍采用的HDPE薄膜覆盖，使用寿命少于30年，垃圾在厌氧环境中发酵后，重金属渗透到土壤与地下水，其污染问题会延后反应。

（二）固体废弃物处理过程产生的危害

目前国内诸多工业固体废弃物大都参照以上 6 种治理方式进行一定程度的处理，并已经有了相应的处理技术及标准。然而，近 20 年来，随着城镇化进程的加快，盾构法作为一种具有高效、安全、机械化程度高等优点的施工方法，已被广泛应用于城市轨道交通、市政公路和综合管廊等工程建设中。与此同时，盾构隧道施工过程中产生的工程渣土也在逐年递增，并逐渐发展成为一种新型工业固体废弃物，全国每年在建的地铁盾构隧道产生的渣土总量已突破 2.25 亿 m³，渣土处置费用预计高达 582 亿元，盾构隧道渣土是一种含有黏土矿物、发泡剂、高聚物改性材料的高含水率、低渗透性流塑状土，其成分组成与理化特征上的特殊性使其难以完全沿用传统工业固体废弃物的消纳处置与资源化再利用方式。我国盾构隧道工程渣土的产量巨大，但其资源化再利用的技术标准与产业规模却相对滞后，处理方式仍以堆放、填埋为主，已引发一系列施工问题，乃至环境、安全的次生危害。具体危害如下：

（1）我国工程渣土处置管理要求严格，盾构隧道渣土产量高、占地面积大，但施工中可用于临时贮存渣土的场地十分有限，渣土管理难以满足城市环保管制规定，导致停工整改或处罚，严重影响施工效率。

（2）渣土产量超过现场贮存能力后需要外运处置，运输过程中难以避免扬尘、遗撒现象，在堤塘、河道随意倾倒盾构渣土的违规处置现象也时有发生，造成了市容破坏并带来交通安全隐患。

（3）未处理的盾构渣土外运堆积在消纳场地中，不同地层物源的盾构渣土在含水率、渗透性、颗粒组成和易蚀程度上存在较大差异，其堆填体内部不均匀性显著，降雨条件下易形成饱水软弱滑带，导致坡体失稳。

（4）盾构渣土中含有部分改性添加剂，渣土长期处于露天堆置状态，地表水渗入会将各种添加剂成分带入土壤中，污染水土环境。为此，考虑到盾构渣土对隧道施工、城市环境及居民出行带来的诸多影响，开展盾构隧道工程渣土资源化再利用技术研究具有重要的现实意义和应用价值。

（5）在沿海地区这类渣土废弃物主要通过填埋海域进行处理，在内陆地区主要通过渣土运输车运送至偏远地区进行回填。针对盾构施工中的大量工程渣土，直接填埋处理方式会造成环境污染，主要原因是在盾构施工中，为了出土方便，常在盾构机掘进过程中，注入渣土改良剂，将渣土改良成一种流塑性好的状态。市场上常用的改良剂均为化学改良剂，其主要组分均来自石油及其衍生物，不可生物降解，对环境造成"二次污染"。例如青岛地铁建设过程中，曾因为大雨将盾构渣土中来自石油及衍生物的化学物质冲刷到商户养殖海参的养殖场，导致当年商户海参减产。因此，盾构渣土直接被填埋的处理方式不仅破坏了当地的生态平衡，还对经济发展带来间接的影响。

在以上多种对固体废弃物的处理和治理技术中，并没有针对新型固体废弃物——盾构渣土的处理方式，盾构渣土量巨大，无法通过焚烧、堆肥等传统处理方式进行处治，因此研究新型固体废弃物——盾构渣土的处理方式，防止其对环境的"二次污染"势在必行。

第二节　存在问题

一、生态保护和高质量发展的机遇与挑战

（一）生态保护和高质量发展政策与需求分析

党的十八大以来，习近平总书记多次实地考察黄河流域生态保护和高质量发展情况并作出重要指示，2019 年 9 月 18 日，习近平总书记在郑州市主持召开了"黄河流域生态保护和高质量发展座谈会"，黄河流域生态保护和高质量发展自此将与京津冀协同发展、长江经济带发展、粤港澳大湾区建设、长三角一体化发展等共同成为国家战略，有利于中国的生态治理以及东、中、西部区域经济和社会的协调发展。

2020 年 1 月 3 日，中央财经委员会第六次会议上强调，黄河流域必须下大气力进行大保护、大治理，走生态保护和高质量发展的路子。会议指出，要把握好黄河流域生态保护和高质量发展的原则，编好规划、加强落实。要坚持生态优先、绿色发展，从过度干预、过度利用向自然修复、休养生息转变，坚定走绿色、可持续的高质量发展之路。坚持量水而行、节水为重，坚决抑制不合理用水需求，推动用水方式由粗放低效向集约节约转变。坚持因地制宜、分类施策，发挥各地比较优势，宜粮则粮、宜农则农、宜工则工、宜商则商。坚持统筹谋划、协同推进，立足于全流域和生态系统的整体性，共同抓好大保护、协同推进大治理。

2021 年，中共中央、国务院印发了《黄河流域生态保护和高质量发展规划纲要》，纲要强调，要因地制宜、分类施策、尊重规律，改善黄河流域生态环境；要大力推进黄河水资源集约节约利用，把水资源作为最大的刚性约束，以节约用水扩大发展空间；要着眼长远减少黄河水旱灾害，加强科学研究，完善防灾减灾体系，提高应对各类灾害能力；要采取有效举措推动黄河流域高质量发展，加快新旧动能转换，建设特色优势现代产业体系，优化城市发展格局，推进乡村振兴；要大力保护和弘扬黄河文化，延续历史文脉，挖掘时代价值，坚定文化自信；要以抓铁有痕、踏石留印的作风推动各项工作落实，加强统筹协调，落实沿黄河各省（自治区）和有关部门主体责任，加快制定实施具体规划、实施方案和政策体系，努力在"十四五"期间取得明显进展。

河南沿黄地区是黄河流经区域地形地貌特征最为特殊的区域，为守住"绿水青山"、收获"金山银山"，在全流域中率先破解流域资源性缺水与经济发展需求的矛盾，2020 年 3 月 1 日，河南省出台了《2020 年河南省黄河流域生态保护和高质量发展工作要点》，提出要抓实抓细抓落地，把握沿黄地区生态特点和资源禀赋，从过去的立足"要"向立足"干"转变、向先行先试转变，引领沿黄河生态文明建设，在全流域率先树立河南标杆。

2021 年 9 月 29 日，河南省第十三届人民代表大会常务委员会第二十七次会议审议通过了《河南省人民代表大会常务委员会关于促进黄河流域生态保护和高质量发展的决定》，将高水平建设大河治理和生态保护示范区、水资源集约节约利用和现代农业发展先行区、高质量发展引领区、黄河文化优势彰显区，在全国落实重大国家战略、服务全国发展大局

中走在前列，发挥更大作用。

（二）生态保护和高质量发展存在的制约性因素

（1）水资源紧缺成为生态保护和高质量发展的重要制约性因素，竞争性用水矛盾十分突出，生态退化态势明显。受流域水文气象条件限制，"水少"一直是黄河流域基本特征；近几十年来，随着引黄灌区的建设和气候变化的影响，黄河"水少"的形势向着更加不利的方向演化；基于可预判的水土资源条件变化和水土保持措施实施，未来黄河流域天然径流量仍会出现小幅下降，"水少"将在相当长的时期内成为流域发展的主要矛盾。河南省位于黄河流域中下游，资源性缺水的问题更为突出，花园口断面 1956—2016 年降水系列（2016 年下垫面）天然平均年径流量 453 亿 m³，比 1956—1979 年降水系列（历史同期下垫面）平均年径流量 568 亿 m³ 减少 20%，花园口断面 2001—2019 年平均年径流量 272.9 亿 m³，较 1956—2000 年平均年径流量减少了 30.1%。水资源衰减与用水刚性增长矛盾突出，经济社会用水挤占生态环境用水的现象严重，黄河流域重点河流断面近年来面临生态流量保障率偏低的问题，干支流断面生态水量亏缺形势严峻。黄河流域（河南段）的龙门镇、三门峡、白马、武陟、黑石关等断面生态基流达标年份占比甚至为 0%（Q95 法）。受水库调节影响，尽管下游河道断流概率大为减少，但生态流量长期偏小、嫩滩缺乏必要的淹没滋润，河槽趋于单一、河床下切，加上人们的过度捕捞和嫩滩种植开发，使河槽生物多样性受到严重破坏，水生态退化较为严重。

（2）流域二产占比畸高，传统重污染产业集中，重金属污染问题凸显。黄河流域的经济社会发展整体滞后，产业构成以第二产业为主体，这在河南段表现尤为突出。2017 年，黄河流域（河南段）第二产业占比高达 54.3%，居河南省四大流域（长江、黄河、淮河、海河）之首，高于河南省第二产业平均值 6.9 个百分点，高于全国第二产业平均值 13.8 个百分点。由于黄河流域（河南段）内有色金属矿产和石油资源丰富，有色金属矿采选、有色金属冶炼、石油开采和石油化工行业集中。流域内以有色金属冶炼、化工为主导产业的省级产业集聚区 17 个，总面积 334km²。截至 2019 年年底，黄河流域（河南段）共有各类土壤污染重点风险源 1182 个，占全省重点风险源的 40%，重点风险源密度是全省平均密度的 1.9 倍。相较于氨氮、COD 等传统污染物排放总体得到控制，黄河流域（河南段）的重金属污染物排放总量较高，造成局部地区土壤污染严重，有色金属矿区周边农田污染问题突出，比如三门峡等地区土壤就存在不同程度重金属超标现象，重金属污染问题逐步凸显，对流域的粮食安全等构成威胁。

（3）滩区发展脱贫致富成为流域高质量发展的重要难题。河南黄河滩区涉及洛阳、郑州、开封等 6 个市所属 23 个县（市、区），滩内现有人口 124.7 万人，总面积 2698.65km²。滩区既是黄河行洪、滞洪和沉沙的重要区域，也是百万群众赖以生存的家园。受洪水淹没和河势摆动威胁影响，滩区治理滞后，安全和生活、生产设施简陋，经济社会发展落后。随着社会的不断发展和进步，滩区防洪基础薄弱问题常态化、显性化，与周边地区的差距越来越大，下游治理与滩区群众安全和发展的矛盾日益尖锐，滩区发展及脱贫致富成为当今黄河（河南段）治理和高质量发展的症结问题与重要难题。图 5-34 为武陟县黄河滩区现状。

图5-34　武陟县黄河滩区

（4）防洪安全是黄河安澜最大威胁。黄河流域属大陆性季风气候，流域面积大，受三级阶梯地形影响，暴雨形成的天气系统复杂，存在多个暴雨区；黄河河长源多，不同河段洪水来源组成多样，洪水类型多，下游河道游荡摆动，洪水运动规律复杂。再加上地上悬河特性，黄河历史上洪水频发，决口改道频繁，灾难深重。中华人民共和国成立以来的70年间黄河发生流量超10000m³/s的大洪水12次，当前黄河下游发生大洪水的风险依然存在，尤其是三门峡—花园口区间的"下大洪水"洪峰流量高、涨势猛、预见期短，对下游防洪威胁最为严重。黄河曾被称为"中国之忧患"，主要是指河南黄河的郑州京广铁路桥至台前张庄372km设防河段，尤其是其中299km游荡型河段，河道宽浅散乱，河势游荡多变，容易形成横河、斜河和滚河等险情，直接威胁大堤安全，增大下游漫滩概率，造成滩区人民生命财产损失。该河段相较其他河段及江河，是最难防守、历史上决口最多、决口淹没范围最大的防洪重点和确保河段。

二、水环境治理存在的问题

（一）污染源头未截断

污染水体治理未从源头进行截污，过于重视"眼前污"，而对造成水体黑臭的生活污染、建筑污染、工厂污染的源头不了解、不甄别、不整治。个别治理单位用遮掩敷衍方式，避开源头根本问题，导致治理污染呈现表面化。

（二）监督管理不到位

垃圾污染比较严重。通过对金堤河、范水河等支流进行调研发现，水体漂浮垃圾较多且未能及时打捞清理，造成水面垃圾淤积。还有河道表面存在大量碎石，这些石子堆积在河道中间，一方面降低了水的流速，污染物未被及时冲走，对河道造成污染；另一方面，如果时间较长，则可能抑制水生植物的生长，导致河流生物多样性减少。

（三）合流制管道溢流（CSOs）

在暴雨或融雪条件下，由于大量雨水流入排水系统，合流制排水系统内的流量超过截污流量时，超过排水系统负荷的雨污混合污水便会直接排入受纳水体，这被称为CSOs。旱季时，合流制管网中只有生活污水，水量较小，流速较慢，而雨季时，雨水径流流入合流制管网，水量变大，流速较高。因此，合流制管网中污水的水量和水质是变化的，旱季时合流制管网中容易产生沉淀，而在雨季时，由于雨水将旱天沉积在管网的污染物冲刷下来，使合流污水中污染物的浓度比降雨径流大很多。并且初期雨水经过对地面的冲刷后，也会携带大量的污染物进入到管网中，更是加大了水体的污染。

目前黄河流域（河南段）存在的CSOs对受纳水体造成一定影响。主要包括以下方面：

（1）威胁水生动植物。CSOs不经处理而排放的过程会使大量的有机污染物进入水体中，这会使水体中的微生物大量繁殖，水体中溶解氧的消耗速率因此随之增大，这一过程将使水体中溶解氧的量不断减少，最终导致水生动植物因缺氧而无法正常生长。与此同时，污水中的有毒有害物质和各种致病菌进入受纳水体，这对水生动植物的生长也会产生严重影响。

（2）水体富营养化。溢流污水中含有大量的氮、磷等营养物质，这些营养元素含量的增加将导致水中藻类等生物异常繁殖，水体随之呈现褐绿色，出现水华，影响水体功能。而当此类水体作为水源时，也会造成给水处理的困难，提高制水成本。

（3）减弱亲水感。CSOs污水挟带大量的固体颗粒物，它们会随排放过程而进入城市河道中，使城市河道水体颜色加深，水质浑浊，影响了城市河道整体美感，故其亲水性被减弱。

（4）威胁人类健康。溢流污水中含有大量微生物，它们在水体中不断繁殖并随着水体传播。CSOs污水中的微生物包含了各种致病菌，它们的繁殖与传播将严重威胁城市居民的身体健康，甚至成为人类疾病的致病源之一。

（5）制约城市的可持续发展。城市河道的重要作用之一便是缓解城市热岛效应，因为河流能够有效地调节城市气候。一旦城市河道因合流制溢流而被污染，水体水质将会被排入的污染物影响，那么河流调节城市气候的功用也会随之被影响，这不利于城市的可持续发展。

（6）影响污水处理厂运行管理。相比分流制排水管网系统的污水处理厂而言，合流制污水处理厂的设计流量要更大，因为合流制污水处理厂的水质水量会不断地发生变化，这种大幅度的变化会在一定程度上影响污水处理厂的运行管理。

（四）水环境质量显著提升，但部分断面水质仍不能稳定达标

黄河流域（河南段）地表水水环境质量近年来显著提升，按照断面水质年均值评价，2019年，流域国考、省考断面Ⅰ～Ⅲ类水占比为77.78%，较2015年的15.79%提升了61.99个百分点；国考、省考断面2015年劣Ⅴ类水质比例为10.53%，到2018年底已消除劣Ⅴ类水质。虽然流域水质整体改善提升较大，断面年均值能够达到考核目标要求，但部分断面仍不能稳定达标，如黄河干流花园口断面全年12个月有4个月超标，超标率为33.33%，刘庄断面超标率为25%，伊洛河伊洛汇合处断面超标率为33.33%，巩义七里铺断面超标率高达83.33%，西柳青河滑县黄塔桥断面超标率高达75%，金堤河张秋断面超标率为41.67%。

（五）部分支流、部分河段仍存在污染严重水体

黄河流域（河南段）干支流、上下游、左右岸水生态环境差别较大，干流水质较好，水量较为丰富；部分支流如伊洛河、金堤河、西柳青河等水质不能稳定达标，沁河、金堤河水资源匮乏。部分市控断面仍存在劣Ⅴ类水质，2019年流域31个市控断面中，劣Ⅴ

类水质断面 5 个，占 16.3%，主要集中在部分小支流上，涉及南涧河东七里断面、滩区涝河孟州石井断面、老蟒河武陟寨上断面、氾水河口子断面、金堤河范县断面等 5 个市控断面。

（六）水资源短缺，依赖干流过境水，未来供需矛盾大

2018 年，黄河流域（河南段）水资源总量为 45.39 亿 m³，占全省水资源量的 13.36%；地表水资源量为 30.50 亿 m³，占全省的 12.62%；人均水资源量为 246m³，低于全省平均水平（354m³）。而流域供水量却达 50.4 亿 m³，占全省总供水量的 21.5%，其中，地表水资源用水量为 26.91 亿 m³，占全省的 23.95%。全省引黄河干流水量 29.7 亿 m³，占地表水资源总供水量的 26.42%，全省供水结构中对黄河过境水依赖较高，流域供用水量矛盾是水资源开发利用的关键问题。

（七）河流流量不能保障，部分支流断流干涸或生态流量不足

近年来，黄河流域（河南段）干支流径流量下降明显，2017 年，黄河干流三门峡站、花园口站、高村站实测径流量分别为 191.9 亿 m³、193.5 亿 m³、167 亿 m³，较 2010 年实测值分别降低了 23.27%、29.97% 和 35.35%，较 2012 年最高实测值分别降低了 43.82%、50.13%、53.97%，同时也低于各站点 1987—2000 年平均值和 1956—2000 年平均值。支流伊洛河年径流量自 2012 年起下降明显，2017 年径流量低于 2010—2017 年平均值 32.32%，低于 1987—2000 年平均值 24.17%，仅为 1956—2000 年平均值的 50%。沁河年径流量较小且年际变化较大，近年年平均值为 4.22 亿 m³，仅为 1956—2000 年平均值的 50%。文岩渠、天然渠、天然文岩渠、西柳青河、黄庄河流量较小，个别年份接近断流。近年来，伊洛河干支流水电站无序开发严重，在洛河中游、伊河上游河段水电站首尾相连，多数为引水式电站且没有考虑生态基流下泄，导致伊河、洛河生态需水满足程度低。

（八）水资源利用率不高，区域再生水利用不足

2018 年，黄河流域（河南段）仍有涉及郑州、洛阳、焦作、濮阳的 6 个县（市、区）万元 GDP 用水量超标，有涉及郑州、洛阳、安阳、新乡、焦作、濮阳的 8 个县（市、区）万元工业增加值用水量超标。流域非常规水源利用量为 1.145 亿 m³，仅占供水总量的 2.27%，低于全省平均水平（2.65%）。尤其是豫北的新乡市、濮阳市非常规水源利用量为 0，与这些地区极度缺水和水环境污染重的现状不相适应。

（九）水生态环境敏感性高，湿地环境受到破坏

黄河流域（河南段）分布有 5 个省级以上湿地自然保护区，占全省总数的 45.5%，同时分布有 7 个省级以上湿地公园、7 处水产种质资源保护区、29 处市级饮用水水源地，水生态环境敏感性极高。但沿黄很多湿地保护区范围内原有的天然湿地已被农田取代，甚至已被纳入基本农田保护区。河南省沿黄天然湿地正在面临着水利工程、围垦等多重因素的影响，湿地面积不断减少，湿地生态空间被挤占，生态服务功能不断减弱。同时，流域内伊洛河、沁河等水电站开发严重，河流的连通性与水流连续性受到严重破坏，河流水文、生物栖息地等发生较大变化，河流生态功能严重退化，水生生物生境锐减、面积萎缩且片段化。

（十）煤化工、有色金属、装备制造等重污染行业分布集中，环境风险防范压力大

黄河流域（河南段）分布有 6 个重金属管控区，占全省总数的 54.5%；分布有 43 个省

级产业集聚区，其中 16 个产业集聚区主导产业包括化工行业，11 个产业集聚区主导产业包括有色金属加工行业，19 个产业集聚区主导产业包括装备制造业。流域内黄河上游，特别是洛阳、三门峡等市有色金属、煤化工、装备制造等重污染行业分布较为集中，涉重金属和危险废物企业、历史遗留尾矿库等较多，潜在的环境风险不容忽视。

（十一）新污染物治理难度大

新污染物分布区域较广，污染浓度相对较高，工业废水排放较多的地区，污染水平也相对较高，由此可以推断我国当前内分泌干扰物和全氟化合物的主要来源仍以工业污染源为主。

三、水生态修复存在的问题

黄河流域（河南段）水生态修复主要存在以下问题：

（1）沿黄生态治理任务重。黄河流域（河南段）生态系统退化趋势还未得到根本扭转，部分河段水生植物单一，生长环境较差，造成河湖表流湿地萎缩，功能退化，威胁水生态安全。黄河流域（河南段）内部分河流断面水质还不能稳定达标，重点地区河流重金属污染隐患以及畜禽养殖和农业面源污染问题依然严峻；黄河沿线还存在向河道倾倒垃圾和直排工业废水、城镇生活污水现象，见图 5-35。

图 5-35　黄河支流水质现状

（2）黄河流域（河南段）地质水情复杂，存在洪水泛滥的威胁。自新中国成立以来，我国对黄河流域（河南段）实施了大量治理工程，受行业发展所限，部分治理工程过于"工程化"。以堤岸防护工程为例，过去大部分以混凝土、浆砌石、干砌石等硬质护岸为主，近年来，随着水生态理念的不断提出，才有所改观。但部分已建硬质堤岸防护工程多已老旧，部分已建生态护岸工程水生态效益不足，并且部分未治理河段仍然存在河岸裸露、水土流失较严重等问题，急需进行生态化治理。部分河道由于两岸土质结构松散，塌岸、塌滩现象经常发生，河道治理难度大、费用高，现有黄河河道整治工程不完善，部分河段仍有横沟、暗沟，支流水质效果差，使得黄河主干道水质指标不能得到有效控制，黄河支流河岸现状见图 5-36。

（3）黄河流域（河南段）在水环境治理上广泛使用了人工湿地技术，但是在应用过程中也暴露了很多问题，包括易受气候温度影响，占地面积大，易受植物、水力负荷、运行方式等的影响，管理不合理等，这些问题都在一定程度上影响了人工湿地对河水的净化效果。

为此，应重点从黄河流域（河南段）水生态保护和修复方面入手，在保护、维持原有生态功能的基础上加强修复，建设"清水入河、水清岸绿"的水生态环境，打造美丽河南。

图 5-36 黄河支流河岸现状

四、固废治理存在的问题

根据河南省生态环境厅发布的《2018 年河南省环境统计年报》数据（表 5-14）显示，河南省全省固体废弃物综合利用率为 73.8%，在所记录的 29 个城市中，固体废弃物综合利用率超过 80% 的重点城市共计 18 个，占 62.1%；利用率 70%～80% 的重点城市共计 5 个，占 17.2%；利用率低于 70% 的重点城市共计 6 个，占 20.7%。固体废弃物剩余贮存率超过 10% 的重点城市共计 6 个，占 20.7%；贮存率 1%～10% 的重点城市共计 3 个，占 10.3%；贮存率 0%～1% 的重点城市共计 13 个，占 44.8%；完全处理没有贮存的重点城市共计 7 个，占 24.1%。

表 5-14　　　　　　　　2018 年河南省固体废弃物统计数据

行政区划名称	一般工业固体废弃物产生量/万 t	一般工业固体废物综合利用量/万 t	其中：综合利用往年贮存量（一般固体废物）/万 t	一般工业固体废物处置量/万 t	一般工业固体废物贮存量/万 t	综合利用率/%	剩余贮存率/%
河南省	18304.15	13513.42	29.9	2992.27	2222.16	73.82708	12.1402
郑州市	1281.86	898.64	0.22	383.39	0.52	70.10438	0.040566
开封市	211.37	197.13	0.04	14.36	0.04	93.263	0.018924
洛阳市	5729.4	4415.62	2.8	102.55	1220.38	77.0695	21.30031

续表

行政区划名称	一般工业固体废物产生量/万 t	一般工业固体废物综合利用量/万 t	其中:综合利用往年贮存量(一般固体废物)/万 t	一般工业固体废物处置量/万 t	一般工业固体废物贮存量/万 t	综合利用率/%	剩余贮存率/%
平顶山市	1948.81	1497.28	2.22	432.95	265.8	76.83048	13.63909
安阳市	1305.12	870.24	14.62	447.13	6.03	66.67893	0.462026
鹤壁市	377.23	350.9	3.55	1.4	28.55	93.02017	7.568327
新乡市	627.96	454.08	0.13	173.98	0.07	72.31034	0.011147
焦作市	1181.83	818.86	0	101.75	261.22	69.28746	22.10301
濮阳市	148.72	142.89	0.01	5.83	0.03	96.07988	0.020172
许昌市	342.32	334.56	0.23	6.11	1.9	97.73312	0.555036
漯河市	174.43	173.22	0.01	1.22	0	99.30631	0
三门峡市	1708.8	635.42	4.02	938.02	262.64	37.18516	15.36985
南阳市	437.84	346.44	0.02	31.52	73.66	79.12479	16.8235
商丘市	104.12	102.67	0.16	1.66	0.19	98.60738	0.182482
信阳市	373.12	210.21	0.67	163.57	0.01	56.33844	0.00268
周口市	96.58	95.68	0.05	0.9	0.05	99.06813	0.051771
驻马店市	181.86	153.23	0.7	29.77	0.31	84.25712	0.170461
济源市	810.79	665.69	0.25	64.31	81.08	82.10387	10.00012
巩义市	195.76	162.63	0	20.71	12.43	83.07622	6.349612
兰考县	12.22	4.23	0.04	7.97	0.06	34.61538	0.490998
汝州市	189.11	168.9	0	13.03	7.19	89.3131	3.80202
滑县	12.92	12.43	0	0.49	0	96.20743	0
长垣县	84.69	84.36	0	0.33	0	99.61034	0
邓州市	8.01	7.2	0	0.81	0	89.88764	0
永城市	737.35	693.99	0.04	43.39	0	94.11948	0
固始县	6.42	6.36	0	0.06	0.01	99.06542	0.155763
鹿邑县	7.78	7.78	0.1	0.1	0	100	0
新蔡县	1.63	1.63	0.01	0	0.01	100	0.613497
航空港区	6.1	1.15	0	4.95	0	18.85246	0

由表 5-14 数据可知,河南省固体废弃物治理存在以下不足之处:

(1)河南省固体废弃物存在空间处理能力分布不均匀。其中鹤壁市、濮阳市、许昌市、漯河市和商丘市等多个重点城市固体废弃物综合利用率超过 90%,鹿邑县和新蔡县固体废弃物综合利用率甚至达到了 100%。

漯河市 2018 年固体废弃物综合处置率为 100%,漯河市共产生工业固体废物 174 万 t,主要包括锅炉灰渣、脱硫石膏、污水处理设施产生的污泥、医疗废物及企业产生的危险废物等,其中锅炉灰渣能够全部综合利用于制作免烧砖等新型建筑材料;华电漯河发电有限公司、银鸽集团和金大地等企业产生的固体废物得到综合处置利用;医疗废物产生单位及双汇集团等企业产生的危险废物处置率和安全转移率均达到 100%。

郑州市 2018 年固体废弃物综合处置率为 70.10%，郑州市共产生一般固体废弃物 1281.5 万 t，综合利用量 898.5 万 t，处置量 383 万 t。其中，工业危险废弃物产生量为 25967.83t，危险废弃物综合利用量为 13426.15t，危险废弃物处置量为 12973.063t，无工业危险废弃物倾倒丢弃。由郑州市固体废弃物综合处置数据可知，郑州市有 70.10%的固体废弃物进行了综合利用，相对于固体废弃物处理较好的发达国家，综合利用率偏低，有 29.9%的固体废弃物进行了处置，相对于固体废弃物处理较好的发达国家，处置率偏高。

2018 年，三门峡市工业固体废弃物产生总量为 1708.80 万 t。其中，工业固体废物综合利用量为 635.42 万 t，处置量为 938.02 万 t，工业固体废物贮存量为 262.63 万 t。2018 年，全市工业固体废弃物产生总量为 1708.80 万 t。全年共处置医疗废物 1550t，医疗废弃物处置率达 100%。

航空港区的固体废弃物综合利用率仅有 18.9%，主要依靠运输至其他城市进行产生固体废弃物的处理。

（2）固体废弃物贮存率差异化较大等问题。在剩余固体废弃物贮存率方面，河南省漯河市、滑县、长恒县、邓州市、永城市、鹿邑县和航空港区等重点城市剩余固体废弃物贮存率为 0%；郑州市、开封市、安阳市、新乡市、濮阳市、信阳市和周口市等地一般工业固体废弃物基本为 0%；而洛阳市、平顶山市、焦作市、三门峡市、南阳市和济源市等地一般工业固体废弃物贮存量较高，贮存率较高。

（3）农用地分类管理需强化。强化农用地分类管理，完成农用地土壤环境质量类别划分，建立分类管理清单，受污染耕地全部落实安全利用措施。严格建设用地准入管理，完成重点行业企业用地调查，完成全省污染地块与城乡规划对比图，实施污染地块空间信息与城乡规划比对管理。狠抓源头管控，开展涉镉等重金属企业排查整治和环境监管，加强土壤污染重点监管单位监管。

（4）医疗垃圾方面，部分医疗废物分类不细，导致部分无菌外包装以医疗垃圾形式入袋焚烧，污染环境，造成潜在危害。部分基层医疗机构建筑设计时缺乏规范的医疗废物暂存场所及相关设施。建议对医疗机构人员加强培训医疗废物分类、包装等知识，严禁混放医疗废物、生活垃圾和输液瓶（袋），同时提高对医疗机构医疗废物暂存间的管理，加大监督力度。

（5）城市生活垃圾方面，随着城市框架的拉大，环卫设施选址难，配建统筹还不到位，拆迁建设中部分生活垃圾中转站数量减少。生活垃圾焚烧发电设施建设进度缓慢，对生活垃圾实现全焚烧处理产生一定影响。建议提前谋划、合理布局，遵循"先建后拆"的原则，确保生活垃圾中转站数量充足，同时，加快焚烧发电厂建设步伐，力争早日建成投入使用，同时启动城市垃圾填埋场生态修复工程，减少对周边市民的影响。

（6）污泥处理方面，存在处理后的污泥处置途径受阻的情况。郑州市工艺路线落后于上海、广州等国家中心城市建立的 "自主焚烧路径"，与国家有关部委提出的"鼓励采用'生物质利用+焚烧'，协同处置为补充"的处置模式有差距。存在处置能力不足、处置途径单一和环境风险较大等问题。建议立足郑州市环境现状，对标国家中心城市污泥处理处置发展方向，坚持泥水并重、适度集约、适度超前发展，持续推进污泥处理能力建设。以污泥最终无害化处置为目标，优化调整现有工艺，确立以污泥自主干化焚烧为主的工艺路线，实现污泥安全处置和资源化利用，同时，建议加大对污水污泥收集处理项目中央资金等各类专项资金支持力度。

随着河南省固体废弃物治理水平的提高，2018 年河南省固体废弃物防治取得了新进展。其中开展河南省固体废弃物专项治理暨规范化管理考核，整改 158 个存在问题的工业固体废弃物堆场，河南全省产废单位规范化管理考核合格率达 90%，危险废弃物经营单位合格率达 98%。建立河南省危险化学品追踪管理体系平台，完成河南省重点行业重点重金属全口径清单信息核查。全省危险品废弃物集中处置能力达 22.15 万 t/a，比 2017 年提高 89%；医疗废物集中处置能力达 11.34 万 t/a，比 2017 年提高 24%；危险废弃物综合利用能力达 591.5 万 t/a，比 2017 年提高 17%；全省电子产品拆解处理能力总计 1487 万台（套）。积极探索固体废弃物减量化、资源化、无害化新路径，许昌市成为全国"无废城市"试点单位。

第六章　生态保护和高质量发展战略

第一节　生态保护和高质量发展内涵

生态保护和高质量发展是相辅相成、相互渗透的矛盾体，生态保护是高质量发展的生命底线，高质量发展是生态保护的有机动力。根据对生态保护与高质量发展关系及其与幸福河湖的内在联系分析，幸福河湖体现了生态保护和高质量发展的协调统一，可以从幸福河湖视角开展黄河流域（河南段）生态保护和高质量发展评价研究。

河流的幸福感体现在水安全、水资源、水环境、水生态、水文化等方面，因此基于幸福河湖视角的流域或区域生态保护和高质量发展评价，既要有体现经济和社会高质量发展内涵的指标，又要从河湖的一半社会属性与经济社会服务功能出发，系统度量水安全保障、水资源供给和水环境服务、水生态质量和水文化繁荣，以回答什么样的"水"可以支撑流域或区域的生态保护和高质量发展。

根据新时期我国经济社会形势和发展矛盾的变化，黄河流域（河南段）生态保护和高质量发展面临的机遇和挑战，以及幸福河湖的内涵，黄河流域（河南段）生态保护和高质量发展评价可以从经济高质量发展、社会高质量发展、环境高质量发展三个维度去考察分析。

（1）经济高质量发展。黄河流域（河南段）经济发展的高质量不应只体现在经济发展速度的提升，更要注重经济发展质量和效益。现阶段产业结构性、布局性风险较高，有色金属矿采选、石油化工、有色金属冶炼等高耗水、高污染企业多，第二产业占比重，经济发展方式和经济发展动力迫切需要转变，亟须形成更高水平的高质量发展区域增长极，实现创新驱动推动经济高质量发展。

（2）社会高质量发展。进入新时代后，随着中国社会生产力水平极大提高，社会主要矛盾发生了重大变化，人民群众对物质文化生活提出了更高要求。社会的高质量发展主要体现在民生的改善上，涉及教育、医疗、社保等基础公共服务水平的提高、基础设施建设完善及城乡协调发展等。

（3）环境高质量发展。以水安全、水资源、水环境、水生态、水文化为着力点，防治黄河流域（河南段）水灾害，保障人民群众生命财产安全，持续提高沿河沿岸人民群众的安全感，为高质量发展保驾护航；提供优质水资源，保障生产生活适时适量合格稳定的用水，持续支撑经济社会高质量发展；建设宜居水环境，保护改善黄河流域（河南段）水环境质量，全面提升城乡水体环境质量，实现"水清岸绿，宜居宜赏"；维护与修复健康水生态，实现"鱼翔浅底，万物共生"，维护河湖生态系统健康，提升河流生态系统质量与稳定；推进先进水文化建设，尊重河流、保护河流，调整人类行为，传承历史水文化，丰富现代水文化内涵，实现"大河文明，精神家园"。

第二节 流域生态保护和高质量发展指标体系构建

一、指标体系建立

在遵循科学性、整体性、可获得性和可操作性等原则的基础上，评价黄河流域（河南段）高质量发展，应从经济、社会和环境三个维度进行。以问题导向为指引，参考已有成果，构建了黄河流域（河南段）高质量发展评价指标体。

经济角度下，基于现状经济发展水平和经济发展效益，从经济发展潜力出发，通过科技创新提升经济发展效率，从而增加经济发展动力。因此以经济发展水平、经济发展效益、经济发展潜力构建黄河流域（河南段）经济的高质量发展；社会角度下，以基础公共服务、基础设施建设、人民生活水平等方面构建社会高质量发展指标；生态环境角度下，从水安全保障、水资源保障与高效利用、环境保护治理、水生态保护修复、水文化保护传承等方面刻画环境生态的高质量。该指标体系由 3 个一级指标，11 个二级指标，36 个三级指标构成，见表 6-1。

表 6-1　　　　黄河流域（河南段）生态保护和高质量发展指标体系

一级指标	二级指标	三级指标	指标说明	指标性质	权重
经济高质量发展	经济发展水平	经济发展规模/（万元/人）	人均地区生产总值 GPC	+	0.2
		产业结构高级化/%	服务业增加值比重 PTI	+	0.3
		制造业升级程度/%	高技术制造业增加值比重 PHM	+	0.3
		对外贸易依存度/%	进出口总额占 GDP 比重 PIE	+	0.2
	经济发展效益	企业效益水平/%	规模以上工业企业 GDP 占比 PIED	+	1
	经济发展潜力	研发经费投入强度/%	研发经费投入占 GDP 比重 RDE	+	0.4
		研发人力资本水平/（人/千人）	每千人就业人员中研发人员占比 RDP	+	0.3
		技术创新活跃程度/（件/万人）	万人专利拥有量 NIP	+	0.3
社会高质量发展	基础公共服务	基础设施投入程度/%	固定资产投资占比 IFA	+	0.3
		教育投入程度/%	教育经费支出比 ELG	+	0.2
		医疗保障程度/（张/千人）	千人均医院床位 HBP	+	0.25
		社会保障水平/%	基本养老保险参保率 PPB	+	0.25
	基础设施建设	交通通达程度/（km/km²）	高速铁路、公路密度 DHR	+	0.6
		网络覆盖程度/%	家庭宽带接入数量 PBA	+	0.4
	人民生活水平	城乡居民收入总体水平/元	城乡居民人均可支配收入 IEUR	+	0.35
		城乡居民收入差距水平/%	城乡居民收入比 IRUR	−	0.3
		消费结构/%	恩格尔系数 ENC	+	0.35

续表

一级指标	二级指标	三级指标	指标说明	指标性质	权重
环境高质量发展	防洪安全保障	防洪工程达标率/%	防洪工程达标率 RWA	+	0.3
		洪涝灾害经济损失率/%	洪涝灾害经济损失率 ELR	−	0.5
		洪涝灾后恢复能力	洪涝灾后恢复能力 DRC	+	0.2
	水资源保障与高效利用	水资源支撑度/（m³/人）	人均水资源占有量 AWP	−	0.2
		城乡供水普及率/%	城乡供水普及率 WSC	+	0.2
		灌溉用水效用/%	实际灌溉面积占比 RIA	+	0.2
		工业用水水平/（m³/万元）	万元工业增加值用水量 WCIA	−	0.2
		农业用水效用/%	农业灌溉有效利用系数 EUCAI	+	0.2
	环境保护治理	河流水质指数	河流水质指数 RQI	+	0.3
		森林覆盖水平/%	森林覆盖率 FCR	+	0.2
		地表水集中式饮用水水源地合格水平/%	地表水集中式饮用水水源地合格率 QDS	+	0.3
		城乡居民亲水程度/（个/10万 km²）	城乡居民亲水指数 WEI	+	0.2
	水生态保护修复	重要河湖生态基流水平/%	重要河湖生态流量达标率 REF	+	0.4
		河湖主要自然生境保留水平/%	湿地面积占比 WAR	+	0.3
		水土保持程度/%	水土保持率 SWC	+	0.3
	水文化保护传承	历史水文化保护传承程度/（个/10万 km²）	历史水文化传播力 HCC	+	0.2
		现代水文化创新水平/（件/10万 km²）	现代水文化创造创新指数 MCI	+	0.2
		水景观影响力/（个/百万人）	水景观影响力指数 WLI	+	0.3
		公众水治理认知参与度	公众水意识普及率 ARW	+	0.15
			公众水治理活动参与度 ERW	+	0.15

注　"+"为正向指标，"-"为负向指标。

二、指标说明

（一）经济高质量发展

经济高质量发展是一级指标，包括经济发展水平、经济发展效益、经济发展潜力 3 个二级指标。

1. 经济发展水平

经济发展水平二级指标包含经济发展规模、产业结构高级化、制造业升级程度、对外贸易依存度 4 个三级指标。

（1）以人均地区生产总值（万元/人）反映经济发展的规模，一个国家或地区，在核算期内（通常为一年）实现的生产总值与所属范围内的常住人口比值。

（2）以服务业增加值占同期国内生产总值的比重（%），衡量经济发展和现代化水平程度，反映了产业结构的高级化。

（3）高技术制造业（利用当代尖端技术，如信息、生物工程和新材料技术等生产高技术产品的制造业）增加值占规模以上工业增加值的比重（%），反映制造业升级程度。

（4）进出口总额占 GDP 比重是衡量国民经济对外贸易的依存程度。

2. 经济发展效益

经济发展效益包含企业效益水平 1 个三级指标。

利用规模以上企业营业收入占当地 GDP 比重（%），表征企业的效益水平，反映企业的经营状况。

3. 经济发展潜力

经济发展潜力指标包含研发经费投入强度、研发人力资本水平、技术创新活跃程度 3 个三级指标。

（1）研发经费投入与 GDP 之比（%），是国际上用于衡量一国或一个地区在科技创新方面努力程度的重要指标。研发经费投入能准确、全面代表整体研发投入的情况。

（2）在年度内一个地区每千名就业人员中研发人员的比例（人/千人），反映的是一个地区投入研发活动的人力资本强度。

（3）每万人拥有经国内外知识产权行政部门授权且在有效期内的发明专利件数（件/万人），是衡量一个国家或地区科研产出质量和市场应用水平的综合指标。

（二）社会高质量发展

社会高质量发展是一级指标，包括基础公共服务、基础设施建设、人民生活水平 3 个二级指标。

1. 基础公共服务

基础公共服务指标包括基础设施投入程度、教育投入程度、医疗保障程度、社会保障水平 4 个三级指标。

（1）利用固定资产与国民总产值的占投比（%），反映基础设施投入程度。固定资产投资总体上对经济增长具有明显的促进作用，固定资产与国民总产值的占投比指标可以从一个地区经济投入角度反映其社会高质量发展的水平及潜力。

（2）教育投入程度指财政预算中教育经费支出占比（%），包括教育的事业性经费支出和基建性经费支出的总和。

（3）利用每千人口的医院床位占比（张/千人），衡量一个地区的医疗保障程度。

（4）利用城镇职工基本养老保险参保率（%）反映社会保障水平。

2. 基础设施建设

基础设施建设指标包含交通通达程度、网络覆盖程度两个三级指标。

（1）利用高速铁路、公路的密度评价交通设施通达程度，一个区域的交通网络密度越大，其交通运输干线越密集，说明区域内联系紧密度越高，交通设施保障水平和支撑能力也越高。

（2）利用家庭宽带接入数量占比（%）衡量网络覆盖程度。

3. 人民生活水平

人民生活水平指标包含城乡居民收入总体水平、城乡居民收入差距水平、消费结构 3 个三级指标。

（1）利用城乡居民人均可支配收入（元）反映城乡居民收入的总体水平，是居民家庭全部现金收入中用于安排家庭日常生活的部分收入。

（2）城乡居民收入比（%）是衡量农村居民收入与城镇居民收入差距程度和变化趋势的指标，是纳入我国全面建成小康社会统计监测指标体系的重要指标。

（3）利用恩格尔系数，即食品支出总额占个人消费支出总额的比重（%），表征居民生活富裕水平以及消费结构。

（三）环境高质量发展

环境高质量发展是一级指标，包含防洪安全保障、水资源保障与高效利用、环境保护治理、水生态保护修复、水文化保护传承 5 个二级指标。

1. 防洪安全保障

防洪安全保障指标包含防洪工程达标率、洪涝灾害经济损失率、洪涝灾后恢复能力 3 个三级指标。

（1）防洪工程达标率，是指地区内防洪工程达到规划防洪标准的比例（%），由堤防防洪标准达标率、水库防洪标准达标率和蓄滞洪区防洪标准达标率共同组成，反映当地防洪工程达标情况。

（2）洪涝灾害经济损失率，是指因洪涝灾害直接经济损失占同期该地区的 GDP 的比例（%），表征洪涝灾害经济损失情况。

（3）洪涝灾后恢复能力，是指因发生洪涝灾害后，经抢险救援和灾后恢复行动使受影响区域人民生产生活恢复到有序状态的能力。

2. 水资源保障与高效利用

水资源保障与高效利用指标包括水资源支撑度、城乡供水普及率、灌溉用水效用、工业用水水平、农业用水效用 5 个三级指标。

（1）利用地区内人口平均占有水资源量（m^3/人）反映水资源的支撑程度。

（2）利用地区内使用自来水的人口数占比（%）反映城乡供水普及情况。

（3）以地区实际耕地灌溉面积与灌溉总面积的比值（%）反映地区实际耕地灌溉保障程度。

（4）利用区域内全年生产万元工业增加值所需的工业用水量（m^3/万元），反映工业用水水平。

（5）在一次灌水期间被农作物利用的净水量与水源渠首处总引进水量的比值（%），衡量灌区从水源引水到田间作物吸收利用水的过程中灌溉水的利用程度。

3. 环境保护治理

环境保护治理指标包含河流水质指数、森林覆盖水平、地表水集中式饮用水水源地合格水平、城乡居民亲水程度 4 个三级指标。

（1）利用相关水质标准，采用水质类别比例综合表征河流水质状况。

（2）森林面积占土地总面积的比率（%），是反映一个国家（或地区）森林资源和林地占有的实际水平的重要指标。

（3）当地地表水集中式饮用水水源地合格个数占地表水集中式饮用水水源地总数的比例（%），反映地表水集中饮用水源地合格水平。

（4）以国家水利风景区等人工类型水体的个数表征亲水性设施完善情况。

4．水生态保护修复

水生态保护修复指标包括重要河湖生态基流水平、河湖主要自然生境保留水平、水土保持程度 3 个三级指标。

（1）地区内符合生态流量标准要求的重要河湖主要控制断面数量占总评价断面数量的比例（%），反映生态基流水平。

（2）利用湿地面积占比（%）反映河湖主要自然生境保留水平。

（3）评价区域内水土保持状况良好的面积（非水土流失面积）占该区域面积的百分比（%），反映水土保持程度。

5．水文化保护传承

水文化保护传承指标包括历史水文化保护传承程度、现代水文化创新水平、水景观影响力、公众水治理认知参与度 4 个三级指标。

（1）利用每 10 万 km^2 流域面积建设国家级或省级水利博物馆、水利展览馆、水利科普馆、水情教育基地数量，反映历史水文化保护传承程度。

（2）利用每 10 万 km^2 面积江河保护治理技术、工艺、做法等上升为法律法规、国际/国家/地方标准，或者获得国家级或省级一等奖、二等奖、国家发明专利并被推广的数量，反映现代水文化创新水平。

（3）以地区每百万人平均拥有的自然水景观数量（列入世界级或国家级或省级自然遗产、湿地公园、国家公园等名录），反映水景观影响程度。

（4）以地区公众认识水、尊重水、爱护水、节约水等方面意识的普及性和相关水利科普、水利建设、水利监督等活动开展情况反映公众水治理认知参与度。

三、数据来源

研究选取黄河流域下游（河南段）涉及的 8 个行政区市作为研究对象，主要采用 2019 年的相关数据测算其高质量发展水平。数据来源主要为：世界银行 WDI 数据库发布的《2020 年国际统计年鉴》、中华人民共和国水利部发布的《2020 年中国水利统计年鉴》、住建部发布的《2019 年中国城乡建设统计年鉴》、国家林业局发布的《第二次全国湿地资源调查结果（2009—2013）》、国家林业局和草原局发布的第九次全国森林资源清查成果《中国森林资源报告（2014—2018）》、河南省统计局发布的《河南省 2020 年统计年鉴》、河南省水利厅发布的《河南省 2019 年水资源公报》、河南省生态环境厅发布的《河南省 2019 年生态环境统计公报》、8 个研究对象行政市统计局发布的《2019 年国民经济和社会发展统计公报》、研究对象行政市水利局发布的《2019 年水资源公报》、研究对象行政市生态环境局发布的《2019 年生态环境统计公报》和《2019 年城市河流水质排名》、中国水利水电科学研究院发布的《中国河湖幸福指数报告 2020》、东京大学发布的《2020 年亚洲城市排行榜》、首都科技发展战略研究院和中国社会科学院城市与竞争力研究中心发布的《中国城市科技创新发展报告 2020》、中国社会科学院发布的《中国生态城市绿皮书》（2019 年）。

高速铁路、公路指标部分采用《2020 年中国城乡建设统计年鉴》，缺失部分采用国家基础地理信息系统 1：400 万数据。

防洪工程达标率、洪涝灾害经济损失率指标根据课题组 2020 年获得的堤防、水库、蓄滞洪区达标情况、研究对象的洪涝灾害损失情况。

重要河湖生态基流水平、河湖主要自然生境保留水平指标根据流域水资源保护规划及文献有关数据和资料、重要水利水电工程在控制断面上的生态流量保障资料或数据。

历史水文化传播力、现代水文化创造创新指数、水景观影响力指数采用的为《国家水利风景区名单》，列入世界级或国家级物质与非物质遗产、文物保护单位等相关遗产名录，流域内历史超过 100 年的古代水利工程名录，国家级水利博物馆、水利展览馆、水利科普馆、水情教育基地名录，世界自然遗产名录，国家级及省级自然遗产、湿地公园、国家公园、国家城市湿地公园、国家地质公园名录。

第三节　生态保护和高质量发展评价

一、指标计算与赋值

基于以上构建的评价指标体系，涉及金额、人数、件数等各项信息，需要采用一定的方法，将这些数据信息加以适当的处理和综合，以剖析他们之间的关联关系，推导可能结果，达到分析的目的。本书借鉴中国水利水电科学研究院 2020 年《中国河湖幸福指数报告》中的指标测算方法，在指标标准化过程中，采用赋分法，分值为 0～100 分，消除因量纲不同对评价结果造成的影响，确保各指标的量纲、数量级无差异。以下对每项指标计算方法和赋分方法进行说明。

（一）人均地区生产总值 GPC

1. 指标值计算方法

$$GPC_0 = 地区生产总值 \div 地区常住人口 \times 100\%$$

2. 指标赋分方法

$$GPC = GPC_0 \div 基准值 \times 100$$

若 $GPC \geqslant 100$，则取 100，其中基准值取全国一线城市较低水平。全国一线城市，采用 2020 年 4 月东京大学发布的《2020 亚洲城市排行榜》中列为亚洲发达一线城市的北京、上海、香港、广州、深圳 5 座城市。其中，广州市 2019 年 GDP 为 23628.6 亿元，常住人口为 1530.59 万人，人均 GDP 为 154375.8 元/人，为 5 座城市中较低者，作为基准值。

（二）服务业增加值比重 PTI

1. 指标值计算方法

$$PTI_0 = 第三产业增加值 \div 地区生产总值 \times 100\%$$

2. 指标赋分方法

$$PTI = PTI_0 \times 100$$

（三）高技术制造业增加值比重 PHM

1. 指标值计算方法

$$PHM_0 = 高技术制造业增加值 \div 规模以上工业增加值 \times 100\%$$

2. 指标赋分方法

$$GPC=GPC_0 \div 基准值 \times 100$$

若 GPC≥100，则取 100，其中基准值取全国科技创新城市中较低水平。全国科技创新城市，采用首都科技发展战略研究院和中国社会科学院城市与竞争力研究中心 2021 年 1 月 23 日联合发布的《中国城市科技创新发展报告 2020》中科技创新发展指数前 6 强的城市，分别为北京、深圳、上海、南京、杭州、广州。其中，广州市工业规模以上增加值为 4324.08 亿元，高技术制造业增加值 592.87 亿元，占规模以上工业增加值的 13.71%，为 6 座城市中较低者，作为基准值。

（四）进出口总额占 GDP 比重 PIE

1. 指标值计算方法

$$PIE_0=全年全市货物进出口总值 \div 地区生产总值 \times 100\%$$

2. 指标赋分方法

参考 2017 年中国货物进出口总额占比情况，2017 年中国国民生产总值 122377 亿美元，位居世界第二；货物进出口贸易总额 41052 美元，位居世界第一；进出口总额占比为 0.335，对外贸易依存度较高。当 $NIP_0=0$ 时，NIP=0；$NIP_0 \geq 0.3354$ 时，NIP=100；其他情况插值赋值。

（五）规模以上工业企业 GDP 占比 PIED

1. 指标值计算方法

$$PIED_0=规模以上工业企业营业利润 \div 地区生产总值 \times 100\%$$

2. 指标赋分方法

$$PIED=PIED_0 \times 100 \qquad （当 PIED_0=1 时，PIED=100）$$

（六）研发经费投入占 GDP 比重 RDE

1. 指标值计算方法

$$RDE_0=R\&D 经费支出 \div 地区生产总值 \times 100\%$$

2. 指标赋分方法

根据世界银行 WDI 数据库统计 2015 年世界研究与开发经费支出占国内生产总值比重，世界平均水平为 2.2%，高收入国家为 2.6%，中等收入国家为 1.5%，中国为 2.1%。因此，当 $RDE_0=0$ 时，RDE=0；$RDE_0=1.5$ 时，RDE=40；$RDE_0=2.1$ 时，RDE=60；$RDE_0 \geq 2.6$ 时，RDE=100；其他情况插值赋值。

（七）每千人就业人员中研发人员占比 RDP

1. 指标值计算方法

$$RDP_0=R\&D 人员数量 \div 地区就业人员 \times 100\%$$

2. 指标赋分方法

$$RDP=RDP_0/基准值 \times 100$$

其中，基准值取全国科技创新城市中较低水平。全国科技创新城市，采用首都科技发展战略研究院和中国社会科学院城市与竞争力研究中心 2021 年 1 月 23 日联合发布的《中国城市科技创新发展报告 2020》中科技创新发展指数前 6 强的城市，分别为北京、深圳、上海、南京、杭州、广州。其中深圳市就业人口中，科研技术人口占 1%，低于其他 6 个城市，选为基准值。

（八）万人专利拥有量 NIP

1. 指标值计算方法

$$NIP_0 = 年末全市专利拥有量 \div 地区常住人口 \times 100\%$$

2. 指标赋分方法

$NIP_0 \leqslant 1$ 时，$NIP=0$；$NIP_0=4.4$ 时，$NIP=80$；$NIP_0 \geqslant 12$ 时，$NIP=100$；其他情况插值赋值。

（九）固定资产投资率 IFA

1. 指标值计算方法

$$IFA_0 = t\ 年固定资产投资 \div t\ 年地区生产总值 \times 100\%$$

2. 指标赋分方法

$$IFA = IFA_0 \times 100$$

（十）教育经费支出比 ELG

1. 指标值计算方法

$$ELG_0 = 教育预算支出 \div 一般公共预算总支出 \times 100\%$$

2. 指标赋分方法

$$ELG = ELG_0 \times 100$$

（十一）每千人医院床位 HBP

1. 指标值计算方法

$$HBP_0 = 全市医疗卫生机构床位 \div 地区常住人口 \times 100\%$$

2. 指标赋分方法

根据世界银行 WDI 数据库 2013—2018 年《国际统计年鉴》，高收入国家每千人口病床数为 4.2，中等收入国家为 2.2，中国为 3.8。$HBP_0 \leqslant 2.2$ 时，$HBP=0$；$HBP_0=3.8$ 时，$HBP=80$；$HBP_0 \geqslant 4.2$ 时，$HBP=100$；其他情况插值赋值。

（十二）基本养老保险参保率 PPB

1. 指标值计算方法

$$PPB_0 = 城镇职工基本养老保险参保人数 \div 总人口 \times 100\%$$

2. 指标赋分方法

根据人力资源和社会保障部 6 月 30 日印发的《人力资源和社会保障事业发展"十四五"规划》，部署了就业、社会保障、工资收入分配等 6 方面重点任务和重大举措，提出 19 项量化指标，其中要求社保待遇水平稳步提高，基本养老保险参保率达到 95%。因此，$PPB_0 \geqslant 95\%$时，$PPB=100$；其他情况插值赋值。

（十三）高速铁路、公路密度 DHR

1. 指标值计算方法

$$DHR_0 = （一级公路+二级公路+三级公路+单线铁路+复线铁路）长度 \div 区域土地面积 \times 100\%$$

2. 指标赋分方法

$$DHR = DHR_0 \times 100$$

（十四）人均宽带接入数量 PBA

1. 指标值计算方法

$$PBA_0 = 家庭宽带接入用户 \div 总户数 \times 100\%$$

2. 指标赋分方法

$$PBA = PBA_0 \times 100$$

（十五）城乡居民人均可支配收入 IEUR

1. 指标值计算方法

$$IEUR_0 = （工资性收入 + 经营净收入 + 财产净收入 +$$
$$转移净收入）\div 总人口 \times 100\%$$

2. 指标赋分方法

根据 2020 年统计数据，全国居民人均可支配收入为 32189 元，2020 年河南省居民人均可支配收入为 24810 元。$IEUR_0 = 0$ 时，$IEUR = 0$；$IEUR_0 = 24810$ 时，$IEUR = 50$；$IEUR_0 \geqslant 32189$ 时，$IEUR = 100$；其他情况内插赋值。

（十六）城乡居民收入比 IRUR

1. 指标值计算方法

$$IRUR_0 = 城镇居民人均可支配收入 \div 农村居民人均纯收入 \times 100\%$$

2. 指标赋分方法

根据 2020 年中国国民经济和社会发展统计公报，中国城乡居民人均收入比值为 2.56，参考国际上最高在 2 倍左右。$IRUR_0 \geqslant 3$ 时，$IRUR = 0$；$IRUR_0 = 2.56$ 时，$IRUR = 50$；$IRUR_0 \leqslant 2$ 时，$IRUR = 100$；其他情况内插赋值。

（十七）恩格尔系数 ENC

1. 指标值计算方法

$$ENC_0 = 食物支出金额 \div 总支出金额 \times 100\%$$

2. 指标赋分方法

根据联合国根据恩格尔系数的大小，对世界各国的生活水平有一个划分标准，即一个国家平均家庭恩格尔系数大于 60% 为贫穷，50%～60% 为温饱，40%～50% 为小康，30%～40% 属于相对富裕，20%～30% 为富足，20% 以下为极其富裕。$ENC_0 \leqslant 20$ 时，$ENC = 100$；$ENC_0 = 30$ 时，$ENC = 80$；$ENC_0 = 40$ 时，$ENC = 60$；$ENC_0 = 50$ 时，$ENC = 40$；$ENC_0 \geqslant 50$ 时，$ENC = 20$；其他情况内插赋值。

（十八）防洪工程达标率 RWA

1. 指标值计算方法

$$RWA_0 = 0.4 \times 堤防防洪标准达标率 + 0.4 \times 水库防洪标准达标率 + 0.2 \times$$
$$蓄滞洪区防洪标准达标率$$

2. 指标赋分方法

$$RWA = REA_0 \times 100$$

（十九）洪涝灾害经济损失率 ELR

1. 指标值计算方法

$$ELR_0 = 城市范围内近 5 年洪涝灾害经济损失率平均数$$

年度洪涝灾害经济损失率=当年因洪涝灾害直接经济损失÷地区生产总值×100%

2. 指标赋分方法

参考《中国河湖幸福指数报告 2020》，部分发达国家近年洪涝灾害经济损失率水平确定赋分标准。近 5 年无经济损失，$ELR_0=0$，$ELR=100$；近 5 年有经济损失，$ELR_0 \geq 15\%$，$ELR=0$；其他情况按照线性插值赋分。

（二十）洪涝灾后恢复能力 DRC

1. 指标值计算方法

采用专家经验评分法对地区经济实力、发展水平、抢险救援能力、灾害恢复行动力 4 项参数进行评价。

2. 指标赋分方法

结合各地区的洪涝灾害数据和灾后恢复资料、社会经济统计数据等，采用专家经验评分法对各地区指标进行综合赋分。4 项参数总分为 100 分，依据专家经验评分法赋分，并采用加权平均法计算洪涝灾害恢复能力得分，4 项参数权重分别为 0.3、0.2、0.25、0.25。

（二十一）人均水资源占有量 AWP

1. 指标值计算方法

$$AWP_0=地区水资源总量÷地区常住人口×100\%$$

其中：

$$地区水资源总量=评价年水资源总量×0.5+多年平均水资源总量×0.5$$

2. 指标赋分方法

参考《中国河湖幸福指数报告 2020》，按照人均水资源占有量赋分标准表对 AWP 进行赋分，见表 6-2。

表 6-2 人均资源量占有量赋分标准

AWP_0	10000	1700	1000	500	0
AWP	100	80	60	40	0

（二十二）城乡供水普及率 WSC

1. 指标值计算方法

$$WSC_0=（城市供水普及率×城市人口+县城供水普及率×县城人口+$$
$$村镇供水普及率×村镇人口）÷地区总人口×100\%$$

2. 指标赋分方法

$$WSC=WSC_0×100$$

（二十三）实际灌溉面积占比 RIA

1. 指标值计算方法

$$RIA_0=耕地实际灌溉面积÷灌溉面积×100\%$$

2. 指标赋分方法

$$RIA=RIA_0×100$$

（二十四）万元工业增加值用水量 WCIA

1. 指标值计算方法

$$\text{WCIA}_0 = \text{工业用水量} \div \text{工业增加值} \times 100\%$$

2. 指标赋分方法

根据河南省地方标准《工业与城镇生活用水定额》（DB41/T 385—2014），定额准入值为定额值乘以调节系数的最小值。定额准入值用于新建、改建、扩建的建设项目水资源论证及取水许可水量的核定。$\text{WCIA}_0 \leq 14.95$ 时，WCIA=100；$\text{WCIA}_0 \geq 47.84$ 时，WCIA=0；其他情况按照线性插值赋分。

（二十五）农业灌溉有效利用系数 EUCAI

1. 指标值计算方法

$$\text{EUCAI}_0 = \text{最终储存到作物计划湿润层的水量（即净灌水定额）} \div$$
$$\text{测定灌区渠首引进的水量} \times 100\%$$

2. 指标赋分方法

根据《全国水资源综合规划》，到 2030 年，全国农田灌溉水有效利用系数提高到 0.6 以上。河南省农田灌溉水有效利用系数样本范围为 0.412～0.873，测算分析河南省现状农田灌溉水有效利用系数为 0.601。$\text{EUCAI}_0 \leq 0.4$ 时，EUCAI=0；$\text{EUCAI}_0 \geq 0.8$ 时，EUCAI=100；其他情况按照线性插值赋分。

（二十六）河流水质指数 RQI

1. 指标值计算方法

根据 I～III 类河长比例、劣 V 类河长比例进行评价，I～III 类河长比例是指水质类别优于及等于 III 类水的河长占评价河长的比例，劣 V 类河长比例是指水质类别为劣 V 类水的河长占评价河长的比例。

2. 指标赋分方法

河流水质指数赋分标准见表 6-3。

表 6-3　　　　　　　　　　河流水质指数赋分标准

水质比例	河流水质指数（RQI）
I～III 类水质比例≥90%	100
75% ≤ I～III 类水质比例<90%	80
I～III 类水质比例<75%，且劣 V 类比例<劣 V 类全国平均比例	60
I～III 类水质比例<75%，且劣 V 类全国平均比例≤劣 V 类比例<劣 V 类全国平均比例 2 倍	40
I～III 类水质比例<75%，且劣 V 类全国平均比例<劣 V 类比例<劣 V 类全国平均比例 4 倍	20
劣 V 类比例≥劣 V 类全国平均比例 4 倍	0

（二十七）森林覆盖率 FCR

1. 指标值计算方法

$$\text{FCR}_0 = \text{森林面积} \div \text{土地总面积} \times 100\%$$

2. 指标赋分方法

根据第九次全国森林资源清查成果《中国森林资源报告（2014—2018）》，中国森林覆盖率达 22.96%。中国社会科学院 2019 年《中国生态城市绿皮书》中，绿色生态型城市前十位是厦门市、珠海市、三亚市、上海市、宁波市、南昌市、深圳市、海口市、广州市和北京市，其中北京市森林覆盖率最高 43.77%。以此作为上限，$FCR_0 \geq 43.77\%$ 时，$FCR=100$；$FCR_0=22.96\%$ 时，$FCR=60$；其他情况按照线性插值赋分。

（二十八）地表水集中式饮用水水源地合格率 QDS

1. 指标值计算方法

$$QDS_0=地表水集中式饮用水水源地合格个数\div$$
$$地表水集中式饮用水水源地个数\times100\%$$

2. 指标赋分方法

$$QDS=QDS_0\times100$$

（二十九）城乡居民亲水指数 WEI

1. 指标值计算方法

$$WEI_0=国家水利风景区等人工类型水体的个数\div评价单元总面积$$

其中：评价单元总面积单位为 10 万 km^2。

2. 指标赋分方法

城乡居民亲水指数赋分见表 6-4。如果 $WEI_0<100$，则 WEI 按表中对应数值进行线性插值；如果 $WEI_0>100$，则 $WEI=100$。

表 6-4　　　　　　　　　　　　　城乡居民亲水指数赋分

亲水性设施完善程度 WEI_0/（个/10 万 km^2）	100	20	10	5	1	0
WEI	100	80	60	40	20	0

（三十）重要河湖生态流量达标率 REF

1. 指标值计算方法

$$REF_0=满足生态流量目标的控制断面（点位）数\div评价断面（点位）数\times100\%$$

2. 指标赋分方法

$$REF=REF_0\times100$$

（三十一）湿地面积占比 WAR

1. 指标值计算方法

$$WAR_0=湿地面积\div评价单元面积\times100\%$$

2. 指标赋分方法

根据中国第二次湿地调查（2009—2013 年）资料，31 个省（自治区、直辖市）行政区单元湿地面积占比进行排频计算，其中，20% 左右的湿地占比为 10.91%，40% 的湿地占比为 7.18%，60% 的湿地占比为 4.81%，80% 的湿地占比为 2.51%。因此 $WAR_0 \geq 10.91\%$ 时，$WAR=80$；$WAR_0=7.18\%$ 时，$WAR=60$；$WAR_0=4.81\%$ 时，$WAR=40$；$WAR_0 \leq 2.51\%$ 时，$WAR=20$；其他情况按照线性插值赋分。

（三十二）水土保持率 SWC

1. 指标值计算方法

$$SWC_0 = 评价区域内土壤强度在轻度以下的面积 ÷ 评价区域面积 × 100\%$$

2. 指标赋分方法

$$SWC = SWC_0 ÷ 水土保持率阈值 × 100$$

水土保持率现状值计算所需的区域内土壤侵蚀强度在轻度以下的面积，可依据全国年度水土流失动态监测成果获得，区域水土保持率阈值由水利部相关研究成果分区汇总得到。

（三十三）历史水文化传播力 HCC

1. 指标值计算方法

$$HCC_0 =（国家级博物馆或基地个数 × 2 +$$
$$省级博物馆或基地个数）÷ 评价单元面积 × 100\%$$

其中，地区面积单位为 10 万 km^2，不足 10 万 km^2 的按照 10 万 km^2 计。

2. 指标赋分方法

参考《中国河湖幸福指数报告 2020》，$HCC_0 = 0$ 时，HCC=0；$HCC_0 \geqslant 6$ 时，HCC=100；其他情况按照线性插值赋值。

（三十四）现代水文化创造创新指数 MCI

1. 指标值计算方法

$$MCI_0 = [国家级（法律法规+标准+获奖+发明专利）项数 ×$$
$$2 + 省级（法律法规+标准+获奖+发明专利）项数] ÷ 评价单元面积 × 100\%$$

其中，地区面积单位为 10 万 km^2，不足 10 万 km^2 的按照 10 万 km^2 计。

2. 指标赋分方法

$MCI_0 = 0$ 时，MCI=0；$MCI_0 \geqslant 6$ 时，MCI=100；其他情况按线性插值赋分。

（三十五）水景观影响力指数 WLI

1. 指标值计算方法

$$WLI_0 = [世界级自然遗产水景观个数 × 5 + 国家级（自然遗产水景观+$$
$$湿地公园 + 国家公园）个数 × 2 + 省级（自然遗产水景观+$$
$$湿地公园）个数] ÷ 评价单元总人口（单位：百万人）× 100\%$$

2. 指标赋分方法

$WLI_0 \leqslant 1$ 时，WLI=50；$WLI_0 \geqslant 10$ 时，WLI=100；其他情况按线性插值赋分。

（三十六）公众水意识普及率 ARW 和公众水治理参与度 ERW

指标值计算方法采用调查问卷的方式，对公众参与相关水利科普、水利建设、水利监督进行统计分析，每份调查问卷总分为 100 分，根据所有调查问卷计算平均得分。

二、权重计算

多方面考量评价单元特点、社会经济状况、人民群众意见等因素。采用专家综合　评判法确定各指标权重，专家可以根据实际的决策问题和自身知识经验，合理地确定各属性权重排序，不至于出现属性权重与实际重要程度相悖的情况。各级指标权重见表 6-5。

表 6-5　　　　　**黄河流域（河南段）生态保护和高质量发展指标权重**

一级指标		二级指标		三级指标	指标说明
指标	权重	指标	权重		
经济高质量发展	0.3	经济发展水平	0.2	经济发展规模	人均地区生产总值 GPC
			0.3	产业结构高级化	服务业增加值比重 PTI
			0.3	制造业升级程度	高技术制造业增加值比重 PHM
			0.2	对外贸易依存度	进出口总额占 GDP 比重 PIE
		经济发展效益	1	企业效益水平	规模以上工业企业 GDP 占比 PIED
		经济发展潜力	0.4	研发经费投入强度	研发经费投入占 GDP 比重 RDE
			0.3	研发人力资本水平	每千人就业人员中研发人员占比 RDP
			0.3	技术创新活跃程度	万人专利拥有量 NIP
社会高质量发展	0.3	基础公共服务	0.3	基础设施投入程度	固定资产投资率 IFA
			0.2	教育投入程度	教育经费支出比 ELG
			0.25	医疗保障程度	千人均医院床位 HBP
			0.25	社会保障水平	基本养老保险参保率 PPB
		基础设施建设	0.6	交通通达程度	高速铁路、公路密度 DHR
			0.4	网络覆盖程度	家庭宽带接入数量 PBA
		人民生活水平	0.35	城乡居民收入总体水平	城乡居民人均可支配收入 IEUR
			0.3	城乡居民收入差距水平	城乡居民收入比 IRUR
			0.35	消费结构	恩格尔系数 ENC
环境高质量发展		防洪安全保障	0.3	防洪工程达标率	防洪工程达标率 RWA
	0.25		0.5	洪涝灾害经济损失率	洪涝灾害经济损失率 ELR
			0.2	洪涝灾后恢复能力	洪涝灾后恢复能力 DRC
	0.25	水资源保障与高效利用	0.2	水资源支撑度	人均水资源占有量 AWP
			0.2	城乡供水普及率	城乡供水普及率 WSC
			0.2	灌溉用水效用	实际灌溉面积占比 RIA
			0.2	工业用水水平	万元工业增加值用水量 WCIA
			0.2	农业用水效用	农业灌溉有效利用系数 EUCAI
	0.2	环境保护治理	0.3	河流水质指数	河流水质指数 RQI
			0.2	森林覆盖水平	森林覆盖率 FCR
			0.3	地表水集中式饮用水水源地合格水平	地表水集中式饮用水水源地合格率 QDS
			0.2	城乡居民亲水程度	城乡居民亲水指数 WEI
	0.2	水生态保护修复	0.4	重要河湖生态基流水平	重要河湖生态流量达标率 REF
			0.3	河湖主要自然生境保留水平	湿地面积占比 WAR
			0.3	水土保持程度	水土保持率 SWC

续表

一级指标		二级指标		三级指标	指标说明
指标	权重	指标	权重		
环境高质量发展	0.1	水文化保护传承	0.2	历史水文化保护传承程度	历史水文化传播力 HCC
			0.2	现代水文化创新水平	现代水文化创造创新指数 MCI
			0.3	水景观影响力	水景观影响力指数 WLI
			0.15	公众水治理认知参与度	公众水意识普及率 ARW
			0.15		公众水治理参与度 ERW

三、综合评价模型

本书涉及多指标，需采用综合评价模型测度高质量发展水平。最后用多级加权求和法计算生态保护和高质量发展综合指数，公式为

$$\mathrm{EHI} = \sum_{i=1}^{3} F_i W_i^f$$

$$F_i = \sum_{j=1}^{J} S_{i,\,j} W_{i,\,j}^s$$

$$S_{i,\,j} = \sum_{m=1}^{M} T_{i,\,j,\,m} W_{i,\,j,\,m}^t$$

式中：EHI 为黄河流域（河南段）评价单元生态保护和高质量发展综合指数（Ecological Protection and High-Quality Development Level Index）；F_i 为第 i 个一级指标得分，i 为一级指标下标，从 1 到 3，分别表示经济高质量发展、社会高质量发展、环境高质量发展；W_i^f 为第 i 个一级指标权重；$S_{i,j}$ 为第 i 个一级指标中第 j 个二级指标得分，j 是二级指标下标，从 1 到 j；$W_{i,j}^s$ 为第 i 个一级指标中第 j 个二级指标权重；$T_{i,j,m}$ 为第 i 个一级指标中第 j 个二级指标的第 m 个三级指标得分，m 为三级指标下标，从 1 到 m；$W_{i,j,m}^t$ 为第 i 个一级指标中第 j 个二级指标的第 m 个三级指标权重。

本书借鉴《世界幸福报告》及国民幸福划分标准，得到黄河流域（河南段）生态保护和高质量发展 EHI 分级标准表和各级分项评价指标分级标准表，EHI 和各级分项指标均从 0～100 分为 4 个等级，见表 6-6 和表 6-7。

表 6-6　　黄河流域（河南段）生态保护和高质量发展 EHI 分级标准

评价单元生态保护和高质量发展分数标准 EHI	等级		
EHI≥95 分	超高质量发展		
85 分≤EHI<95 分	高质量发展		
60 分≤EHI<85 分	中等质量发展	80 分≤EHI<85 分	中等以上
		70 分≤EHI<80 分	中等
		60 分≤EHI<70 分	中等偏下
EHI<60 分	低质量发展		

表 6-7　　　　　　　　　　　　　评 价 指 标 分 级 标 准

指标赋分值 V[①]	等级		
$V \geqslant 95$ 分	优秀		
85 分 $\leqslant V < 95$ 分	良好		
60 分 $\leqslant V < 85$ 分	中等	80 分 $\leqslant V < 85$ 分	中等以上
		70 分 $\leqslant V < 80$ 分	中等
		60 分 $\leqslant V < 70$ 分	中等偏下
$V < 60$ 分	差	30 分 $\leqslant V < 60$ 分	较差
		$V < 30$ 分	很差

① V 表示 F_i、$S_{i,j}$、$T_{i,j,m}$。

四、生态保护和高质量发展水平测算

按照上述构建的指标体系和综合评价方法，基于 2019 年数据资料，以黄河流域（河南段）8 个地级市郑州市、开封市、洛阳市、新乡市、焦作市、濮阳市、三门峡市、济源市为评价单元，开展黄河流域（河南段）8 个省辖市生态保护和高质量发展水平测度分析。评价单元总体情况见表 6-8。除了一个单元为低等级别以外，其他都为中等级别，且 5 个单元均处在中等质量发展中的中等偏下级别。

表 6-8　　　　　　　　黄河流域（河南段）评价单元 EHI 评分

序号	评价单元	EHI	等级
1	郑州市	79.69	中等
2	开封市	60.57	中等偏下
3	洛阳市	69.85	中等偏下
4	新乡市	67.37	中等偏下
5	焦作市	68.69	中等偏下
6	濮阳市	59.77	低等
7	三门峡市	65.77	中等偏下
8	济源市	74.50	中等
黄河流域（河南段）		68.27	中等偏下

（一）郑州市

郑州市生态保护和高质量发展分数为 79.69 分，属于中等等级，在黄河流域（河南段）8 个评价单元中排名第一。

郑州市生态保护和高质量发展一级指标评价结果见图 6-1。其中，社会高质量发展得分最高，达到良好等级；经济高质量发展和环境高质量发展处于中等等级。

郑州市生态保护和高质量发展二级指标评价结果见图 6-2。其中，在经济高质量发展层级中，经济发展水平指标处于中等以上等级，经济发展效益和经济发展潜力两个二级指标处于中等等级；在社会高质量发展的 3 个二级指标中，人民生活水平达到优秀等级，基础设施建设达到良好等级，但基础公共服务处于中等偏下等级；在环境高质量发展的 5 个二级指标中，环境保护治理达到中等以上等级，其他 4 个指标均为中等等级。

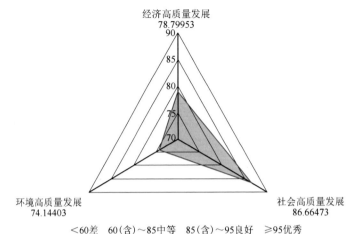

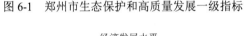

图 6-1　郑州市生态保护和高质量发展一级指标

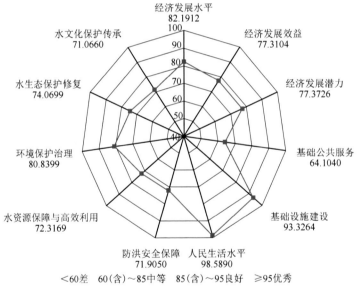

图 6-2　郑州市生态保护和高质量发展二级指标

（二）开封市

开封市生态保护和高质量发展分数为 60.57 分，属于中等偏下，在黄河流域（河南段）8 个评价单元中排名第七。

开封市生态保护和高质量发展一级指标评价结果见图 6-3。其中，社会高质量发展和环境高质量发展得分接近，均为中等偏下等级，经济高质量发展得分较低，处于较差等级。

开封市生态保护和高质量发展二级指标评价结果见图 6-4。其中，在经济高质量发展层级中，经济发展水平指标和经济发展潜力指标均处于较差等级，经济发展效益指标处于中等偏下等级；在社会高质量发展的 3 个二级指标中，人民生活水平指标和基础设施建设指标分别属于中等和中等偏下等级，基础公共服务处于差等级；在环境高质量发展的 5 个二级指标中，环境保护治理和水生态保护修复达到中等等级，水文化传承指标最低，水资源保障与高效利用指标次之，均处于差等级，防洪安全保障指标为中等偏下。

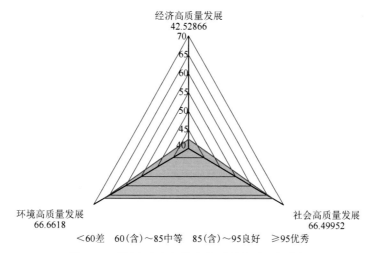

图 6-3　开封市生态保护和高质量发展一级指标

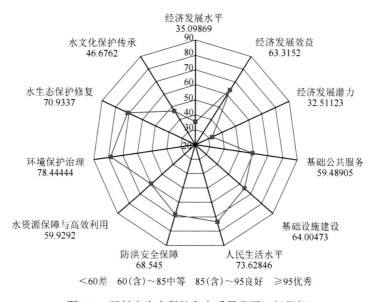

图 6-4　开封市生态保护和高质量发展二级指标

（三）洛阳市

洛阳市生态保护和高质量发展分数为 69.85 分，属于中等偏下，在黄河流域（河南段）8 个评价单元中排名第三。

洛阳市生态保护和高质量发展一级指标评价结果见图 6-5。其中，经济高质量发展得分最高；其次为社会高质量发展，均达到中等等级；环境高质量发展处于中等偏下等级。

洛阳市生态保护和高质量发展二级指标评价结果见图 6-6。其中，在经济高质量发展层级中，经济发展效益指标处于优秀等级，而经济发展潜力和经济发展水平指标分别处于中等偏下和差等级；在社会高质量发展的 3 个二级指标中，基础设施建设处于中等等级，其他 2 个指标为中等偏下等级；在环境高质量发展的 5 个二级指标中，防洪安全保障指标得分最高，达到良好等级，其次是环境保护治理，最差为水生态保护修复，接近很差等级。

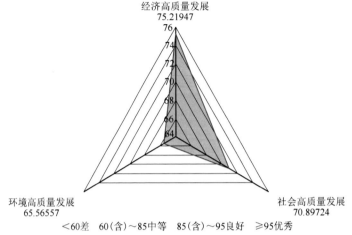

图 6-5　洛阳市生态保护和高质量发展一级指标

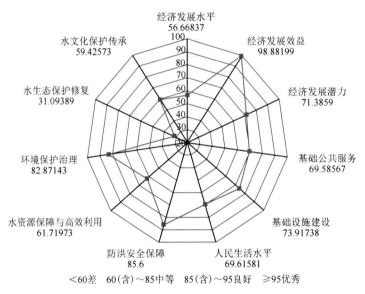

图 6-6　洛阳市生态保护和高质量发展二级指标

（四）新乡市

新乡市生态保护和高质量发展分数为 67.37 分，属于中等偏下，在黄河流域（河南段）8 个评价单元中排名第五。

新乡市生态保护和高质量发展一级指标评价结果见图 6-7。其中，社会高质量发展得分最高，达到中等等级；环境高质量发展处于中等偏下等级；经济高质量发展处于差等级。

新乡市生态保护和高质量发展二级指标评价结果见图 6-8。在经济高质量发展层级中，经济发展效益指标处于中等偏上等级，而经济发展潜力和经济发展水平指标均处于较差等级；在社会高质量发展的 3 个二级指标中，基础设施建设处于中等偏上等级，其他 2 个指标处于中等等级；在环境高质量发展的 5 个二级指标中，防洪安全保障指标得分最高，达到中等偏上等级，水资源保护与高效利用指标为中等偏下等级，其他 3 个指标均为差等级。

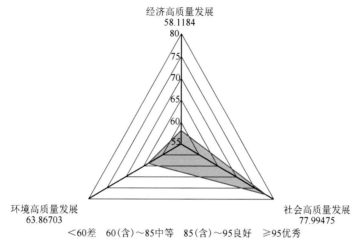

图 6-7　新乡市生态保护和高质量发展一级指标

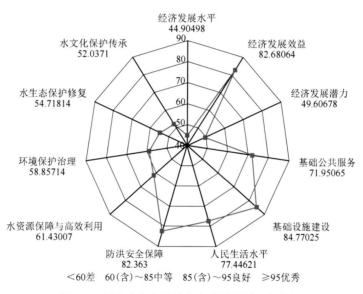

图 6-8　新乡市生态保护和高质量发展二级指标

（五）焦作市

焦作市生态保护和高质量发展分数为 68.69 分，属于中等偏下，在黄河流域（河南段）8 个评价单元中排名第四。

焦作市生态保护和高质量发展一级指标评价结果见图 6-9。其中，社会高质量发展得分最高，达到中等偏上等级；经济高质量发展和环境高质量发展处于中等偏下等级。

焦作市生态保护和高质量发展二级指标评价结果见图 6-10。在经济高质量发展层级中，经济发展效益指标处于优秀等级，而经济发展潜力和经济发展水平指标均处于较差等级；在社会高质量发展的 3 个二级指标中，基础设施建设处于优秀等级，人民生活水平指标处于良好等级，基础公共服务处于中等偏下等级；在环境高质量发展的 5 个二级指标中，防洪安全保障指标得分最高，达到中等等级，水资源保护与高效利用和环境保护治理为中等偏下等级，其他 2 个指标均为较差等级。

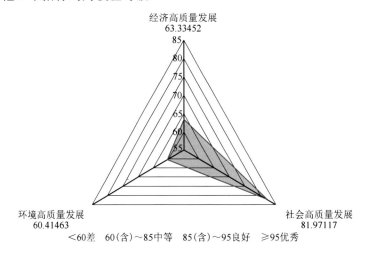

图 6-9　焦作市生态保护和高质量发展一级指标

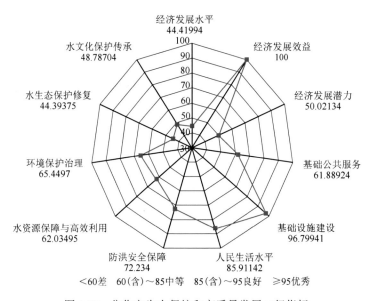

图 6-10　焦作市生态保护和高质量发展二级指标

（六）濮阳市

濮阳市生态保护和高质量发展分数为 59.77 分，属于差级别，在黄河流域（河南段）8 个评价单元中排名第八。

濮阳市生态保护和高质量发展一级指标评价结果见图 6-11。其中，社会高质量发展和环境高质量发展得分较高，达到中等偏下等级；经济高质量发展处于较差等级。

濮阳市生态保护和高质量发展二级指标评价结果见图 6-12；在经济高质量发展二级指标中，经济发展效益指标处于中等偏下等级，经济发展潜力处于较差等级，而经济发展水平指标处于很差等级；在社会高质量发展的 3 个二级指标中，基础设施建设处于中等偏上等级，基础公共服务处于中等等级，人民生活水平指标处于较差等级；在环境高质量发展的 5 个二级指标中，环境保护治理指标得分最高，达到中等偏上等级，其次是防洪安全保障，处于中等等级，其他 3 个指标均为较差等级。

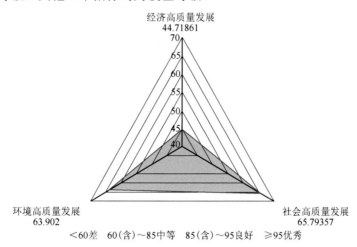

图 6-11　濮阳市生态保护和高质量发展一级指标

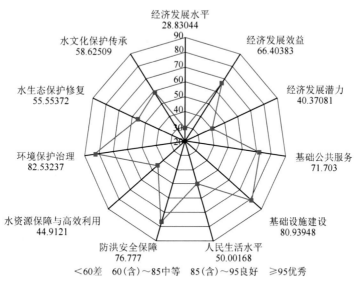

图 6-12　濮阳市生态保护和高质量发展二级指标

（七）三门峡市

三门峡市生态保护和高质量发展分数为 65.77 分，属于中等偏下，在黄河流域（河南段）8 个评价单元中排名第六。

三门峡市生态保护和高质量发展一级指标评价结果见图 6-13。其中，社会高质量发展得分最高，达到中等等级；环境高质量发展处于中等偏下等级；经济高质量发展处于差等级。

三门峡市生态保护和高质量发展二级指标评价结果见图 6-14。在经济高质量发展二级指标中，经济发展效益指标处于良好等级，经济发展水平指标处于差等级，而经济发展潜力处于较差等级；在社会高质量发展的 3 个二级指标中，人民生活水平指标处于中等等级，而基础设施建设和基础公共服务均处于中等偏下等级；在环境高质量发展的 5 个二级指标中，环境保护治理指标得分最高，达到良好等级，其次是防洪安全保障，处于中等等级，水资源保障与高效利用处于中等偏下等级，其他 2 个指标均为较差等级。

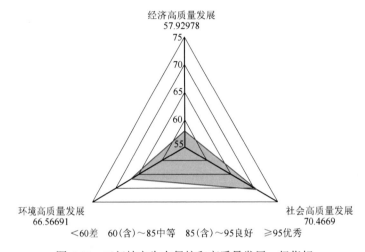

图 6-13　三门峡市生态保护和高质量发展一级指标

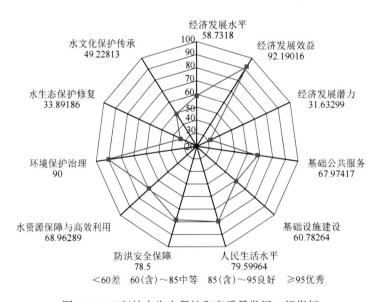

图 6-14　三门峡市生态保护和高质量发展二级指标

（八）济源市

济源市生态保护和高质量发展分数为 74.50 分，属于中等等级，在黄河流域（河南段）

8个评价单元中排名第二。

　　济源市生态保护和高质量发展一级指标评价结果见图6-15。其中，社会高质量发展得分最高，其次是环境高质量发展，均达到中等等级；经济高质量发展和处于中等偏下等级。

　　济源市生态保护和高质量发展二级指标评价结果见图6-16。在经济高质量发展二级指标中，经济发展效益指标处于优秀等级，经济发展水平指标处于中等偏下等级，而经济发展潜力处于较差等级；在社会高质量发展的3个二级指标中，人民生活水平指标处于良好等级，而基础设施建设和基础公共服务处于中等等级；在环境高质量发展的5个二级指标中，防洪安全保障得分最高，达到中等偏上等级，其他4个指标得分比较均衡，均为中等等级。

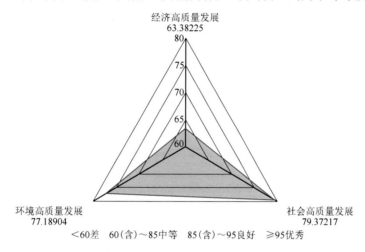

图6-15　济源市生态保护和高质量发展一级指标

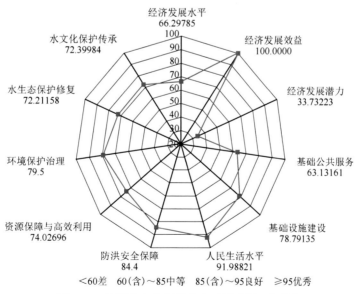

图6-16　济源市生态保护和高质量发展二级指标

　　整体上看，黄河流域（河南段）生态保护和高质量发展指数为68.27，水平为中等偏下，尚有较大提升空间。从空间分布上看，黄河流域（河南段）生态保护和高质量发展水平呈中部高、两端低的态势,中部郑州市、济源市达到中等水平,濮阳市呈现低质量发展态势,其他市均为中等偏下水平。郑州市和济源市综合 EHI 指数排名靠前,有一个共同的特点是环境高质量发展评分均较高。其中郑州市经济、社会、环境高质量发展评分比较均衡,而济源市尽管经济高质量发展评分较低(63.38),但环境高质量发展评分较高(77.19),超过了郑州市(74.14),对综合 EHI 指数贡献较大,体现了环境高质量发展对生态保护和高质量发展的总体支撑作用。

五、生态保护和高质量发展存在的问题

本书采用对标国家中心城市、国家科技创新城市定位评价方法,整体来看,评价单元的经济高质量发展平均得分为 60.50,处于中等偏下水平,变差系数为 12.8,评价单元区域差异较大;社会高质量发展平均得分为 74.96,处于中等水平,变差系数为 7.62;环境高质量发展平均得分 67.28,处于中等偏下水平,变差系数为 5.59,区域差异均较小。一级指标评分见图 6-17。

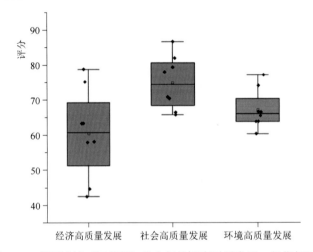

图 6-17　黄河流域(河南段)生态保护和高质量发展一级指标评分

8 个评价单元的经济高质量发展评分对比见图 6-18,郑州市(78.80 分)>洛阳市(75.22 分)>济源市(63.38 分)>焦作市(63.33 分)>新乡市(58.12 分)>三门峡市(57.93 分)>濮阳市(44.72 分)>开封市(42.53 分)。

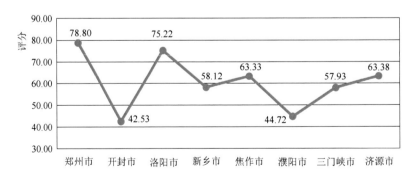

图 6-18　黄河流域(河南段)8 个评价单元经济高质量发展评分对比

针对经济高质量发展评分中排名第一的郑州市和排名靠后的开封市、濮阳市，进一步对比分析其三级指标评分，以分析其影响经济高质量发展的原因。三级指标评分结果见图 6-19。2019 年，郑州市通过实施开放创新双驱动战略，对外开放水平和自主创新能力不断增加，发展都市农业，现代产业体系加快构建，扩大优质增量与挑战优化存量并举，使得经济发展水平不断提升。而开封市、濮阳市经济发展规模略显不足，产业结构转换能力有限，产业带动优势不强，研发经费投入不足，创新能力较弱，经济高质量发展程度较低。

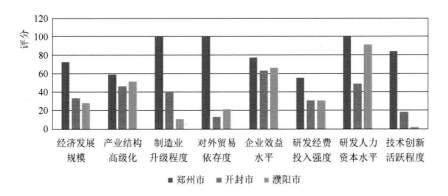

图 6-19 郑州市、开封市、濮阳市经济高质量发展三级指标评分

8 个评价单元的社会高质量发展评分对比见图 6-20，郑州市（86.66 分）＞焦作市（81.97 分）＞济源市（79.37 分）＞新乡市（77.99 分）＞洛阳市（70.90 分）＞三门峡市（70.47 分）＞开封（66.50 分）＞濮阳市（65.79 分）。

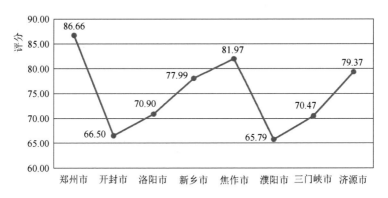

图 6-20 黄河流域（河南段）8 个评价单元社会高质量发展评分对比

针对社会高质量发展评分中排名第一的郑州市和排名靠后的开封市、濮阳市，进一步对比分析其三级指标评分，以分析其影响社会高质量发展的原因。三级指标评分结果见图 6-21。2019 年郑州市以人为本促进新型城镇化建设提质加速，各项社会事业协调发展，全年民生支出 1494.2 亿元，占一般公共预算支出 78.2%。32 项重点民生实事全面完成。新增城镇就业 11.5 万人。开封市、濮阳市存在乡镇区域特色型不强、基础建

设水平较低、社会保障体系建设放缓等问题，在社会保障水平、城乡居民总体收入水平等方面与郑州市有明显差距，在交通、网络等基础设施建设方面也有一定不足，因此社会高质量发展程度较低。

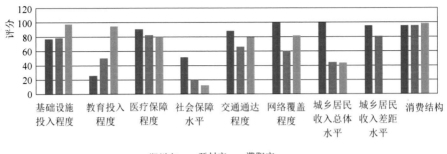

图 6-21　郑州市、开封市、濮阳市社会高质量发展三级指标评分

8 个评价单元的环境高质量发展评分对比见图 6-22，济源市（77.19 分）＞郑州市（74.14 分）＞开封市（66.66 分 ）＞三门峡市（66.57 分）＞洛阳市（65.57 分）＞濮阳市（63.90 分）＞新乡市（63.87 分）＞焦作市（60.41 分）。

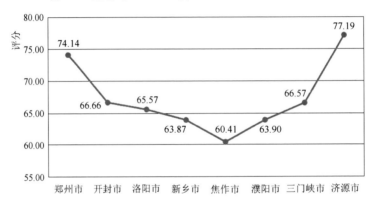

图 6-22　黄河流域（河南段）8 个评价单元环境高质量发展评分对比

针对环境高质量发展评分中靠前的济源市、郑州市和排名靠后的焦作市、新乡市，进一步对比分析其三级指标评分，以分析其影响环境高质量发展的原因。三级指标评分结果见图 6-23。济源市分类施策、重点攻坚，目标考核断面水质创历史最好水平。小浪底北岸灌区项目重新启动。郑州市实施文化惠民工程，基层公共文化设施和公共文化服务体系不断完善，大运河通济渠郑州段列入《世界遗产名录》，加快生态环境保护，编制实施《魅力郑州规划》，全国水生态文明试点城市建设加快推进，重点河道拦蓄水、重点水系生态修复提升等工程相继开工，环境高质量发展程度较好。新乡市、焦作市水系统战略支撑能力总体不足，水资源保障与高效利用指标中，工业用水水平、农业用水效率总体偏低；水生态保护修复指标中，水土保持程度指标较低；水文化保护传承指标中，历史水文化保护传承和水景观影响力不足，环境高质量发展程度较低。

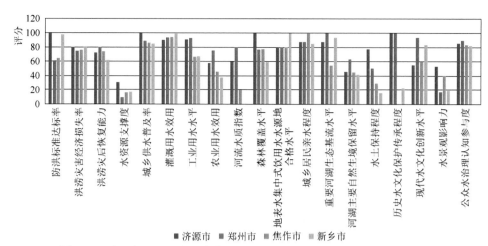

图 6-23　济源市、郑州市、焦作市、新乡市环境高质量发展三级指标评分

第四节　生态保护和高质量发展对策及路径

一、生态保护与高质量发展对策措施

根据黄河流域（河南段）生态保护和高质量发展评价结果，对各评价单元高质量发展的优势与短板进行梳理，见表 6-9。在 8 个评价单元中，除了排名第一的郑州市，其他城市均在经济高质量发展方面存在明显短板，且多数存在经济发展水平偏低、经济发展潜力不足的问题。对于企业应大力推进产业结构调整、制造业升级改造，加强在研发经费与人员投入，提高技术创新能力。需要注意的是，滩区治理滞后，安全和生活、生产设施简陋，导致经济社会发展落后，也是影响滩区经济高质量发展的重要因素，需系统开展滩区治理，为大力提升滩区地市经济发展规模和水平注入新动力。

另外，洛阳、新乡、焦作、三门峡等地市还存在环境高质量发展短板，主要是环境保护治理、水生态修复等方面的问题。在水文化保护传承方面也普遍存在历史水文化保护传承程度不够，水景观影响力不足的问题。此外，对于郑州市，尽管综合评分靠前，但总体高质量发展仍处于中等水平，仍有较大的发展提升空间，比如与国家中心城市定位相比，在产业发展层次（服务业增加值比重）仍存在一定差距和问题；在民生领域还有不少薄弱环节，优质教育、基层公共服务能力供给不足。要继续优化提升产业发展层次，更大力度、更实举措抓好民生保障，持续增进民生福祉。

表 6-9　黄河流域（河南段）各评价单元高质量发展优势与短板情况

地市	优势		短板	
	一级指标	二级指标	一级指标	二级指标
郑州市	社会高质量发展	人民生活水平 基础设施建设	环境高质量发展 社会高质量发展	水文化保护传承 基础公共服务
开封市	—	—	经济高质量发展	经济发展水平 经济发展潜力

续表

地市	优势		短板	
	一级指标	二级指标	一级指标	二级指标
洛阳市	—	—	环境高质量发展	水生态保护修复
新乡市	—	—	经济高质量发展 环境高质量发展	经济发展水平 经济发展潜力 水生态保护修复 水环境治理 水文化保护传承
焦作市	社会高质量发展	基础设施建设	经济高质量发展 环境高质量发展	经济发展水平 经济发展潜力 水生态保护修复 水文化保护传承
濮阳市	—	—	经济高质量发展 环境高质量发展	经济发展水平 经济发展潜力 水资源保障与高效利用
三门峡市	—	—	经济高质量发展 环境高质量发展	经济发展潜力 水生态保护修复 水文化保护传承
济源市	社会高质量发展	人民生活水平	经济高质量发展	经济发展潜力

（一）工程措施

推动滩区综合治理。滩区是黄河行洪、沉沙的重要区域，也是沿岸群众赖以生存的场所。因洪涝灾害易发、生产方式粗放等原因，该区域一直是黄河流域生态保护和高质量发展的薄弱环节。制定河滩综合整治建设标准，推进郑州、开封、新乡、焦作、濮阳等市率先开展河滩综合治理；支持新乡市平原示范区开展滩区综合治理示范试点；打造生活化、生态化、整体化的城市河滩堤防。

开展重点河段水环境综合治理。制定黄河重要支流污染物排放地方标准；提升伊洛河等较好水体水质，推进金堤河、沁河等重要支流主要污染河段综合治理；全面排查涉水工矿企业、尾矿库入河排污口，建立黄河流域入河排污口信息台账，实现动态清零；全面消除黄河河南段劣 V 类水体。

以湿地公园群为载体，提升水景观影响力。以郑州黄河湿地公园、三门峡天鹅湖湿地公园等为重点，规划建设沿黄湿地公园群；建设长葛双洎河、伊川伊河等国家湿地公园；建设一批省级湿地公园；支持洛阳建设国际湿地城市。

（二）非工程措施

在非工程措施方面，要落实最严格的水资源管理制度，实行用水总量和强度双控，建立水资源承载能力监测预警与动态评价机制；建立健全生态保护和高质量发展长效机制；联合建立生态环境信息公开和共享平台；积极开展水情宣传教育，推进黄河文化遗产的深入挖掘和系统保护等。

二、生态保护和高质量发展模式与路径选择

黄河流域（河南段）生态保护和高质量发展存在的问题与已有研究中对黄河中游地区

生态保护和高质量发展的基本状态和存在问题剖析相契合，均表明该地区生态保护和高质量发展具有一定的特殊性和复杂性。因此，除了针对相关地市采取一些具体的工程措施和非工程措施以外，更需要从流域治理的整体层面入手，统筹经济增长和生态保护的协调发展。从"共同抓好大保护、协同推进大治理"的战略思路出发，重点需要开展以下工作：以绿色发展开辟黄河流域（河南段）生态保护和高质量发展的战略新格局；以分类发展破解黄河下游滩区综合治理难题；以联动发展为黄河流域（河南段）高质量发展提供重要驱动力；以协同发展同步解决生态保护过程中的经济发展不平衡不充分问题；以合作发展打造河南黄河国家高质量发展区域增长极。

（一）绿色发展

绿色发展是开辟黄河下游地区发展新格局的必然要求，也是该地区生态保护和高质量发展的导向。

（1）构建生态保护机制。首先，要求政府完善生态保护相关法律法规，设立地方政府生态保护和经济社会发展的考核标准，根据区位及自然禀赋特征等建立差别化的考核机制；其次，要加强社会宣传教育，转变人的发展意识，从之前的"先污染、后治理"转变为"生态优先"；最后，倡导绿色消费，改变消费主体的消费理念，形成良性互动的绿色消费机制。

（2）建立生态优先型经济发展方式。在加快生态修复的同时，要持续优化能源结构、用水结构、用地结构等，打造生态优先型经济发展方式，引导煤炭生产等能源行业以技术、绿色、智能化为发展方向，把发展生态优先型经济作为调整经济结构、转变发展模式、开辟新发展格局的重要抓手。

（3）培育绿色产业。首先，要提高煤炭等传统工业对资源的循环高效利用，加强资源节约技术的引进和研发，提升行业可持续发展能力，同时要加快资源的回收体系建设以实现资源的循环利用；其次，要加快形成新型能源节约型产业，加快新旧动能转换，培育新型产业主体，为绿色产业发展奠定基础；最后，要完善现代化产业体系，优化市场环境，推广能源管理新机制，创造公平竞争的市场环境，为推动绿色产业发展提供重要支撑。

（二）分类发展

破解黄河下游宽河道生态保护和高质量发展一系列难题，必须正确理解习近平总书记提出的"让黄河成为造福人民的幸福河"的核心要义，按照水利部"黄河不决口、河床不抬高、河道不断流、水质不超标"和"传承黄河文化"的总要求，遵循黄河水利委员会"洪水分级设防、泥沙分区落淤、三滩分区治理"的新时期黄河下游治理方略，创新黄河下游宽河道治理思路和方式，分类发展，补齐河南黄河高质量发展短板，强化河南黄河治理与保护监管，加强协调和沟通，开创人水和谐新局面。结合"二级悬河"治理和挖河导流，选择黄河大堤临河侧适宜部位淤筑千年一遇防洪标准、安置人口不少于 8000 人的移民镇（台）；以排洪河槽宽度为控制指标，以现有河道整治工程和生产堤改造为基础，修筑滩区沿河生产防汛路，进行同岸河道整治工程连通。以进一步控制黄河下游游荡性河段河势变化为目标，以河道挖沙疏导结合移动式导流桩坝工程建设、现有河道整治工程上延或下续为手段，进行以恢复黄河花园口将军坝稳定靠河、促进引黄入冀补淀引水以及遏制原阳三教堂、任村和中牟韦滩耕地险情为目标的畸形河势治理三河段示范性工程建设。

（三）联动发展

加强共建共享，要做到共建与共享的辩证统一，既追求共同享有，也要求共同参与。

（1）构建多元化的财政转移支付体系。要为流域公共产品供给建立多元化、多途径的财政转移支付体系，同时建立横向利益分享机制。

（2）强化企业主体在生态保护中的作用。政府要引导企业主体制定绿色发展战略，以有效应对外部市场环境的变化，并使企业间的竞争处于良性的动态平衡，还应引导企业建立管理新机制。同时，政府要引导社会资金进入生态保护产业，如可适度将重大生态建设工程承包给企业等。

（3）完善公众参与制度。公众参与制度在信息公开等方面存在缺陷，只有加以改正，公众才能有效参与政策实施等。要将公众参与的范围扩大并进行分类管理，落实信息公开与公民参与的便利化等。总之，要让公众参与成为黄河下游生态保护和高质量发展的重要驱动力。

（四）协同发展

协同发展是实现我国经济社会可持续发展的重要基础。促进黄河中游地区高质量发展，要注重问题导向，坚持生态和经济协同发展，主要包括以下三点。

（1）目标协同，即协同推进生态保护和高质量发展。实施重大国家战略要科学设计，不但要解决黄河下游地区的生态问题，而且要解决经济社会发展不平衡、不充分的问题。统筹协调好生态保护与经济发展之间的关系，制定生态、经济、社会互相协同的发展目标，坚持生态保护、经济发展、社会进步齐头并进。

（2）机制协同。应打破现行区域管理机制，在保证流域发展整体性和协调性的基础上，坚持中央统筹、省（自治区）负总责、市（县）落实的组织机制，建立跨区域协调机制，落实各省（自治区）和有关部门主体责任，强化流域内水环境保护修复联防联控机制，促进流域内经济社会发展与水资源开发利用的平衡。

（3）河江联动。与长江经济带相比，黄河流域在整体实力、城市群发展、中心城市实力等方面仍存在一定差距。在实现黄河流域生态保护和高质量发展的起步阶段，应鼓励黄河流域向长江流域学习先进经验并加强合作，在产业转移、产业分工等方面形成紧密联系，打造河江联动的良好局面，增强长江流域对黄河流域经济社会发展的引导和带动作用。

（五）合作发展

中心城市及城市群是推动区域高质量发展的增长极，黄河中游地区包含以郑州、西安和太原为中心的中原城市群、关中平原城市群和太原城市群。中原城市群是制造业和现代服务业基地，关中平原城市群是引领西部高质量发展的增长极，太原城市群是我国重要的能源、原材料和煤化工基地。这几大城市群具有人口优势、能源资源优势、工业发展优势以及空间优势，随着国内大循环的展开，要做好承接部分产业向内陆地区转移的准备，积极建立内陆型核心城市群。要利用好丝绸之路经济带建设和黄河流域生态保护和高质量发展的政策红利叠加效应，推动这些城市群以新经济和现代产业为载体，实现高质量发展。

第五节　生态保护和高质量发展战略及措施

一、生态保护和高质量发展的战略设计

（一）河南在黄河流域生态保护和高质量发展中的定位

河南地处黄河流域中下游之交，特殊的地理位置决定了黄河河南段具有特殊性，如河道陡然变宽、河水流速放缓、泥沙淤积严重，导致历史上水患频仍、防洪压力极大，在开封段形成举世闻名的"悬河"奇观；黄河沿线是河南郑州、开封、洛阳等重要的城市群，人口稠密，工商业发达，各种用水需求量大，相对于沿黄河其他地区而言，面临着更加严峻的资源问题、生态问题和污染问题。当然，河南也拥有着更加丰富的黄河文化资源、生态资源和人力资源。这些特殊性决定人们既要放眼全局，又要立足区域实际，确定技术路线，抢占发展先机。河南省印发《2020 年河南省黄河流域生态保护和高质量发展工作要点》，提出"引领沿黄生态文明建设，在全流域率先树立河南标杆"。

（二）生态保护和高质量发展战略目标方向

1. 高起点做好大规划，构建"金字塔"政策体系

积极对接国家战略制定，站位国家区域经济布局，着力构建以河南省黄河流域生态保护和高质量发展规划为"塔尖"、重点领域专项规划为"塔腰"、关键环节专项政策为"塔基"的"金字塔"规划政策体系。

2. 高标准建好大平台

抢抓机遇，精心谋划，选准建好支撑发展的重大平台，搭建好平台，才能整合起资源。一方面兼顾"治"与"建"，建好黄河生态保护示范区；另一方面突出"魂"与"源"，建好黄河历史文化主地标。两者协同发力，共同建好国家高质量发展区域增长极。

3. 高质量干好大项目

重大项目是经济发展的"生命线"。沿黄河地区是河南省的经济中心，抓好重大项目建设尤为重要。

（三）生态保护和高质量发展的着力点

构建"1+N+X"规划政策体系，编制河南省黄河流域生态保护和高质量发展规划，研究河南省黄河流域生态保护和高质量发展的总体要求、重点任务、重大工程和政策措施；对重点领域制定专项规划，突出生态保护、污染防治、水资源高效利用、高质量发展、文化旅游等领域，编制河南省黄河流域生态廊道建设、文化保护传承等规划；对关键环节制定专项政策，以完善产权制度和要素市场化配置为重点，坚决破除体制机制弊端，完善市场化多元化生态补偿机制、发展绿色金融、开展排污权交易试点等。

建好国家高质量发展区域增长极，打造黄河生态保护示范区，加大三门峡大坝上游水土流失治理力度，在三门峡市黄土丘陵沟壑区推进山洪沟治理和水土保持治理，在伊洛河上游和三门峡库区上游实施禁封治理，开展南太行 5 市山水林田湖草生态保护修复。推进黄河生态廊道提质升级；打造黄河历史文化主地标，建设大运河文化带和精品博物馆、国家考古遗址公园。打造国家高质量发展区域增长极，高水平推进郑州国家中心城市和郑州

大都市区建设，打造郑州大都市区黄河流域生态保护和高质量发展核心示范区。完善支持洛阳中原城市副中心城市建设政策措施。增强三门峡、濮阳等省际交界地区吸纳集聚能力。

启动具有引领性、示范性的八大标志性项目，实施沿黄生态廊道试点示范，实施郑州段、开封段、三门峡段、新乡平原示范区段生态廊道示范工程，率先建成岸绿景美的生态长廊；规划建设沿黄湿地公园群，以郑州黄河湿地公园、三门峡天鹅湖湿地公园为重点，规划建设沿黄湿地公园群。推进重要支流水环境综合治理，制定黄河重要支流污染物排放地方标准，提升伊河、洛河、涧河、沁河、济河等较好水体水质。推进弘农涧河、金堤河等重要支流主要污染河段综合治理。加强黄河防洪安全防范治理，实施三门峡库区清淤工程，实施黄河滩区居民迁建工程，全面建成35个安置点，完成黄河滩区30万人搬迁任务。开展深度节水控水行动，推进引江济淮工程（河南段）跨区域调水工程建设。调整农业种植结构，推进农业水价综合改革。构建黄河历史文化主地标体系，筹建中国黄河博物馆、隋唐大运河文化博物馆、河南自然博物馆等。支持郑州、开封等建设黄河历史文化主地标城市。推进黄河文化与大运河文化融合发展，全面实施开封宋都古城保护与修缮工程、隋唐洛阳城国家历史文化公园建设工程。实施黄河文化遗产系统保护，重点推出三门峡仰韶、洛阳"五都荟洛"、开封大宋文化三大片区建设。

二、黄河流域（河南段）生态保护和高质量发展核心策略

今后一段时期，黄河流域高质量发展的重点是"谋增长、提质量、促协同"，即将流域视为生命共同体，利用新技术和国家力量，达成足够的经济积累和产业升级，同步进行生态环境治理，探讨流域高质量发展的转型路径。河南省应结合自身在黄河流域生态保护和高质量发展中的定位，瞄准生态保护和高质量发展战略目标方向，聚焦生态保护、污染治理、黄河安澜、文化传承等重点领域，探索走出一条富有河南特色的生态保护和高质量发展的路子。

（一）以水为脉的系统治理保护方略

山水林田湖草是一个生命共同体，黄河流域治理保护还应充分考虑经济社会发展的需求及其作用影响，实施山水林田湖草城综合治理、系统治理和源头治理。山是水的主要产流地，林与草是水的重要涵养地，湖是水的聚集调蓄地，田与城是社会水循环的两大关键单元，因此必须以水为脉，统筹山、林、田、湖、草、城。生态保护和治理涉及左右岸和上下游，必须把流域看成一个整体系统，谋划布局生态保护和修复措施，不仅要重视源头预防，也应重视用水过程管控，还应重视末端治理。流域生态保护也需要水资源保障，保护与发展中的水资源供需矛盾可通过节水开源系统解决。

（二）中心带动的流域空间重构和竞争力提升

基于国家战略，流域或区域高质量发展应确立"重点投入、中心突破"的方针，提升竞争力和获取发展机会，最终带动流域整体发展，即加大对重点优势产业的投入，在重点发展领域寻求突破；集中力量培育区域增长极以及重视增长极之间的协同发展，推动区域经济发展及其一体化进程。根据不同区域间自然条件、资源禀赋和经济社会的差异，倾斜国家政策，整合自身资源，调整产业结构，有针对性地进行产业错位发展。着重提升中心城市竞争力、加强城市群建设，深度参与国家层面的区域分工与合作；建立商品/服务产品

贸易的国际联系，融入全球产业链和价值链，拓展国际文化交流；通过构建"城市群—发展轴—经济区"的现代化区域发展体系，重构流域高质量发展的空间结构，提升竞争力。

（三）新型城镇化、新型产业模式

黄河流域具备适合农业文明发展的自然环境和支撑工业化发展所需的关键资源。黄河流域应以生态经济为突破口和依托"互联网+"，研发绿色产品，提高产业利润，促进经济结构转换，在规避盲目涉足战略性新兴产业和先进制造业领域的前提下，着力促进域内产业结构的尖端化，建构高质量、特色化、地方化的产业集群/产业链，积极发展网络经济。

三、生态保护和高质量发展战略的支撑体系构建

建设黄河成为造福人民的幸福河，不仅要做好流域高质量发展的战略内容设计，而且要完善流域高质量发展的战略支撑体系。黄河河南段的高质量发展离不开黄河流域层面的相关战略规划、法律法规、体制机制的支撑。

（一）强化黄河流域高质量发展的战略规划支撑

政策法规是政府洪水防御行动的准绳和依据，也是规范、引导防洪区人类行为的根本手段。与黄河流域发展相关的各种规划有很多，但还缺少黄河流域生态保护和高质量发展的专项规划。因此，在推动黄河流域高质量发展中，要组织编制专项规划纲要，为黄河流域生态保护和高质量发展明晰路线图，为黄河流域的发展前景指引方向。

现阶段，黄河流域高质量发展的问题之一是各省（自治区）的规划视角局限于省（自治区）的短期发展，地方各自为政，缺乏宏观性、长远性的决策机制。在黄河流域高质量发展的战略规划中，要对沿河各省（自治区）进行功能定位，通过地区分工做好流域整体发展规划。而在分工发展的同时应着眼于地区产业、人口等经济发展条件和自然资源禀赋，以企业为纽带，加强省（自治区）之间的沟通合作，通过分工合作共同推进黄河流域的生态保护与高质量发展。在规划中既要谋划长远，又要干在当下，在战略制定与实施的过程中牢固树立"一盘棋"思想，尊重黄河流域的发展规律。从长远发展的视角出发，强调流域发展的可持续性，注重保护和治理的系统性、整体性、协同性，通过完善黄河流域的战略支撑，开创黄河流域生态保护和高质量发展新局面。

（二）完善黄河流域高质量发展的法律制度支撑

由于黄河流域的生态环境较为特殊，不同流域段的地形地貌及自然禀赋存在较大的差异，考虑到黄河流域资源分布、地理环境的复杂性，关于流域发展的相关法律制度完善也应从流域的系统性与整体性出发，通过法律法规体系的建立实现流域各省（自治区）以生态保护为前提的协同发展，以完善的法律法规体系作为黄河流域生态保护与高质量发展的重要支撑。应考虑流域的发展特点与面临的突出问题，制定黄河流域治理相关法律法规，为黄河流域高质量发展提供法律制度支撑。

具体而言，一方面，应发挥法律的保障作用，利用法律制度武器保护黄河流域的生态环境，通过强化环境监管和责任追究，完善环境保护公益诉讼制度等法律制度的完善，让其成为保护黄河流域居民权益的重要保障。另一方面，需发挥法律制度对黄河流域环境保护与经济发展的规范引导作用，在法律的制定过程中将生态保护与经济利益结合起来，按"谁投资谁治理谁受益"以及"谁污染谁治理、谁开发谁保护"的基本思路，明确权责关

系，实现黄河流域的生态环境效益、经济效益与社会效益的共同发展。根据科斯的交易费用理论，政府可以通过明晰产权而缓解或消除外部性。完善的法律制度是黄河流域环境治理与污染防治的重要支撑，也是实现黄河流域高质量发展的关键途径。

（三）优化黄河流域高质量发展的体制和机制支撑

推动黄河流域生态保护和高质量发展，应以促进人与自然的和谐发展、促进区域经济结构调整和增长方式的转变为基本目标，遵循综合协调、保护优先、区域差异三大基本原则，基于流域内不同区域的资源环境承载能力、现有开发密度和发展潜力等，构建保护与发展的长效机制。

建立安全跨区域协调机制、责权明晰的责任体系，强化环境管理法规体系建设，健全生态补偿机制，以节能减排、绿色 GDP 为导向完善考核体系，制定区域性产业准入与退出政策体系，探索以生态型替代生态破坏型的产业置换机制等。

第七章 水环境治理关键技术

第一节 农业污水治理技术

一、农业污水治理技术体系

农业污水是指农作物栽培、牲畜饲养、农产品加工等过程中排出的、影响人体健康和环境质量的污水或液态物质。其来源主要有农田径流、饲养场污水、农产品加工污水。污水中含有各种病原体、悬浮物、化肥、农药、不溶解固体物和盐分等。农业污水数量大、影响面广，污水中氮、磷等营养元素进入河流、湖泊、内海等水域，可引起富营养化；农药、病原体和其他有毒物质能污染饮用水源，危害人体健康，还可能造成大范围的土壤污染，破坏生态系统平衡。

河南是国家重要的粮食和肉类生产基地，用全国总面积 1.74% 的土地，生产了占全国 1/10 的粮食，河南省粮食生产直接关系到全国粮食安全。河南省也是全国第一养殖业大省，牛、羊、猪饲养量分别居全国第 1 位、第 2 位、第 3 位，规模化养殖业在畜牧业的比重越来越大。因此，黄河流域（河南段）每年产生大量的农田径流、饲养场污水和农产品加工污水。

（一）农田径流

大面积的农田在雨水或灌溉水流过表面后排出的水流，是农业污水的主要来源。农田径流之所以产生污染，原因是化肥农药的过量使用。据统计，河南省粮食产量和化肥施用量逐年增加，化肥施用量增加幅度大于粮食增产幅度，施用化肥的增产效益逐年下降。河南省农药用量远远超过全国平均使用农药水平，但农药的有效利用率却很低。过量施用的化肥和农药成为土壤的污染源，农田径流携带氮、磷、农药等污染物进入河流水体，造成严重的水质污染和生态危害。

1. 氮、磷

施用于农田而未被植物吸收利用或未被微生物和土壤固定的氮肥，是农田径流中氮素的主要来源。化肥以硝态氮和亚硝态氮形态存在时，尤其容易被径流带走。农田径流中的氮素还来自土壤的有机物、植物残体和施用于农田的厩肥等。一般土壤中全氮含量为 0.075%～0.3%，以表土层厚 15cm 计，全氮含量为 1500～6000kg/hm^2，每年矿化的氮为 30～60 kg/hm^2。不同地区和不同土壤中，农田径流的含氮量有较大的差别。

土壤中全磷量为 0.01%～0.13%，水溶性磷为 0.01×10^{-6}～0.1×10^{-6}。土壤中的有机磷是不活动的，无机磷也容易被土壤固定。

土壤中的氮、磷等营养元素，可随水和径流中的土壤颗粒流失。大部分耕地含磷 0.1%、含氮 0.1%～0.2%、含碳 1%～2%，因此，农田土壤流失的径流中磷含量为 10kg/hm^2，氮含量为 10～20kg/hm^2，碳含量为 100～200kg/hm^2。

2. 农药

农田径流中农药的含量一般不高，流失量为施药量的5%左右。如施药后短期内出现大雨或暴雨，第一次径流中农药含量较高。水溶性强的农药主要在径流的水相部分；吸附能力强的农药（如三嗪等）可吸附在土壤颗粒上，随径流中的土壤颗粒悬浮在水中。

（二）饲养场污水

牲畜、家禽的粪尿污水是农业污水的第二个来源。根据中国农业科学院土壤肥料研究所的初步测算，按 10%畜禽粪便由于堆放或溢满随地表径流进入水体，氮对流域水体富营养化的贡献率就可达 10%，磷可达 10%～20%。流失的畜禽排泄物已成为水体富营养化的重要原因。黄河流域（河南段）养殖污水产量大，但是建有污水、粪便处理设施的规模化养殖场占比较小，很多养殖场粪便随意堆放，污水无有效治理措施。虽然饲养场粪污可作为厩肥，但是工业发达的国家往往弃置不用。作为厩肥使用，大都采用面施的方法，如果厩肥中大量可溶性碳、氮、磷化合物还未与土壤充分发生作用前就出现径流，也会造成比化肥更严重的污染。

饲养场牲畜粪尿的排泄量大，用未充分消毒灭菌的粪尿水浇灌农田，会造成土壤污染；粪尿被雨水流冲到河溪塘沟，会造成饮用水源污染。在饲养场临近河岸和冬季土地冻结的情况下，这种污水对周围水生、陆生生态系统的影响更大。

（三）农产品加工污水

水果、肉类、谷物和乳制品的加工，以及棉花基本染色、造纸、木材加工等工业排出的污水是农业污水的第三个来源。在发达国家农产品加工污水量相当大，如美国食品工业每年排放污水约 25 亿 t，在各类污水中居第五位。

综合黄河流域（河南段）农业污水类型及特征，归纳农业污水治理技术体系可以按照农业径流治理、畜禽废水治理、农产品加工污水处理三种类别进行分类。

二、农业污水治理技术筛选

（一）农业径流治理技术

黄河流域农业径流的处理技术主要有人工湿地技术、生态浮床技术、生态沟渠技术、植物塘技术和生态塘技术。

1. 人工湿地技术

湿地被称为"地球之肾"，是常用的农业径流污染治理措施，具有调节局部区域气候、维持生态平衡、调控地表径流、净化污染等作用。人工湿地是在天然湿地的基础上，人为强化植物、基质和微生物的三重协调作用提高污水净化能力的一种处理工艺，其按水流方向可分表面流、水平潜流和垂直潜流三种类型。

表面流湿地的水体在基质表面流动，靠植物吸收及其表面附着生物膜来净化，植物生长能直接吸收水中的氮磷等物质，同时可分泌氧气改善湿地的内部条件，进而提高脱氮效果；生物量的增加能改善基质的氧化还原条件，提高脱氮效果。表面流湿地的优点是投入少，运行成本小；缺点是处理水量小，占地较大，卫生条件较差，受温度影响大。

水平潜流湿地污水在基质表层下的空隙中水平流动，能够充分利用植物根系、填料及其表面生物膜系统，具有保温性能好、卫生状况较好、水力负荷较大等优点；但是其投资成本高，还有容易发生堵塞、系统常年水淹、氧气供应有限、硝化反应不佳等缺点。

垂直潜流湿地的污水通过湿地的表面以垂直的形式穿过人工湿地的床体部分，最终从其最底部流出。当农田径流从湿地的表面向下垂直流动时，此时基质体的情况是不饱和的，加上氧气利用空气播散和植物光合作用传输到了湿地内部，农田径流所携带的不易溶解的有机物质可以通过这种方式进行过滤和沉淀，拦住这些有机物质后被微生物所分解，同时还能够通过植物根部的吸附截留作用、光合作用吸收、生理运动等方式将其中的可溶物质进行降解和分化。以上方法的优点是具有较大的水负荷力和节省占地面积；缺点是工程难度高、施工和管理不易，还容易发生基体堵塞，适合用于富营养化程度严重的水域，以及景点观光式水体，不如水平潜流湿地应用范围广。人工湿地净化污水处理工艺见图7-1。

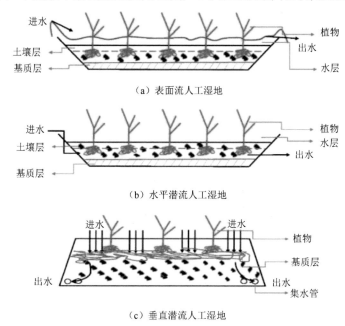

（a）表面流人工湿地

（b）水平潜流人工湿地

（c）垂直潜流人工湿地

图 7-1　人工湿地净化污水示意图

2. 生态浮床技术

生态浮床技术处理农田径流是通过植物生长过程中对水体中氮、磷等植物必需元素的吸收利用，直接将水体中的无机营养物带出水体。植物根系和浮床基质等对水体中悬浮物具有很好的吸附作用，富集水体中的悬浮物质，与此同时，植物根系释放出大量分泌物，有利于微生物的活动，从而加速有机污染物的分解，随着部分水质指标的改善，尤其是溶解氧（DO）的大幅度增加，为好氧微生物的大量繁殖创造了条件，通过微生物对有机污染物、营养物的进一步分解，以及对无机营养的吸收和利用，水质得到进一步改善。最终通过收获植物体的形式，将氮、磷等营养物质以及吸附积累在植物体内和根系表面的污染物搬离水体，使水体中的污染物大幅度减少，水质得到改善，从而为高等水生生物的生存、繁衍创造生态环境条件，为最终修复水生态系统提供可能，见图7-2。

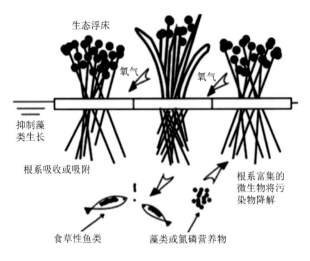

图 7-2　生态浮床原理示意图

3. 生态沟渠技术

从农田系统角度，农田沟渠处于农田系统的末端，承接来自农田地表径流与农田渗漏合流产生的地表水即农田退水。退水中所含氮、磷污染物将沿着沟渠流向区域低位的湖泊或河流，是小流域中湖泊或河流水体污染的源。因此，在农田退水进入湖泊或河流之前，高效去除农田退水中过量的氮、磷营养物质，成为确保湖泊和河流良好水质的关键；而通过沟渠中种植植物来消减、去除退水中过量氮、磷的方法，因其成本低、效果好、无二次污染，并具有景观、经济等多种功能，已成为国内外学者开展农田面源污染防控与治理试验示范研究的焦点。

农田排水沟渠是独特的"植物-底泥-微生物"系统，属于人工湿地系统。当带有大量营养物质的田间排水流经沟渠系统时，通过植物直接吸收、微生物吸收和降解、底泥吸附等一系列作用，水体中的氮、磷等营养成分将发生一系列的物理、化学和生物转化过程，从而高效地去除水体中过量的氮、磷等营养物质，降低地表水体的污染负荷，见图 7-3。

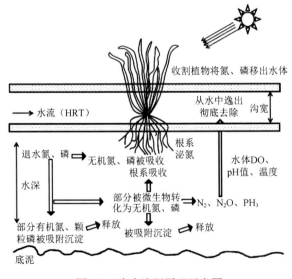

图 7-3　生态沟渠原理示意图

4. 植物塘技术

植物塘是较新型且有效的生态治理方法之一，它是通过构建生物群落的方式，利用水生植物与浮游生物和微生物三者之间来形成共生系统，从而利用生物的自净功能来净化和处理污水，能够促进固体悬浮物的沉降和有效去除污水中有机物以及氮、磷。

植物塘的净化功能包括植物自身具有的吸收污染功能、植物在光合作用下的降解功能、微生物的分解作用。在水中的代谢生长过程中，植物所需的氮、磷等营养元素正好可以减轻农田径流带来的富营养化，因此塘内水体的污染程度得到了有效控制。与此同时，农田径流还能够促进植物的生长，最终实现生态系统的合理循环。自 20 世纪 40 年代，国际上开始重视植物塘这一低能耗、运行稳定的生态拦截技术，并进行大规模的推广。

5. 生态塘技术

污水经一定的前置处理后进入生态塘，利用生态塘的原有生态结构，结合人工强化手段（如人工增氧、放置微生物载体、投放水生动物、栽植水生植物、施用高效微生物菌剂等），对污水中的有机物、氮、磷等污染物进行高效降解、吸附、吸收处理，达到净化污水的同时，可以大幅度改善水景观效果。具有大大节省投资成本、生态效应显著、提升环境景观、运行成本低、维护工作量小、适应性好等优点，可有效处理农村生活污水和农田径流。

除以上工程措施外，采取喷灌、微灌等节水灌溉技术可以减少农田径流的产生，同时能够减少化肥、农药的深层渗漏所带来的污染。此外，加快应用水肥耦合技术，对于减少化肥使用和农田径流同样具有非常重要的作用。

（二）畜禽废水治理技术

畜禽养殖废水处理主要从减量化、无害化、资源化等方面着手考虑，处理方法较多，有物化法、生物法、自然法等。

1. 物化法

物化法是指通过物理、化学手段对畜禽养殖废水进行处理，主要的物化处理技术有絮凝沉淀法、吸附法、芬顿（Fenton）氧化法等，但畜禽养殖废水产生量大、污染物浓度高，物化法处理成本高，通常用于畜禽养殖废水的预处理和深度处理。

絮凝沉淀技术是污水处理的传统技术，主要是利用絮凝剂的絮凝作用来实现污水的净化，常用的絮凝剂主要是铝盐类和铁盐类。随着絮凝技术的不断发展，出现了高分子类的絮凝剂，其絮凝作用更强。有研究者采用絮凝沉淀技术处理养猪废水，COD、SS、氨氮和总磷都取得了很好的处理效果。

吸附法是污水处理技术中常用的物理处理技术，该方法是利用具有大比表面积、发达孔隙结构的固体材料来吸附畜禽废水中的污染物，并把污染物截留在吸附剂表面的污水处理技术。应用较多的吸附材料有活性炭和沸石。有研究者利用天然的钙型沸石或稻草和沸石的组合材料来处理养猪场废水，氨氮、磷和 COD 的去除效果较好。

芬顿氧化属于高级氧化技术，对于处理难降解有机物有着良好的效果和优势，常作为污水的深度处理技术。随着养殖业的不断规模化，养殖废水呈现的污染趋势越来越严重。芬顿氧化技术对于处理高浓度有机废水有着良好的效果，但由于养殖废水成分较为复杂，而且有时色度较高，需要配合一定的前处理才能发挥芬顿氧化技术的优势。

2. 生物法

生物法作为污水处理工艺，因其具有占地面积少、处理能力强、受环境影响因素小等特点，已经成为近年来用于处理畜禽养殖废水的主要技术。经物化法处理开环断链后生成的小分子有机物，适合生物去除，能减少处理能耗，降低运行费用。生物法主要包括厌氧生物处理技术、好氧生物处理技术。

厌氧生物处理技术造价低，能量需求小，同时还可以产生沼气，处理过程不需要氧气，可降解好氧微生物无法降解的有机物，所以应用于畜禽养殖废水的处理。厌氧处理技术中COD 的去除率高达 85%～90%，而且可杀灭传统性细菌，为养殖场防疫工作的开展创造良好的条件。厌氧处理常用的方法有化粪池、厌氧生物滤池、升流式厌氧污泥床、厌氧流化床、厌氧接触反应器等，随着国家政策的大力扶持，沼气池发酵处理在农村被大力推广，畜禽废水经过沼气池的厌氧处理后，废水中污染物浓度大大减少，处理后的水可直接用于农田灌溉或处理后达标排放至河流；厌氧发酵产生的沼气被回收利用（烧水、做饭等），同时减少了排向空气的甲烷含量。

好氧生物处理技术的基本原理是利用微生物在好氧条件下分解有机物。该方法处理效果稳定，除臭效果也好。好氧处理技术有自然好氧和人工好氧之分，自然好氧处理技术包括氧化塘、慢速滤池和人工湿地等，该方法投资少，运行成本低，但占地面积大，处理效果容易受季节温度影响；人工好氧技术有活性污泥法、SBR 法、生物接触氧化、氧化沟等，这些方法投资较大、能耗较高、运行成本昂贵。采用好氧技术处理畜禽废水时，要结合养殖场实际情况来确定是采用自然好氧还是人工好氧技术，达到技术、投资、运行成本等多方面的统一。

研究表明，无论采用厌氧生物处理技术还是好氧生物处理技术来处理畜禽养殖废水，均不能保证污水长期达标排放。因此，当前处理畜禽养殖废水大部分采用厌氧-好氧联合处理技术。这些组合工艺处理效率高、抗冲击负荷能力强，剩余污泥量少，成本低。采用厌氧+好氧的处理工艺流程见图7-4。

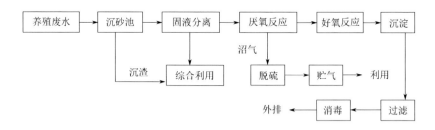

图 7-4 厌氧-好氧组合处理工艺流程

3. 自然法

自然生态处理技术是利用天然的水体、土壤和生物的共同作用，在经过一系列的物理、化学和生物作用来去除污水中的污染物质。自然生态处理技术主要有人工湿地和氧化塘技术。

（三）农产品加工污水处理技术

废水处理方法按作用原理可分为物理法、化学法和生物法三类。

1. 物理法

用于食品加工业废水处理的物理法有筛滤、撇除、调节、沉淀、气浮、离心分离、过滤、微滤等。前 5 种工艺多用于预处理或一级处理，后 3 种工艺主要用于深度处理。

（1）筛滤。筛滤是预处理中使用最为广泛的一种方法，主要作用是从废水中分离出较粗的分散性悬浮固体物，所用的设备有格栅和格筛。格栅拦截较粗的悬浮固体，其作用是保护水泵和后续处理设备。农产品加工业废水中常用的格筛有固定筛、转动筛和震动筛等，格筛最常用的孔径是 10～40 目。

（2）撇除。某些农产品加工业废水中含有大量的油脂，这些油脂必须在进入生物处理工艺前予以除去，否则会造成管道、水泵和一些设备的堵塞，并且会对生物处理工艺造成一定的影响。废水中的油脂根据其物理状态可分为游离漂浮状和乳化状两大类，通常用隔油池除去漂浮状油脂。隔油池对漂浮状油脂的除去率可达 90% 以上，如果处理流程中设有调节池或沉淀池，则隔油池可与调节池或初沉池合用同一构筑物，可节省投资和占地。对小型处理系统，设油水分离器撇油。

（3）调节。对于水质水量变化幅度大的农产品加工业废水，常设置调节池对废水的水质和水量进行调节，调节时间一般为 6～24h。调节池容量为日处理废水量的 15%～50%。

（4）沉淀。沉淀是用来除去原废水中无机固体物和有机固体物，以及分离生物处理工艺中的固相和液相。用沉砂池除去原废水中的无机固体物，用初沉池除去原废水中的有机固体物，用二沉池分离生物处理工艺中的生物相和液相。沉砂池一般设在格栅和格筛之后，为了清除废水中无机固体物表面的有机物，避免废水中有机固体物在沉砂池中产生沉淀，可采用曝气沉砂池。采用初沉池可降低后续工艺的负荷，初沉池除去悬浮固体的效果与加工的原料和产品有关，按池中的水流方向分平流沉淀池、竖流沉淀池和辐流沉淀池。为了提高沉淀池的沉淀效率，可在沉淀池内设置平行的斜板或斜管而成斜板（管）沉淀池，一般沉淀时间为 1.5～2.0h。

（5）气浮。气浮主要用于除去食品加工业废水中的乳化油、表面活性物质和其他悬浮固体，有真空式气浮、加压溶气气浮和散气管（板）式气浮，应用最普遍的是加压溶气气浮。当废水进入溶气气浮池之前，往水中投加化学混凝剂或助凝剂，可提高乳化油脂和胶体悬浮颗粒的除去率。据资料介绍，气浮可除去 90% 以上的油脂和 40%～80% 的 BOD_5（5日生物耗氧量）和 SS（固体悬浮物），气浮池 HRT（水力停留时间）一般为 30min。

（6）其他处理。为了解决用水紧张问题，应将处理后的水回收利用。为此应对二级处理出水进行深度处理，最常用的方法是过滤，可采用砂滤池或复合滤料滤池。按滤速大小分慢速砂滤池和快滤池（重力式、压力式和多层式），一般单层砂滤池的滤速为 8～12m/h。

2. 化学法

中和法、氧化还原法（投加氧化剂、电解、光氧化等）、混凝法、离子交换法、膜分离法（电渗析法、反渗透法等）都属于化学处理法。农产品加工业废水处理中所用的化学处理工艺主要是混凝法。混凝法不能单独使用，必须与物理处理工艺的沉淀法、澄清法或气浮法结合使用，构成混凝沉淀或混凝气浮。常用的混凝剂有石灰、硫酸铝、三氯化铁、聚合氯化铝、聚合硫酸铁以及有机高分子混凝剂（如聚丙烯酰胺），但这种有机高分子混凝剂常作为助凝剂。化学处理工艺主要除去水中的细微悬浮物和胶体杂质。

3. 生物法

生物处理工艺可分为好氧工艺、厌氧工艺、生态塘、土地处理，以及由上述工艺的结合而形成的各种各样的组合工艺。生物法是主要的二级处理工艺，目的在于降解农产品加工废水中的 COD（化学需氧量）和 BOD（生物需氧量）。

（1）好氧生物处理。好氧生物处理工艺根据所利用微生物的生长形式分为活性污泥工艺和膜法工艺。活性污泥工艺，混合液悬浮固体的浓度为 2500mg/L，运行正常的活性污泥系统中 BOD 除去率通常超过 90%。有些农产品加工废水，如酿酒废水和乳品加工废水采用活性污泥工艺会出现污泥膨胀问题，其原因是有机负荷过高，或是营养物缺乏。膜法工艺处理农产品加工废水时，生物滤池一般采用两级串联运行。第一级一般按高负荷生物滤池设计，水力负荷为 $8\sim40\text{m}^3/$（$\text{m}^2\cdot\text{d}$），有机物 BOD 负荷为 $0.4\sim4.8\text{kg}/$（$\text{m}^3\cdot\text{d}$）；第二级一般按生物滤池设计，水力负荷为 $1\sim4\text{m}^3/$（$\text{m}^2\cdot\text{d}$），有机物 BOD 负荷为 $0.08\sim0.40$ $\text{kg}/$（$\text{m}^3\cdot\text{d}$）。用生物滤池处理高浓度的肉类加工废水和酒废水时，滤池易堵难以正常运行，而塔式生物滤池水力负荷可达 $90\sim150\text{m}^3/$（$\text{m}^2\cdot\text{d}$），有机物 BOD 负荷达 $1.1\sim2.4\text{kg}/$（$\text{m}^3\cdot\text{d}$），耐冲击负荷能力强，不易发生堵塞。

（2）厌氧生物处理。厌氧生物处理工艺适用于农产品加工废水，主要是因为废水中含有容易生物降解的高浓度有机物，且无毒性。但是厌氧生物处理后的出水达不到直接排入水体的要求，它一般作为好氧工艺的前处理，或者作为排放到城市下水道之前的预处理。上流式厌氧污泥床反应器（UASB）是厌氧生物处理的典型技术，可用于制糖、酿酒、屠宰、味精及发酵行业。

厌氧-好氧组合一体化法是在吸收了传统流化床、活性污泥法和生物接触氧化法的优点基础上开发的一种高效、稳定的生化处理技术，它由厌氧悬浮床、移动循环床和好氧固定床组成。其核心技术是应用悬浮生物载体形成移动床和增加高效微生物优势菌，充分提高反应器中微生物浓度。该技术不易堵塞，可在好氧、缺氧、厌氧环境下，实现悬浮载体与污水流化状态下充分接触，凭借微生物的生物活性，进行有机物的水解、生物降解、氮的硝化和磷的生物沉淀。

（3）生态塘工艺。生态塘处理系统可以分为厌氧塘、兼性塘、好氧塘、生态系统塘等多种形式。生态塘以太阳能为初始能源，通过在塘中种植水生作物、进行水产和水禽养殖，形成人工生态系统。在太阳能的推动下，通过塘中多条食物链的物质和能量的逐级传递、转化，将进入塘中污水的有机物降解和转化，最后不仅去除污染物，而且还能收获水生作物、鱼、虾、鹅、鸭等产品，净化的污水还可作为再生水用于农田灌溉、绿化浇水等。生态塘具有构造简单、基建投资少、维护管理方便、净化效果良好、运行稳定可靠等诸多优点。

三、适用技术

针对前述技术梳理，结合已掌握污水治理技术，凝练推荐地埋式一体化污水处理技术和农村非常规水分质分流智能灌溉技术两种类别。

（一）地埋式一体化污水处理技术

农村水环境优化作为推进农村生态文明建设的重要环节，关系着农村产业结构调整、生态体系构建、人居环境等多方面的发展。随着科技的全面发展，中国的水污染处理技术已取得较大进展，对于重点流域大规模的污水治理也取得了一定的成就，但是对于分散、偏僻的农村地区收效一般。基于当前需求，优选复合型滤材，并试制不同类型的压缩"芯片"及其不同的组合和装配形式，探讨农户庭院型"复合净水箱"构建技术并示范应用，对农村生活污水问题的有效解决及国家乡村振兴战略实施、新时代"三农"工作开展具有重要意义。

该项技术属于农村生活分散处理的一种方式，具体涉及一种在农村庭院使用的复合净水箱。主要有以下构件组成：①内部包括多个隔板以形成净化腔，隔板上设置有通孔，相邻隔板上的通孔上下交替设置；②过滤芯片，填充净化腔；③入水口，位于外部箱体一侧面的上部；④出水口，位于入水口所在侧面的对称面下部；⑤和封盖箱体的槽形上盖；⑥隔板上设置滑轨槽和密封条，用于过滤芯片的固定和密封；⑦过滤芯片外部包括配合隔板上滑轨槽的凸出部分。通过复合净水箱多个净化腔内的不同滤芯执行分立式过滤任务，便于更换滤芯和避免不同滤材寿命不同造成的浪费，同时由于隔板和通孔设置形成的上下往复水体流通方式，延长了过滤长度，可有效提升过滤效果。

过滤芯片内部包括活性炭、石英砂、天然沸石或离子交换树脂过滤材料中的任意一种或多种；过滤芯片内部包括鲍尔环、空心球、纤维球、阶梯环或花环过滤材料中的任意一种或多种；槽形上盖的包括凹槽和密封条，凹槽深度至少4cm；入水口处包括用于过滤渣质废物的滤网；净化腔的个数为5～10个。

该技术提供的复合净水箱，具有如下技术效果：

（1）复合净水箱利用插入式过滤芯片，方便了滤材的替换，避免了散装滤材替换和清理的不便，提高了效率和实用性。

（2）通过隔板和通孔设置的净化腔，形成了从左至右的上下往复的水体通路，与普通的从左至右的直线过滤水体通路相比，具有2倍以上的过滤线长，有效提升了过滤效果。

（3）内部设置多个净化腔体，可根据具体使用环境和污水特征灵活设置不同类型的过滤芯片。

（4）复合净水箱的体积合适，适用于家庭的庭院摆放，槽形上盖上的凹槽可用于摆放植物盆栽，美化生活空间。

（二）农村非常规水分质分流智能灌溉技术

智能灌溉模型系统主要用于监测灌溉施肥基础参数、调控高效节水灌溉关键设备。系统组件主要包括田间灌溉需水信息采集+首部灌溉信息反馈+水源水质信息反馈+智能灌溉决策+无线电磁阀远程调控。采用物联网技术，实现对灌溉水源补给、输水过程监控、灌溉过程决策等的全程智能化控制。该系统需要在灌溉终端安装水量计量设施、墒情监测设备、小型气象站等，调试灌溉预报模型，集成建立灌溉基础信息采集与灌溉智能决策为一体的智能灌溉模型系统，实现与总项目数据管理信息系统的有机对接。

分质分流灌溉，就是根据灌溉对水质的不同需求，分别提供不同用水的供水方式。针对不同灌溉水质标准，分质供水可以做到优水优用，劣水净化处理，实现农村非常规水再生回用精细化管理，降低灌溉成本，提高灌溉水质安全性，减少非常规水外排，保护水源地水质安全。分质分流灌溉用水调控技术以处理后的农村非常规水为主要灌溉水源，以当地地表水为灌溉补充水源，再通过水质监测及判别，筛选出满足灌溉水水质要求的农村非常规水进行灌溉，确保实际灌溉用水水质达标以及农村非常规水最大限度的再生利用。系统具有农村非常规水和地表溪水两个水源，确保灌溉供水的连续性和稳定性；根据非常规水水质是否满足灌溉水质要求自动管理水源的切换，确保储水池水源不变质；具有较高智能性，实现了水源检测报警、蓄水池贮水、储水、水源切换、增压供水、设备运行各环节的统一调度、合理管理等特点。

每个轮灌区安装一个电磁阀，通过物联网实现数据采集和自动控制。工程运行阶段，可通过电脑、手机实现自动化运行和监控。工程将利用物联网技术，将示范区作为传感器网络一个测控区域，设置传感器和执行机构节点，搭建网络采集园内植物生长环境中的空气数据及土壤的 pH 值、EC 值、土壤温湿度等实时参数。用户利用终端设备，通过 4G、Internet 网络监测环境实时参数与现场视频，并可以远程发送指令至现场执行设备。系统也可以根据具体作物生长参数模型，自动控制滴灌系统，自动灌水和施肥，以达到植物生长最佳条件。

系统可根据蓄水池非常规水质监测仪器（pH 值、电导率、COD）自动判别非常规水是否可以满足灌溉需求，若不满足，自动切换河道水源用来灌溉；同时，每个月对水样进行取样化验，判别水样其他指标（比如监测的粪类大肠杆菌、重金属等）是否满足灌溉水质条件，若不满足，则自动切换灌溉水源。

（三）技术适用性分析

1. 地埋式一体化污水处理技术适用性分析

黄河流域水资源利用主要问题包括水资源短缺、水源地保护欠缺、水资源污染缺乏控制等。其中水体污染源主要来自城镇生活污水、工业废水。但近几年随着新农村的建设，农村进行了饮水改造，进行集中供水，随着农村改水的逐步实施，自来水入户率越来越多，使得用水量不断增加，从而直接导致排水量增大和污染问题严重。因此，生活污水的有效处理成为新农村建设过程中产生的新问题。随着农村人民生活水平的不断提高，农村生活污水也越来越多，造成的污染也日益严重。所以，选择新型污水处理方法来解决这些问题是非常迫切的。一个地区的污水处理技术需根据地域特点和处理目的来进行相应的选择。而且污水处理技术选择适当与否将对工程基建投资、运行费用、管理操作等产生根本性影响，并对污水处理的运行效果和稳定程度产生直接影响。地埋式一体化处理技术为黄河流域农村生活污水处理提供了较为可行的解决方案。相较于传统处理技术，该技术在黄河流域具备以下方面的推广优势。

（1）节省空间、安装方便。污水处理一体化设备壳体通常由玻璃钢或碳钢制作而成，根据工艺的需要进行分仓设置调节池、沉淀池、厌氧池、缺氧池、好氧池、清水池等，结构较为紧凑，占用空间较小。设备可以模块化制作，根据不同的处理量进行组装或制作。运输便捷，安装方便，施工周期短。同时，因其地埋的特点，不影响环境。

（2）智能控制、功能齐全。由于一体化污水处理设备都配有 PLC 控制系统，可以通过数据采集、信息传输进入远程控制平台进行控制，实现远程管理。通过对污水处理过程中的液位、流量、污泥浓度、溶氧进行自动测量，对水泵、风机、搅拌机等设备启停时间进行自动控制，实现数据预警，实现集群联网。因此，在正常运行期间，不需要人员对污水综合处理设备进行检查和维护。当发生报警时,维修人员可通过智能操作系统及时响应,进行检修。

(3)运行稳定、处理高效。设备稳定性高,在整个污水处理的过程中通过设定的程序自动运行。在传统的污水处理方式中,工作人员需要将污水收集起来,然后集中处理,就要求具备一个完整的污水排放管网系统。而使用污水处理一体化设备,在污水正常流速的过程中,就可以通过微生物、MBR 平板膜等进行处理水质,处理的原水通过紫外线消毒器消毒后正常排放,较高效率地对污水进行处理排放。

2. 农村非常规水分质分流智能灌溉技术

该技术首先解决农村非常规水排放问题。农村生活污水经地埋式一体化污水处理设施处理后进行农业生产灌溉,其水质指标达到农田灌溉水的水质要求。通过实施构建农村非常规水分质分流智能灌溉控制系统,实施农村非常规水分质分流灌溉用水调控技术集成。实际生产中可实现绝大部分非常规水的灌溉回用,提高项目区生活污水资源化利用水平,提升区域水资源综合利用和供水安全保障水平。

该技术适用于农村污水处理设施齐全、农业非常规水量较多的村镇。在农作物管理模式上适用于农村合作社经营,作用于经济效益高的作物;或者适用于基础设施由政府出资建设,农民统一对作物灌溉的条件。农村非常规水分质分流智能灌溉技术具有"三省二增一化一提高"的特点。

"三省二增"指通过农村非常规水分质分流智能灌溉技术的运用,可实现对农作物省水、省肥、省工、增产、增质的效果;通过运行滴灌技术,可使水分直接对作物根部进行灌溉,减少了作物棵间蒸发,提高了水分利用效率;通过水体一体化,提高了肥料利用率;通过智能灌溉技术,减少了灌水施肥人员;该技术还可保证作物需水利用效率,对作物需水需肥可及时供应,具有增产、增质效果。

"一化"是指该系统根据田间作物及外界环境的变化,计算机进行远程测控并将采集的农田和植物相关参数(可采集到的数据有大气温度、大气相对湿度、土壤水势、土壤含水量、降雨量等信息)传送到上位机,通过相应的软件进行数据计算、信息分析、综合决策作出灌溉预报,确定每次灌水所需的精确时间和最优水量,启动相关执行设备实施灌溉,具有智能化灌溉的特点。

"一提高"是指通过农村非常规水分质分流智能灌溉技术的运用,提高了农村污水利用量,减少水源地污水负荷,减少水源地水质风险。

第二节 工业污水治理技术

一、工业污水治理技术体系

工业园区污水包括园区企业排入污水管道的工业生产废水和排入工业园污水管道中的生活污水,因此,工业园污水的性质随着园区企业以及工业污水与生活废水排放比例的不同有很大的差异。一般而言,城市污水中生活污水的比重较大,所含的污染物浓度较低,处理难度较小;而工业园污水中生产废水的比重较大,所含的污染物成分复杂,浓度较高,处理难度也随之增大。由于工业园废水集中处理时，要求各生产企业外排废水经处理达到《污水综合排放标准》（GB 8978—1996）的 3 级标准的要求，因此，正常情况下，废水中的 COD 浓度为 300~500mg/L。工业园污水中的主要污染物根据其理化性质一般可分为物理性污染（热污染、悬浮物等）、化学性污染（COD、有毒有害污染物等）和生物性污染（病毒、蛔虫卵等）三大类。

（1）物理性污染主要包括 SS、热污染以及放射性物质等。热污染主要造成受纳水体的水温升高，使水中有毒有机物的毒性增强，并且水温升高会造成水体的溶解氧降低，造成水生生物缺氧死亡。悬浮物污染排放会造成受纳水体水质混浊，感官性能恶化。放射性物质的排放可以诱化贫血、导致癌症、基因突变或畸形等。

（2）化学性污染物可分为：

1）无机无毒污染物（如无机酸、碱、盐等），无机酸、碱的排放将改变水体的 pH 值，从而抑制或危害水生生物的生长。

2）无机有毒污染物（如重金属、亚硝酸盐、氰类等），重金属污染物可以在食物链中富集，而硝酸盐、氰类污染物由于具有较大的毒性及强烈的致癌作用，对水生生物和人类有巨大的危害。

3）有机无毒污染物（如碳水化合物、蛋白质、脂肪等），此类污染物在好氧条件下可以被微生物利用，转化成为 CO_2 和 H_2O，当排入水体的浓度超过了水体的自净能力时，由于有机物的降解消耗了水体中的 O_2，使水体中的鱼类等好氧生物由于缺氧而死亡，同时有机物的厌氧反应放出硫化氢、甲硫醇等具有强烈刺激性气味的气体，污染环境。

4）有机有毒污染物（多环芳烃、硝基苯胺等），此类污染物在水体中的化学性质稳定，可以引起人体中毒，甚至有致癌、致突变的潜在危害。

（3）生物性污染一般包括致病虫卵、病毒、如致病菌和病微生物等。

由于难降解工业废水的处理技术难度大、要求高，一般都需要耦合物理、化学、生物处理技术，构建预处理—生物处理—深度处理的三级处理工艺。

（一）预处理技术

常见的工业废水预处理技术主要包括两大类：①不涉及物质转化的物理法，主要通过混凝、气浮、吸附、萃取以及蒸发等操作过程，将特定污染物从废水中分离转移出来，有效降低其在水相中的浓度，对有重复利用价值的物质还可实现资源回收；②化学法，主要通过高级氧化过程对废水中的难降解有机污染物实现加成、取代、断键、开环等结构转化，从而降低其结构复杂度和相对分子量。在实际工程应用中，具体预处理技术的选用往往要根据工业企业所排放的废水性质来确定，见表 7-1。

表 7-1　　　　　　　　　难降解工业废水预处理技术的主要类别和特点

序号	类别	代表性技术	特点及适用性	发展趋势
1	物质转移	混凝-絮凝	对悬浮固体、有机物质、浊度、色度等去除率高，适用范围广	开发功能强化混凝剂，如磁混凝剂；以天然成分制备混凝剂，降低成本和二次污染
2		气浮	对含油废水预处理效果好，无二次污染	高效溶气释放装置的研发
3		萃取	适用含特定有机物废水的资源回收利用，如含酚废水的酚类回收	萃取效率高、回收成本低的新型萃取剂开发

序号	类别	代表性技术	特点及适用性	发展趋势
4		吸附	操作简单、效率高、可再生，适用范围广，如含酚类、燃料、抗生素、农药废水	以废弃资源为原料的低成本吸附剂制备；磁性材料、纳米材料改性的增强型吸附剂开发
5		水解酸化	简单、有效，涵盖化学、生物过程，在各类实际工业废水处理工程中广泛应用	通过优化水解参数，引入辅助工艺，提高对特定有机污染物的水解效率
6	物质转化	芬顿（Fenton）氧化	成本较低、实用性强的一项高级氧化技术，可有效提高废水的可生化性	新型非均相催化剂的开发，强化催化反应体系的构建，与混凝-絮凝等工艺的耦合
7		Fe-C 微电解	反应机理多样，填料制备成本较低，可实现"以废治废"，适用范围广	环保、高效的新型填料开发，反应器构型优化改进，耦合其他工艺

1. 基于物质转移的预处理技术

混凝-絮凝技术对于废水中的悬浮固体、有机物质、浊度、色度等去除效率很高，因此被广泛用作纺织废水、含油废水、制药废水等多种工业废水的预处理工艺。该技术的核心是混凝剂的开发和选用，铝盐、铁盐等无机盐混凝剂使用最早，在此基础上又开发出性能更好的无机高分子混凝剂，如聚合氯化铝（PAC）、聚合硫酸铁（PFS）等，以及效率更高、产泥更少的有机高分子混凝剂，如聚丙烯酰胺（PAM）等。近来，混凝剂的研发有两类趋势：①功能增强化，例如将磁性纳米 Fe_3O_4 颗粒与现有混凝剂 PAC 等复配，制成磁混凝剂，可显著提高絮凝体的沉降性能；②绿色无害化，主要是从动植物、微生物中提取制备具有混凝效果的天然成分制成混凝剂，可避免传统混凝剂造成的有毒污泥等二次污染问题。气浮是通过在水中产生微小气泡黏附悬浮颗粒，从而使其上浮实现固液分离的技术，常与混凝-絮凝搭配使用，对于含乳化油的炼油废水、油墨废水、食品废水等有较好的处理效果，且相比于混凝过程中大量化学药剂的使用要更加环境友好。

对于特定行业废水中含量较高的物质（如酚类、无机盐等），一般可采用有利于回收重复利用的技术进行预处理。例如，使用以甲基异丁基甲酮（MIBK）、甲基丙基甲酮（MPK）等为高效萃取剂处理含酚废水，可实现对酚类物质95%以上的萃取回收率，进而有效降低废水的 COD 和生物毒性，同时萃取剂本身也可以重复利用。工业废水中由 Na^+、Ca^{2+}、Cl^-、SO_4^{2-} 等构成的总无机盐含量可超过 1%，非常不利于后续生化处理。为通过预处理降低盐含量，往往采用多级闪蒸、多效蒸发、机械蒸汽压缩等热法分离技术以及冷冻结晶技术等。目前，以 Na_2SO_4 和 NaCl 为主要回收产品的分质结晶（Fractional Crystallization）是脱盐技术实现"零排放"的发展重点。

吸附法是利用吸附剂自身的多孔结构或特殊位点对废水中的某些污染成分进行选择性吸附的技术，具有效率高、成本低、操作简单、可再生的特点，常用于预处理去除工业废水中的难降解有机污染物（如苯胺类、酚类等），使废水的可生化性显著提高。吸附技术的核心是吸附材料，除了活性炭、树脂等传统吸附材料，目前新型吸附材料的开发一方面是寻求低成本化的制备原料（如黏土矿物、粉煤灰、农业废弃物等），另一方面是通过引入磁性材料、纳米材料等来改性增强吸附材料的吸附性、分散性、催化性等性能。

上述各类预处理技术对于污染物的去除并不彻底，若要实现"零排放"的目标则还要对分离、转移出的有毒有害物质进行后续的安全处理。

2. 基于物质转化的预处理技术

水解酸化是一种最常见的涉及生物化学反应的工业废水预处理技术，其利用微生物分泌的胞外酶，催化大分子有机物以及不溶性固体发生水解反应变成可溶性的小分子有机物，再进一步转化成以挥发酸为主的产物。该工艺操作简单、运行成本低，可显著降低废水中的有机物含量，并提高 BOD_5/COD（B/C）比值。对于生物抑制性强的有机污染物（如抗生素、农药等），除了优化温度、pH 值、水力停留时间（Hydraulic Retention Time，HRT）等运行参数，还可以通过增设微曝气、电化学系统等辅助手段来提高水解酸化效果。

Fenton 氧化法是以 Fe^{2+}/H_2O_2 为主要试剂的反应体系，可以产生具有极强氧化活性的羟基自由基（·OH），进而快速高效地破坏复杂大分子有机物的结构，使其转化成 CO_2 和水或者其他小分子有机物，因成本较低而适用于预处理含有难降解有机污染物的工业废水。Fenton 氧化过程产生的 Fe^{2+}、Fe^{3+} 及其络合物对周围的悬浮固体和胶体物质还具有一定的絮凝作用，与混凝-絮凝技术联用能显著提升预处理效果，一般可使出水 B/C 值提升到 0.3 以上。通过开发新型非均相催化剂以及建立借助光、电、声、微波等形式的强化催化反应体系，可以扩大 Fenton 氧化法的适用范围并提升反应效率。

Fe-C 微电解技术是以铁屑和活性炭为主要材料制成填料，在废水中形成数量众多的以 Fe 为阳极、以 C 为阴极的微型原电池，通过驱动原电池反应、氧化还原反应、微电场富集效应及吸附、絮凝、沉淀等多重过程，实现对有机污染物的降解和去除。GuO 等使用 Fe-C 法预处理膜材料生产企业废水，可将废水的 B/C 值从 0.22 提升到 0.30，且产生的 Fe^{2+} 等副产物对后续的生物处理单元有促进作用。由于该技术所需原材料可来自工农业生产的废弃物（如铁屑、秸秆等），投资少、运行成本低，是一项"以废治废"的环境友好型技术，故也被广泛用于制药、印染、电镀等行业废水的预处理阶段。该技术的主要缺陷在于填料易板结、钝化，适用 pH 值范围较窄，相应地在新型填料开发、反应器构型改进、耦合其他技术等方面还有较大的发展和创新空间。为提高预处理效果，Fe-C 微电解也常与 Fenton 氧化法进行联用，如对于含有环四次甲基四硝的炸药生产废水、邻硝基对甲苯酚生产废水、甲硝唑制药废水、松节油加工废水等，采用联用工艺的 COD 去除率、出水 B/C 值均比单一工艺得到大幅提升，在经济可行性上也展现出成本优势。

（二）生物处理技术

生物处理技术是大多数工业废水处理系统的主体工艺，其基本原理是在人工构建的微生物生态系统中，利用微生物细胞的生长代谢活动，在厌氧或好氧状态下对各类污染物质进行转化和去除。

1. 厌氧生物处理

有些难降解工业废水的 COD 可达到 105 mg/L，且其中生物可利用性低的有机污染物占比高，即使经过前述的预处理步骤，废水中的有机物浓度仍保持较高浓度。相较于好氧生物处理，厌氧生物处理具有能耗成本低、剩余污泥产生少、可实现能量回收的特点，对于高有机负荷废水的处理具备独特的优势，一般在预处理单元之后，紧接着设置的是厌氧处理单元。

升流式厌氧污泥床（Up-flow Anaerobic Sludge Blanket，UASB）是从 20 世纪 70 年代发展起来的一种厌氧生物处理技术，由于容积负荷高、生物量高、微生物种群丰富等优点，至今仍在工业废水处理工程中广泛应用。UASB 的技术核心在于反应器内由厌氧颗粒污泥形成的污泥床，但相应地为培养颗粒污泥所需的启动期较长；此外，UASB 还存在容易短流、堵塞、颗粒污泥裂解、污泥流失等问题。因此，在 UASB 的基础上，通过改变反应器构型和优化运行方式等来强化泥水混合效率和污泥保留能力，进一步发展衍生出膨胀颗粒污泥床（Expanded Granular Sludge Bed，EGSB）、折流式厌氧反应器（Anaerobic Baffled Reactor，ABR）、内/外循环式厌氧反应器（Internal/External Circulation Anaerobic Reactor，IC/ECAR）等工艺，有效提升了厌氧处理的适用性和效能。但上述厌氧工艺运行所需的 HRT 和污泥停留时间（Sludge Retention Time，SRT）都很长，一般 HRT 都设置为 24 h 以上，过短的 HRT 会导致严重的微生物流失问题。

厌氧膜生物反应器（Anaerobic Membrane Bioreactor，AnMBR）利用膜组件的过滤作用，可以在较短 HRT 条件下保持较长的 SRT，从而促进世代周期长的各类厌氧微生物在系统内的增殖积累。相比于常规厌氧处理工艺，AnMBR 具有占地面积省、有机物去除效率高、微生物流失少、出水水质稳定、能量回收率高等优点，近年来也受到工业废水处理的重点关注。有研究对比 UASB 和 AnMBR 两种工艺处理高盐含酚废水，结果发现盐度（即 Na^+ 含量）达到 26g/L 时，UASB 对苯酚和 COD 的去除效率均显著下降，其污泥絮体出现解体以致反应器运行失败，而 AnMBR 对苯酚和 COD 的去除率为 96% 和 80%，同时保持了更高的产甲烷能力和物种均匀度，展现了应对恶劣水质冲击的稳定性。但相较于好氧 MBR，厌氧条件下 AnMBR 的膜污染问题往往更加严重，且清洗难度也增大，这限制了 AnMBR 的适用性。为此，许多研究开始开发针对 AnMBR 的膜污染控制方案，例如在 AnMBR 中添加生物炭、粉末或颗粒活性炭、海绵等作为载体材料，以及投加具有群体感应淬灭功能的菌株等，通过增加机械摩擦、抑制胞外多聚物分泌、干扰生物膜形成来延缓膜污染进程。

总的来说，在当前我国提出"碳达峰""碳中和"目标、推动绿色低碳发展的大背景下，能耗需求低且可产生能源的厌氧生物处理技术将迎来更大的发展空间。

2　好氧生物处理

尽管厌氧生物处理技术具有诸多优点，但对于高浓度有机工业废水，很多污染物不具备厌氧降解途径，导致厌氧处理单元的出水 COD 等很难达标，因此后续一般都需要设置好氧生物处理单元。生物膜法依靠附着生长在填料表面的微生物对有机物进行转化和降解，相比于活性污泥群落，多样性较高、结构较稳定的生物膜群落在应对工业废水中难降解和有毒有害物质冲击时，具有一定的优势。移动床生物膜反应器、序批式生物膜反应器、曝气生物滤池等是常见的生物膜工艺，有效应用于去除煤热解废水中的苯酚和氨氮、去除印染废水中的五氯苯酚和邻苯二甲酸碳酸酯，以及去除养殖废水中的多种抗生素等。

为强化常规活性污泥法的效能，将絮状活性污泥培养为好氧颗粒污泥（Aerobic Granular Sludge，AGS）的技术近来也成为关注热点。AGS 是在特定环境条件下微生物通过分泌胞外聚合物并自絮凝形成的球状或椭球状细胞聚集体，是一种不需要载体材料的特殊"生物膜"。与絮状活性污泥相比，颗粒污泥结构严实紧密，具有更高的沉降速率，可节省沉淀池的占地面积；颗粒污泥层状的结构保证了氧浓度梯度，可营造出适合不同的微生物生存的微环境，从而使其具备同步脱氮除磷的性能；同时，颗粒污泥对高有机负荷和有毒物质冲击的抵抗力也更强。由于这些优点，AGS 技术在高浓度有机废水、高氨氮废水、有毒有害废水等领域的应用前景广阔。

AGS 一般采用间歇式运行的序批式活性污泥反应器（Sequencing Batch Reactor，SBR）进行颗粒污泥的选择性培养，典型的培养周期一般需要 30 d 以上。有研究在处理石油精炼废水时，经过 35 d 的启动期，SBR 系统内的颗粒污泥粒径达到 0.46～0.9 mm，稳定运行期间对 COD 和石油组分的去除率分别达到 95% 和 90%。Munoz-Palazon 等处理含酚废水时，经过 90 d 的培养使颗粒污泥粒径达到 1 mm 左右，并可实现对 300 mg/L 酚酸的完全去除，而更高的酚酸浓度则易使颗粒污泥失稳解体。Farooqi 等搭建中试规模的 SBR 处理含 15～20 mg/L 可吸附有机卤素（AOX）的造纸废水，经过 200d 左右的选择和驯化，才使颗粒污泥的形成进入稳定阶段，颗粒污泥的粒径达到 2～4 mm。该技术的缺陷就在于颗粒污泥的培养难度大、启动期较长，而且容易出现颗粒污泥解体现象而导致工艺失败。影响污泥颗粒形成和稳定的因素有物理性的、化学性的和生物性的，如接种污泥特性、有机物负荷、底物成分、水力剪切力、饥饿时间、污泥沉淀时间、排泥方式等。目前基于工艺运行条件等外在因素的调控及单一影响因素的实验研究等，都未能很好地阐释其稳定机制。由此，大量研究开始关注颗粒污泥形成的内在机制，如细菌群体感应效应（Quorum Sensing，QS），并利用相应的人工调控策略促进颗粒污泥的形成和稳定。

3. 生物强化策略

生物强化（Bioaugmentation）是一种通过协调外源高效微生物与土著微生物的共存关系，从而提升对难降解有机污染物去除效率的生物处理策略。例如，在对含有吡啶和喹啉的焦化废水进行处理时，向 BAF 反应器中投加固定化在沸石载体上的高效降解菌 Paracoccus sp. BW001 和 Pseudomonas sp. BW003，可实现对吡啶、喹啉及 TOC 的 95% 以上的去除率，生物强化措施对吡啶和喹啉冲击后反应器微生物群落多样性的恢复也有促进作用。此外，还可以利用具有其他特定功能的菌株来强化生化处理过程，有研究在处理含吡啶废水时，将两株自絮凝能力很强、同时具有一定吡啶降解能力的菌株 Rhizobium sp. NJUST18 和 Shinella granuli NJUST29 接种到 SBR 反应器中处理含吡啶废水，可显著促进颗粒污泥的形成，并实现对吡啶的高效降解。

虽然筛选高效菌株是生物强化的主流做法，也有研究尝试利用其他类型的微生物（如藻类）来进行强化。Zhang 等（2020）通过给反应器提供每天 12 h 的连续光照，从而促进藻-细菌共生的颗粒污泥的形成，相比于没有藻类参与的颗粒污泥，藻-细菌颗粒污泥的结构更致密、沉降性能更好，而且对 COD、磷酸盐、氨氮等污染物的去除效率更高，取得了明显的生物强化效果。由此可见，生物强化的定义范围是开放的，只要能寻找到某种生物性的材料和方法，可以强化原有生化处理系统的效能，在保证生物安全的前提下都具有一定的应用潜力，同时也符合绿色发展的理念。

4. 深度处理技术

工业废水经过二级生化处理后，BOD、COD 非常低，出水 COD 仍会偏高，大部分属于溶解性但不可生物降解的有机物。物理方法不能彻底去除难降解有机物，只是实现了污染物的空间转移，未能解决根本问题；生物方法已经不能继续降解生化尾水中的难降解有机物；只有高级氧化技术才能从根本上改变难降解有机物的分子结构，使其中一部分被直接氧化成水和二氧化碳等小分子无机物，另一部分被分解为能再次被微生物氧化分解的中间产物。

经过预处理和生物处理之后，难降解工业废水中的绝大部分有机污染物已被降解和去除，但出水中仍可能残留一些浓度较低的顽固难降解组分，其生物可利用性极低，一般都是工业过程中引入的异生物质（Xenobiotics）。设置深度处理单元的目的就是尽可能去除这些高风险物质，同时也改善生化处理出水的色度、浊度等指标。常用的深度处理工艺主要包括高级氧化技术（Advanced Oxidation Processes，AOPs）、膜分离、吸附以及混凝等。实际应用中需要根据具体的废水处理情况和水质目标合理选择工艺，例如活性炭吸附可以去除焦化废水生化出水中的残留的类腐植酸物质且能显著降低色度；纳滤工艺对焦化废水生化出水总硬度的去除率达到96%以上，可满足循环冷却水的水质要求。由此可见，同一类废水采用不同的深度处理工艺可实现不同的水质目标。

（1）常规混凝沉淀工艺。常规处理工艺包括混凝、沉淀、过滤、消毒，以去除悬浮物、浊度及杀灭水中传染病菌为目的，应用于污水深度处理中，对有机污染物、浊度、磷和氮等营养物质有一定的去除能力。该工艺发展较早，因而技术相对成熟、积累经验丰富，设备简单，维护操作易于掌握，运行也比较稳定。但该工艺对溶解性物质的去除率较低，同时也难以彻底去除水中病原微生物、难降解的有毒有害微量污染物和生态毒性等，有比较大的局限性。

（2）活性炭吸附法。活性炭吸附法是一种具有广阔应用前景的污水深度处理技术。活性炭是一种多孔性物质，对水量、水质、水温变化的适应性很强，可经济高效地去除污水中的臭味、色度、重金属、消毒副产物、有机物、农药、放射性有机物等，尤其对分子量处于500~3000的有机物具有十分明显的去除效果，去除率一般为70.0%~86.7%。

活性炭主要分为颗粒活性炭（GAC）、粉末活性炭（PAC）和生物活性炭（BAC）三类。颗粒活性炭及粉末活性炭主要依靠其吸附能力来进行污水深度处理，可以有效降低色度1~2度，也可降低一定的臭味，然而其基建和运行费用较高，同时容易产生亚硝酸盐等致癌物，突发性污染适应性较差。生物活性炭结合并优化了生物降解和活性炭吸附两个过程，在欧洲得到普遍应用和发展。生物活性炭延长了活性炭的工作周期，提高了处理效率，有效地改善出水水质，对多种废水处理具有良好的深度处理效果。但其不足之处在于活性炭微孔极易被阻塞，进水水质的 pH 值适用范围窄，抗冲击负荷差，而且生物活性炭成本问题也是一直影响其在发展中国家大规模应用的主要瓶颈。此外，活性炭对于难降解的大分子有机物很难去除，对于工业污水的生化尾水深度处理来说，不适宜采用活性炭技术。

（3）膜分离技术。膜分离技术是以高分子分离膜为代表的一种新型流体分离单元操作技术，由于膜具有选择透过性，在外界能量或者化学位差为推动力的作用下，膜将溶液中不同组分分离，即小分子物质可以通过膜，大分子物质不可通过，从而对污水起到过滤净化作用。它的最大特点是分离过程中不伴随有相的变化，仅靠一定的压力作为驱动力就能获得很好的分离效果，是一种非常节省能源的分离技术。

膜分离法常用的有微滤、超滤、纳滤、反渗透、渗析、电渗析等技术。由于膜分离技术在处理过程中不引入其他杂质，可以实现大分子和小分子物质的分离，因此常用于各种大分子原料的回收。目前限制膜分离技术工程应用推广的主要难点就是膜造价高、寿命短、易受污染和易结垢堵塞等。

（4）高级氧化法。高级氧化技术（AOPs）是泛指有·OH等强活性自由基生成并参与氧化还原反应的化学氧化技术，具有超强氧化性和无选择性的特点，适用范围很广，是目前工业废水深度处理的主流技术。·OH可与有机分子发生断链、氢摘除、取代、加成、电子转移、开环等反应，从而将废水中难降解的有机大分子氧化为小分子物质，甚至完全矿化。

二、工业污水处理技术体系

（一）抗生素废水污染现状

据初步统计，2018年，流域内涉水企业中，约48.1%的工业企业废水排入集中污水处理厂，约51.9%的工业企业废水直排排入水环境。

随着抗生素的生产和广泛使用，抗生素废水的排放量也与日俱增。环境中抗生素的污染主要来源于城市污水处理厂污水、医院废水、工业废水以及畜牧、水产养殖业废水。抗生素通常会在生物作用或非生物作用（吸附、水解、光解）下发生衰减，然而大多类型的抗生素不易发生降解，在水环境中相对稳定。抗生素除自身的化学污染之外，对于抗生素的危害分为两类：

（1）细菌频繁暴露于抗生素的作用中，环境中抗生素污染会诱导抗生素耐药病原菌（ARB）和抗生素抗性基因（ARGs）的出现，这将致使抗生素的效用降低，进而威胁人类健康安全。

（2）水环境中即使抗生素浓度很低，也会通过影响水生生物的营养传递方式和种群结构以及微生物的种群数量，生态环境中固有的食物链将会遭到破坏，进而打破生态系统的平衡。抗生素水体不利于水生动植物以及微生物群体的生长，且被水生生物吸收的部分抗生素将通过营养链在人体进行累积。因此抗生素作为新型微量污染物而受到广泛关注。鉴于抗生素废水对环境、水体和人类健康可能造成的巨大危害，因此如何高效处理抗生素污染是亟待解决的问题。

中国诸多地区水系水体中均检出过不同种类的抗生素。根据广东中山大学化学与化学工程学院分析化学研究所2006年针对黄河流域进行水体样品采集与分析发现，黄河流域（河南段）水体中抗生素主要包括氧氟沙星、诺氟沙星、罗红霉素、红霉素、磺胺嘧啶、磺胺二甲嘧啶等。

黄河流域（河南段）水样采样点分布见图7-5。

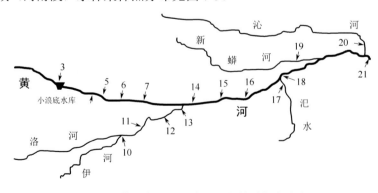

图7-5 黄河流域（河南段）水样采集点分布

（二）高级氧化处理技术

在针对抗生素及耐药性的处理工作中，高级氧化技术（AOPs）由于其可生成高氧化性的自由基氧化降解污染物，对抗生素废水处理效果比较明显。

高级氧化技术是应用较广的新型高效的废水深度处理方法，具有高效性、易操作性、无选择性等特点，被广泛应用在难降解抗生素有机废水的处理中。其降解机理主要为：传统 AOPs 中产生大量原位·OH，这类自由基可通过一系列的自由基链反应进攻不同抗生素的反应位点，使抗生素发生断键、开环和羟基化反应，从而使之分解为低毒或矿化为无毒的小分子，最后降解为二氧化碳和水。此外，当传统 AOPs 用于细菌灭活时，其作用机理主要是：AOPs 中产生的自由基可导致细胞膜结合蛋白结构的改变，通过脂质过氧化过程直接攻击细胞膜中的多不饱和脂肪酸和脂质，破坏细胞膜的完整性，导致细胞的死亡裂解；同时，·OH 可加成到胞嘧啶的碳碳双键，在糖基（如脱氧核糖）或核酸酶上产生脱氢反应，从而导致 DNA 的双螺旋结构和遗传信息的破坏。

目前用于高级氧化法的主要有 Fenton 及类 Fenton 氧化法、臭氧氧化法、电化学氧化法、超声氧化法、光催化氧化法、过硫酸盐活化法等。

1. Fenton 及类 Fenton 氧化法

研究认为，Fenton 氧化反应在水处理的作用主要包括对有机物的氧化和絮凝作用。一方面，在酸性的水溶液中，铁离子的催化 H_2O_2，使其高效地分解出具有强氧化能力的羟基自由基·OH，羟基自由基能够氧化分解水体的有机污染物，使有机物最终矿化为二氧化碳和水；另一方面，Fenton 氧化过程中，铁离子产生的氢氧化铁胶体具有絮凝网捕、架桥和吸附功能，在一定程度上加强了 Fenton 试剂对有机物的去除和脱色作用。Fenton 氧化具有效率高、可常温操作、絮凝氧化双重作用等特点。Fenton 氧化在工业废水处理中的应用较为广泛。但均相 Fenton 法加药量大，产生污泥量大，易造成二次污染且增加了成本；非均相 Fenton 法催化剂不稳定，铁流失量大。以上问题都限制了 Fenton 法的工业化应用。

如前所述，Fenton 氧化法是成本较低的一项高级氧化技术，除了在预处理阶段使用，在深度处理阶段也得到大范围应用。有研究采用 Fenton 氧化法处理印染废水的二沉池出水，可实现 73.5%的 COD 去除率。传统 Fenton 法的处理效果一般有限，则可以采用强化催化的类 Fenton 氧化技术。例如对焦化废水生化出水进行深度处理时，以 Fe^{2+} 和 H_2O_2 为反应试剂的传统 Fenton 法对 COD 的最佳去除率仅为 18%，而使用 915 MHz 的微波进行辐照后，相应的微波 Fenton 法对 COD 的去除率可提升到 75%；对印染废水采用光 Fenton 法进行深度处理，在紫外可见光的作用下 COD 去除率提高了大约 40%。

2. 臭氧氧化法

臭氧（O_3）是一种极强的氧化剂，其氧化还原电位（2.07V）仅低于氟和羟基自由基，能氧化大多数有机物，特别是难降解有机物，效果较好。臭氧氧化能力较强，在氧化降解水中有机物时，能与许多典型有机物或官能团发生反应，如芳香化合物、杂环化合物等。当臭氧与大分子难降解有机物发生反应时，能使有机物环状分子的部分环或长链发生断裂，从而降解为易被生化降解的小分子有机物。臭氧氧化法不仅具有氧化能力强、反应速度快等优点，而且臭氧是一种清洁氧化剂，其在去除水中有机污染物的反应中还能起到脱色、除臭、杀菌等作用。但臭氧氧化法对臭氧的利用率不高，处理成本较高，且其氧化反应有选择性，对有机物的矿化效率不高，并且很可能在氧化有机物的过程中生成具有较强毒性的氧化中间产物。

臭氧氧化法也是得到广泛应用的一种高级氧化技术，O_3 具有直接氧化和间接氧化作用，即依靠自身强氧化性可以直接氧化分解有机污染物，也可以在碱性条件下通过反应产生·OH 再去破坏目标污染物结构。为了提高 O_3 氧化的效率，新型催化体系（如光催化 O_3 氧化、超声催化 O_3 氧化、金属氧化物催化 O_3 氧化等）也得到广泛研究。Cháveza 等使用 SBR 工艺处理高浓度石化行业废水，出水 COD 仍然高达 850 mg/L，研究设置了 O_3 氧化、太阳光催化 O_3 氧化和以 TiO_2 为催化剂的光催化 O_3 氧化三种深度处理形式，对比后发现最后一种形式对 COD 和总有机碳（TOC）的去除效果最好，且可以去除难降解有机污染物。另一个研究对比了 O_3、O_3/H_2O_2、O_3/TiO_2、$O_3/$活性炭、O_3/Al_2O_3、$O_3/Fe^{2+}/H_2O_2$、UV/TiO_2 等体系对含有邻苯二甲酸二乙酯废水的处理效果，从最后的反应动力学来看，O_3/Al_2O_3 体系对该有机污染物的降解速率最快，在 15 min 内可实现 100%的去除率。

3. 电化学氧化法

电化学氧化法基本原理是在电极表面的电催化作用下或在电场作用而产生的自由基作用下使有机物氧化。该方法除可将有机物彻底氧化为 CO_2 和 H_2O 外，还可作为生物处理的预处理工艺，将非生物相容性的物质经电化学转化后变为生物相容性物质。该方法能量利用率高，低温下也可进行，设备相对简单，易于自动控制，无二次污染等；然而该技术能耗较高，且需阳极材料抗氧化性好，提高了废水处理成本，不易形成大型产业化发展。

4. 超声氧化法（US）

超声辐射降解法的原理是液体在超声波辐射下会产生空化气泡，这些空化气泡可吸收声能并在极短的时间内崩溃释放能量，在其周围极小的空间范围内产生 1900～5200K 的高温和超过 50MPa 的高压。进入空化气泡的水分子可发生分解反应产生高氧化活性的·OH，从而诱发有机物降解；在空化气泡表层的水分子则可形成超临界水，有利于化学反应速度的提高。超声波对卤化物的脱卤、氧化效果显著，氯代苯酚、氯苯、CH_2Cl_2、$CHCl_3$、CCl_4 等含氯有机物最终的降解产物为 HCl、H_2O、CO、CO_2 等。添加 Fenton 试剂等氧化剂将进一步增强超声降解效果。超声与其他氧化法的组合工艺是目前的研究热点，如 US/O_3、US/H_2O_2、US/Fenton、US/光化学法。目前，US 法仍停留在实验室小水量研究起步阶段，需要解决的问题还有很多，短期内难以实现工业化。

5. 光催化氧化法

光催化氧化技术是光催化剂利用光子的能量进行化学反应的一种高级氧化技术，其反应核心为光催化剂，而固体半导体（介于金属和绝缘体之间，其导电率为 10^{-5}～$10^3\Omega^{-1}cm^{-1}$）最为主要，故而光催化也通常被称为半导体光催化。光催化反应中，半导体光催化剂具有较低能量的 CB 和较高能量的 VB，它们之间存在一个禁带，当光子能量大于或等于其带隙能时，半导体光催化剂在光照条件便能被激发，使得光生电子（e^-）从价带（VB）跃迁到导带[CB，导带化学势能一般为-1.5～+0.5eV（vs.NHE），故 e^-的还原性较强]，并在 VB 位置上留下相同数量的光生空穴[h^+，价带因其化学势能一般为+1.0～+3.5eV（vs.NHE），正电空穴则表现出较强的氧化能力），从而形成光生电子空穴对，与水、氧气等环境介质产生强氧化性基团（如超氧自由基和羟基自由基）或还原性的活性基团，这些产生的活性基团可以实现转化、分解和移除环境中的污染物，实现将大分子的有机污染物转化成小分子，最终转变成无毒无害的二氧化碳和水。目前，新型可见光半导体氮化碳 g-C₃N₄，具有独特的二维结构、优良的化学稳定性和可调的电子结构，然而单个块体 g-C₃N₄ 量子效率低，光生电子和空穴复合率高，影响其光催化活性，研究者们已通过形貌设计、金属/非金属掺杂、构建异质结构等手段来提高氮化碳的光催化活性，性能虽有提升，但仍未达到研究者的预期。当下，取代单一光催化氧化体系，尝试将光催化氧化技术与其他高级氧化技术耦合，是实现水资源净化的一个重要途径。

6. 过硫酸盐活化法

活化过硫酸盐氧化（Activated Persulfate Oxidation）技术是另一种以化学试剂驱动的新型高级氧化技术，其利用加热、光照、超声、过渡金属离子或氧化物、碳材料等活化条件，促进过硫酸盐分解生成氧化还原电位接近甚至超过·OH 的 $SO_4^{•-}$，同时也可产生·OH，进而高效地氧化分解有机污染物。该技术反应试剂成本低、易存储，$SO_4^{•-}$ 半衰期更长，适用 pH 值范围更广，选择性更好，近年来受到广泛关注，见图 7-6。

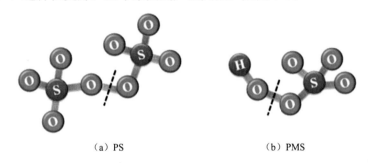

（a）PS　　　　　　　　（b）PMS

图 7-6　过硫酸盐（PS/PMS）分子结构

三、高级氧化污水处理技术与应用分析

（一）基于过硫酸盐自由基的高级氧化技术研究

1. 技术优势

$SO_4^{•-}$ 基的高级氧化技术具有很多的优势：

（1）$SO_4^{•-}$ 自由基的氧化还原电位（2.5～3.1V）比·OH 更高，可以降解·OH 不能处理的有机物。

（2）$SO_4^{•-}$ 降解污染物受 pH 值响小，且具有更好的选择性。

（3）$SO_4^{•-}$ 比·OH 更稳定，增大了自由基与污染物接触概率，便于传质且其产生方式更容易。

基于以上优势，很多有机污染物包括酚类、药物残留、挥发性有机物、内分泌干扰物等被 $SO_4^{•-}$ 基的高级氧化技术成功去除，见图 7-7。

在前人研究的基础上，过硫酸盐（PS）是被用于活化产生 $SO_4^{•-}$ 最常用的前驱体之一。很多方法（如过渡金属离子、高温热解、紫外光解、超声与热联合活化等）被采用去活化 PS 产生高性能的 $SO_4^{•-}$。从能源节约和实际开展价值方面考虑，高效和环境友好型 PS 活化方式是非常必要的。所以，可见光下利用光催化剂去活化 PS 是一种非常经济可行的方法。与此同时，PS 加入到光催化系统中，能够作为电子受体，使得光催化反应中的光生空穴和电子快速分离，从而有助于增强催化体系的氧化性能。PS 经过活化后产生 $SO_4^{\bullet-}$ 等高氧化性能的自由基，使得整个光氧化性能得到更大幅度的改善。

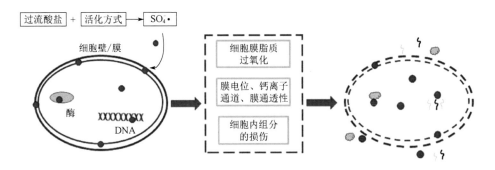

图 7-7　过硫酸盐对 ARB 的灭活

　　光催化技术的核心是光催化剂，因此，对光催化剂的研究成为目前光催化领域的重点。其中，石墨相氮化碳（g-C$_3$N$_4$）因其具有可见光活性、合适的能带位置、良好的化学稳定性及热稳定性等优点，被认为是一种极具潜力的光催化剂。然而 g-C$_3$N$_4$ 本身小于 460 nm 的可见光波长响应、介电性质低及较高的电阻率，导致其对可见光的利用有限制，光生电荷载流子的复合率较高，严重影响其光催化性能。因此，如何提高 g-C$_3$N$_4$ 的光催化活性成为现在的研究热点。目前常用提高 g-C$_3$N$_4$ 光催化活性的方法主要有形貌控制、贵金属沉积、掺杂改性以及研制新型复合材料等方式。相比于金属掺杂，用 O、N、S、P 等非金属元素进行掺杂可有效拓展宽禁带半导体的光响应范围，且实验过程简单可控，绿色环保无二次污染。例如，Zhang 等（2020）通过以硫脲为硫源制备了 S 掺杂的 Bi$_2$WO$_6$，光催化反应 120 min 后，对罗丹明 B 的降解率达到 80.6%。Fan 等合成了硫掺杂的石墨相氮化碳纳米片（SCNNS），光催化反应 120 min 后对磺胺甲基嘧啶的降解率达到了 71.6%。由此表明，非金属元素掺杂可明显提高光催化剂的光催化活性和可见光响应能力，但仍然有较大提升空间。

　　通过过硫酸盐的活化产生硫酸根自由基（$SO_4^{\bullet-}$）的高级氧化技术在近几年得到了广泛的关注，主要归功于 $SO_4^{\bullet-}$ 的强氧化性、无选择氧化性以及广泛的 pH 值适用性，在众多的氧化基团中，$SO_4^{\bullet-}$ 的氧化还原电势仅次于氟自由基，在更广泛的 pH 值范围内能完全降解绝大多数的有机污染物。最新的报道显示，光催化耦合过硫酸盐技术能够有效去除有机污染物，甚至达到高水平矿化。例如，Lei Yang 等制备了 TiO$_2$-x/石墨烯复合材料用于可见光催化活化过硫酸盐降解 BPA，光照 12 min 后的 BPA（10mg/L）几乎完全被去除，矿化率可达 80%。Yang L 等制备了 D35-TiO$_2$/g-C$_3$N$_4$ 催化剂，在可见光照射 15 min 下对 BPA（10 ppm）的去除率接近 100%，且矿化率可达 50%。因此，将光催化剂/光催化与过硫酸盐活化体系相结合，有望进一步增强光催化剂对有机污染物的降解。

　　2. 技术应用路线

　　该工程主要技术应用路线描述如下：

　　（1）单项示范（验证评估）——关键技术：抗生素废水污染物深度处理技术研究（碳氧共掺杂 g-C$_3$N$_4$ 耦合过硫酸盐吸附-光催化氧化去除盐酸土霉素）。

（2）集成示范（集成应用）——重大关键技术：制药行业水污染全过程控制成套技术。

（3）综合示范（系列化、标准化、规范化）——标志性成果：重点行业水污染全过程控制。

（二）基于过硫酸盐自由基的高级氧化技术应用分析

研究采用煅烧法合成了碳氧共掺杂氮化碳（CO-C_3N_4），并通过耦合过硫酸盐（PMS）构建多反应耦合型高级氧化体系（光催化+PMS活化），研究了其降解盐酸土霉素（OTC）的性能，考察了各影响因素对 OTC 降解的影响，同时测试了污染物降解过程的矿化程度（TOC），评价了体系的稳定性，并分析了其降解机理。研究分析结论如下：

（1）通过煅烧法制备了碳氧共掺杂氮化碳（CO-CN）光催化剂，以三聚氰胺和硫酸铵为前驱体，配比为 1∶1 时最适合实际应用。在水、二甲亚砜、无水乙醇三种溶剂中，以无水乙醇为溶剂制备的光催化剂的光催化性能相对较好。

（2）通过单因素影响实验可知，升高温度有利于 PMS 活化，溶液在碱性条件下更利于 OTC 的降解。在 pH 值为 9.3，PMS 浓度为 0.1g/L，催化剂投加量为 0.6g/L 时，CO-CN/PMS/vis 体系对 OTC 的降解率在光照 75min 后可达 76.29%。此外，相同条件下 CO-CN 在四次循环使用后对 OTC 的降解率仅下降了 11.45%，表现出较好的重复利用性能。

（3）通过自由基捕获实验表明，在 CO-CN/PMS/Vis 体系中，h^+、$^1O_2$、$\cdot O^{2-}$、$\cdot OH$ 和 $SO_4\cdot^-$ 均参与了 OTC 的降解，其中 $^1O_2$ 和 $\cdot O^{2-}$ 起主要作用。

g-C_3N_4 和 CO-CN 的 SEM 图见图 7-8。

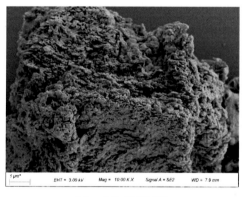 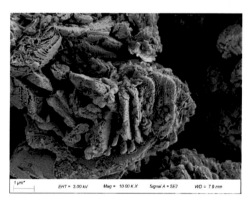

（a）g-C_3N_4 的 SEM 图　　　　　　　（b）CO-CN 的 SEM 图

图 7-8　g-C_3N_4 和 CO-CN 的 SEM 图

（三）技术适用性分析

随着抗生素在全球的普遍使用，环境中普遍存在各类抗生素，且含量有持续增高之趋势。我国的抗生素污染，尤其是以海河流域、长江流域和黄河流域较为严重。调研发现，近年来，长江流域虽加大整治力度，但中下游有不少的化工、制药、中低端制造、畜禽养殖等类企业往上游或支流转移，污染形势严峻。污染管控起步较晚、污水深度处理工艺缺失等成为抗生素监管存在的难题。

与传统 AOPs 相比，过硫酸盐高级氧化技术可产生选择性更高、半衰期更长的硫酸根自由基（$SO_4\cdot^-$），在处理抗生素废水方面具有广阔的应用前景。

第三节 城市污水治理技术

一、城市污水治理技术体系

城市雨污分流技术，是海绵城市建设的重要内容，是一项系统性工程。雨污分流不但可以减轻管网的压力，还能削减洪峰，有效地提高雨水资源利用率。因此，雨污分流体系的建设，包含了源头减排、过程控制、末端治理的全过程。由于城市污水（地表径流）处理技术体系复杂，下面，将选取每个技术阶段的主要技术内容分别论述。

（一）源头减排措施分析

城市雨水污染的主要原因是在降雨的过程中冲刷路面垃圾，所以源头控制保持路面的清洁至关重要，源头控制技术一般包括汽车尾气的减排、交通量的管控、大气污染的治理、垃圾堆积的减少、政策法规的制定及宣传等措施，有利于城市雨水径流污染的控制。此外，提高城市清扫和改善清扫方法可以有效控制径流污染，对控制雨水污染具有重要意义。在城市适宜地段设置雨水花园、下凹式绿地、绿色屋顶等削减雨水径流污染。

1. 雨水花园

雨水花园（Rainwater Garden）是指在地势较低的区域，通过植物、土壤和微生物系统蓄渗、净化径流雨水的设施。因其应用位置不同，又被称为生物滞留池、高位花坛等。其净化后的雨水可逐渐深入土壤，涵养地下水，也可通过加装排水管排入地表水或补给城市用水，雨水花园的构造包括预处理区、进水系统、树皮覆盖层、溢流系统、过滤层和砾石排水层。雨水花园通过植被及多层填土形成的微型生态系统，可通过沉淀、渗滤、挥发、吸附、离子交换、微生物降解和植物吸收等多种方式去除雨水径流中的大部分污染物。雨水花园不仅可以实现削减面源污染、改善水质环境、调蓄雨水径流、延缓径流峰值等城市雨水问题，还能够增加城市绿化，提供动物栖息地，丰富生物多样性，缓解热岛效应，美化城市环境。其建设能够与建筑、绿化等契合完美，实现了空间的多样化利用。雨水花园效果见图7-9。

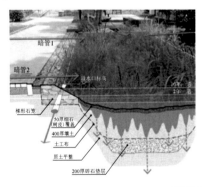

图 7-9 雨水花园

2. 下凹式绿地

下凹式绿地常布置在道路两侧、不透水地面的周边，表面种植耐水植被的狭长的开放式缓坡渠道。因表面植被的铺设，增大了地表径流系数，可减缓雨水径流流速。此外雨水径流中的部分污染物在流经下凹式绿地的过程中可以通过沉淀、过滤和渗透的途径去除，但单一的下凹式绿地去除效果有限，因此一般与其他雨水处理设施联合运用。下凹式绿地可以适合各种地形条件，建造简单、设计灵活，后续的维护负担小。下凹式绿地效果见图7-10。

图 7-10 下凹式绿地

3. 绿色屋顶

绿色屋顶是在建筑物顶层铺设的，主要由植被层、介质层、过滤层和排水层构成的小型雨水处理设施，它是一种通过降低城市不透水性面积延迟产流、减少雨水径流的有效途径。据报道，除了对雨水的调控作用，绿色屋顶还具有延长屋顶年限、隔绝噪声、缓解热岛效应和减少能源消耗等作用。但是绿色屋顶对水质的改善作用有限，且对建筑的结构强度和屋顶防渗要求较高，绿色屋顶的构造见图7-11。

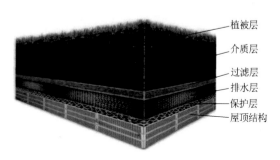

图 7-11 绿色屋顶

4. 透水路面

透水路面是一种由人工材料铺设的透水性硬质地面，其路面与路面基层是特殊处理过的多孔隙结构。根据铺设材料可以分为无砂透水混凝土路面、透水沥青路面和新型材料透水路面。一方面，可以减少不透水面积，增强雨水的下渗、减少地表径流；另一方面，可以降低噪声，降低污水厂处理负荷。在孔砖或网格砖的孔隙中种植草皮，还能起到增加绿化、蓄积雨水的作用。透水路面多适用于交通量不大的区域，如停车场、人行道等。透水路面见图7-12。

 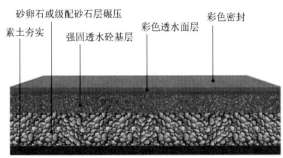

图 7-12 透水路面

城市排水系统正逐渐由传统的合流制改进为分流制，相对合流制而言，分流制的主要特点就是将雨水和污水完全分离，分流制的出现解决了雨天污水处理厂处理强度过大的问题，同时也解决了合流制溢流对受纳水体造成严重的污染等问题。2012 年，低碳城市与区域发展科技论坛首次提出"海绵城市"概念。随后，国内各省市均出台了相关发展海绵城市的政策，今后我国城市雨污分流的设计应结合海绵城市的发展理念，充分考虑自然生态的力量，合理地蓄水、排水，提高水处理率及利用率。

（二）过程控制措施

城市雨水中的过程控制应充分结合源头削减、末端治理环节作为一个整体处理工艺，应从排水管网的布局与管理作出综合规划。但雨水管道在雨天过后出现大量沉积物以及污染物直接排至城市受纳水体，加大了降雨径流对水体的污染负荷，而且分流制排水管道建设成本相对昂贵，所以需要合理维护，做到提高管道设计标准，与综合管廊相衔接，并且要加大投资与维护力度。

（三）末端处理措施

城市雨水末端治理即在雨水径流的末端对雨水进行收集，然后用物化方法进行处理，一般的工艺包括人工湿地等系统，再者利用相互组合工艺，提高对雨水的处理效率。靳军涛（2012）研究旋流快速过滤的组合工艺对城市雨水径流的处理效果表明，经旋流后仅悬浮物（SS）改善明显，而经滤池过滤后各项指标均改善明显，对径流中主要污染物的去除率较旋流器和快速过滤池单个工艺均大大提高。

人工湿地是模仿天然湿地净化雨水，通过人工强化改造而成的一种低能耗雨水处理技术，常应用于城市的雨水处理。其对雨水的处理综合了物理、化学和生物的 3 种作用。系统成熟后，填料表面和植物根系将由于大量微生物的生长而形成生物膜。污染的雨水流经生物膜时，大量的 SS 被填料和植物根系阻挡截留，有机污染物则通过生物膜的吸收、同化及异化作用而被除去。湿地系统中因植物根系对氧的传递释放，使其周围的环境中依次出现好氧、缺氧、厌氧状态，保证了雨水中的氮磷不仅能通过植物和微生物作为营养物质被吸收，而且还可以通过硝化、反硝化作用将其除去，最后通过对人工湿地系统更换填料或收割栽种植物，将污染物最终除去。

二、城市污水治理技术筛选

本节重点研究的黄河流域（河南段）地表径流污染处理，一般是海绵设施的建设，还有近几年的雨污分流改造。过程控制即为加强了管网的建设以及维护；末端处理即为建设人工湿地、氧化塘等。河南城市污水治理已有设施及重点应用情况见表 7-2。

表 7-2　　　　　　　　　河南城市污水治理已有设施及重点应用情况

应用情况	源头设施	过程处理	末端处理
黄河流域（河南段）常用区域	雨水花园、下凹式绿地	管网改造	人工湿地、氧化塘
河南部分城市应用及建设条件	郑州荥阳市雨水花园：可利用面积可观，地形较缓，建设难度低	新乡市管网改造：降雨量大，降雨频繁，地势相对平缓	郑州西流湖湿地：为了治污，并且水域面积大，且可用土地面积大，气候适宜

河南为典型的北方省份，多发大风天气，降尘很多。河南省地势呈望北向南、承东启西之势，地势西高东低，由平原和盆地、山地、丘陵、水面构成；地跨海河、黄河、淮河、长江四大流域。大部分地处暖温带，南部跨亚热带，属北亚热带向暖温带过渡的大陆性季风气候；同时还具有自东向西由平原向丘陵山地气候过渡的特征。全省由南向北多年平均气温为 10.5～16.7℃，多年平均年降水量为 407.7～1295.8mm，降雨以 5—9 月最多。再加上现在河南大部分地区都在实行雨污分流的改造工程，对于河南省城市生活污水的处理实施雨污分流技术较为适宜。这样不但结合了河南省的当下雨污分流大改造的情况，还结合了河南省的天气状况，并且可以节约成本。其中，针对雨污分流的改造，装置分流技术值得关注。通过研究分析，将市面上的装置根据截污技术分为沉砂式、拦截过滤式、离心式、水质型、嵌入式、除油型、防臭型等 7 种。本书在对黄河流域（河南段）技术体系梳理的基础上，通过关键技术筛选的梳理，更是做了一些突破性的创新，研发出一种新型的雨污分流技术装置。

三、特色装置分流技术效果分析

通过现场调研和现有常用雨污分流装置适用性总结，提出一种针对城市径流净化的环保型雨污分流装置。

（一）环保型雨污分流装置结构

环保型雨污分流装置的沉砂槽，中间设有两块隔板，且有一级过滤柱和二级过滤柱，隔板将进入的雨水进行导流，滤柱过滤雨水。每个滤柱都由一个透水网罩着，一级滤柱和二级滤柱的透水网孔径逐渐减小，且一级滤柱和二级滤柱内的滤料粒径也逐渐减小。最终雨水可以通过沉砂槽底部的泄水孔排出。沉砂槽的两级滤料分别为鹅卵石、陶粒或者其他符合条件的类型，并且每一级滤料的孔径都大于透水孔孔径，用滤料网袋装盛。滤料定期进行清洗，并且枯水季节将滤料取出单独保存。

沉砂槽隔板上有凹槽，以便透水网可以从上往下推入，固定住滤料。隔板上各设一个孔，方便将沉砂槽勾出，进行清理以及滤料的清洗与更换。雨水篦子为长方体，材质为树脂、不锈钢或铸铁。截污网、圆形截污盖材质为树脂、不锈钢或铸铁。

环保型装置的第一雨水管上端为进水端，设有圆形截污盖，第一雨水管连接第二雨水管，且第二雨水管低于截污网的底面。第一雨水管上的截污盖扣在第一雨水管上方，可以进行拆卸，半径比第一雨水管半径大 0.1～0.2cm。

第二雨水管与第一雨水管的连接处高位设置。雨水进入第一雨水管后，较重的杂质会在第一雨水管的部分沉积，液位高的雨水相对纯净，因此，将连接处高位设置能够保证排出的雨水经过充分的沉降。

当降雨量很少的时候，雨水沿着雨水篦子边缘进入，经过截污网，截取树枝、树叶等污染物于截污网上，由于初期雨水浓度较高，含有很多颗粒污染物，所以经过沉砂槽的导流，以及滤柱的过滤，截留掉了大部分泥沙颗粒，除去泥沙的雨水污染物浓度大幅降低，通过第三雨水管进入景观净化池中。随后随着降雨量的增多，降雨淹没雨水篦子，雨水没过第一雨水管，通过第一雨水管上部的圆形截污网再次除去部分颗粒物质，雨水进入第一雨水管，通过第二雨水管进入附近的蓄水池或景观净化池中。蓄水池中设置溢流堰，当雨量较多时，让雨水通过市政管网排出。环保型雨污分流装置结构见图 7-13。

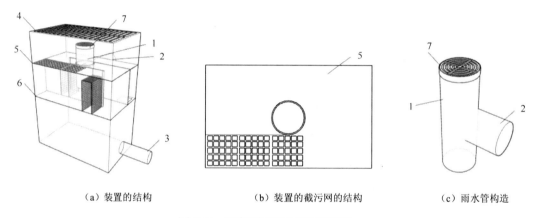

（a）装置的结构　　　　　　　（b）装置的截污网的结构　　　　　（c）雨水管构造

图 7-13　环保型雨污分流装置结构

1—第一雨水管；2—第二雨水管；3—第三雨水管；4—雨水篦子；5—截污网；6—沉砂槽；7—截污盖

（二）环保型雨污分流装置效果分析

将进水浓度设置为低、中、高三个等级，进水流量设置为小、中、大三个等级，见表 7-3。经过模拟实验分析，得出以下结果。此装置对 TSS、浊度和 TP 的去除效果明显，尤其对于小流量低浓度（模拟小雨）去除率较高，对于大流量高浓度（模拟大雨）去除效率较低，主要是因为大流量进水、过水速度太快，停留时间太短，来不及进行处理。总体来看，该环保型雨污分流装置效果较好。分流结果见表 7-4～表 7-6。

表 7-3　　　　　　　　　　　　　　　流量、浓度设置

流量	等级	小	中	大
	数值/（mL/min）	158	308	620
浓度	等级	低	中	高
	TSS/（mg/L）	40	80	1200
	TP/（mg/L）	1	1.5	2

表 7-4	TSS 去 除 效 率		
浓度	小流量	中流量	大流量
低浓度	90%	78%	51%
中浓度	81%	69%	46%
高浓度	58%	40%	23%

表 7-5	TP 去 除 效 率		
浓度	小流量	中流量	大流量
低浓度	89%	77%	49%
中浓度	72%	60%	36%
高浓度	50%	30%	21%

表 7-6	浊 度 去 除 效 率		
浓度	小流量	中流量	大流量
低浓度	79%	71%	47%
中浓度	62%	61%	33%
高浓度	44%	25%	21%

（三）技术适用性分析

雨水是一种最根本、最直接、最经济的水资源，雨污分流技术是改善城市水环境、维系绿色生态的一项重要技术措施。但是雨水中，尤其是初期雨水中溶解了空气中的酸性气体、汽车尾气等污染性气体，降落后由于冲刷屋顶、路面等，使得雨水中含有大量的有机物、悬浮固体、重金属、油脂和病原体等污染物质，污染程度高，通常超过市政污水的污染程度，且大部分污染物指标超出地表水环境质量 V 类标准限值，如果不经处理直接排到受纳水体中，将会对受纳水体造成严重的污染。

本书的研究完成了环保型雨水口的创新性设计。环保型雨水口可应用于北方多雨城市，尤其是针对河南全域均可以使用，起到截留初期雨水的效果，从而使雨水处理和收集过程变得更加简捷有效。具体适用范围如下：

（1）新建小区、道路雨水排水系统。

（2）市政污水管网、老旧小区管道改造项目。

（3）工厂、别墅、商务楼等屋面和地面收集的雨水做弃流、过滤处理，作为雨水收集的初期弃流及预过滤环节，处理后可以使蓄水池的雨水更加干净，并且可以直接绿化浇洒。

（4）与海绵设施如蓄水池、净化池、雨水湿地、生物滞留池、人工湿地等相连接使用。

第八章　水生态修复关键技术研究

第一节　水生态修复技术

水体生态修复技术是污染水体治理与修复的重要手段，它是以生态学原理为指导，利用水生动植物及微生物的各种生命活动及其相互作用，吸收、转移、转化和降解污染物质，提高水生生态系统的稳定性和自我净化能力，去除水体营养物质，建立健康、良好的水生生态系统。水体生态修复技术一般遵循自然原则、社会经济技术原则、美学原则等三个原则。自然原则是水生态修复技术的基本原则，只有遵循自然规律的发展才能真正恢复和重建生态系统；社会经济技术原则是水生态修复的重要支撑，它还在一定程度上制约着生态系统恢复与重建的可能性、水平及深度；美学原则是指受到破坏的生态系统在修复后应具有景观观赏价值，实现整个环境的和谐发展。水体生态修复技术主要包括生态护岸、人工浮岛技术、人工湿地技术、微生物净化技术、生物控藻技术、稳定塘、水生植物净化技术等。

一、生态护岸

岸边带是连接水体和陆地的过渡和缓冲地带，对拦截污染颗粒物、吸收营养盐、减少入河污染负荷具有重要作用，是水生态系统的重要组成部分。直立式护坡或用钢筋混凝土修建的护坡，会严重影响岸边植物的生长。生态护岸是指改变直立且硬质的坡岸，尽量选择用木桩、卵石等天然材料来修建河岸，并种植草坪、树木等。草本植物和灌木能够有效增强护坡的稳定性，防止水土流失，充分发挥护坡植被的缓冲作用，恢复和重建退化的坡岸生态系统，重新建立水陆生态关系，为生物的生存提供栖息地，从而提高生物多样性，改善水质，为人们提供良好的水环境，恢复水生态系统的生命力。

二、人工浮岛技术

人工浮岛技术是以人工设计的浮岛为载体，通常由框架、浮床、水下固定装置及水生植物组成，利用无土栽培技术，在浮岛上种植具有景观观赏价值和经济效益的植物，主要通过植物根系的吸收、富集、转化和根际微生物的分解作用，有效去除水中的营养物质，缓解水体富营养化程度，最后通过收割水生植物，从而彻底去除污染物质。水生植物是人工浮岛技术的主体，因此，对水生植物的选择至关重要，通常选择本地适生、生长速度快、生物量大、根部发达、美观并具有一定经济价值的水生植物。人工浮岛技术不仅可以净化水质，还具有景观观赏价值和一定的经济效益。陈朝琼等（2017）运用生物强化人工浮岛技术原位修复富营养化水体，结果表明，与普通浮岛相比，生物强化人工浮岛技术处理效率更高，稳定性更好，且具有良好的应用前景。于玲红等（2016）利用人工浮岛技术治理富营养化严重的乌梁素海，有效地去除了水体中营养物质浓度，净化了水质，降低了其富营养化程度。

人工浮岛技术是一种处理效果良好的富营养化水体修复技术。运用人工浮岛技术修复富营养化水体，不仅成本低、占地面积小、工程量小、受水体深度影响较小，还可以美化景观、防护岸坡、增强生物多样性及为动物提供栖息地等，但也存在一些不足之处，如处理周期长、制作工艺不成熟、植物后期处理等问题。随着科学技术的进步，人工浮岛技术将会逐渐完善，趋于多元化、智能化，具有可持续性。

三、人工湿地技术

湿地建设是修复水生生态系统的一项重要措施。人工湿地是在天然湿地的基础上，人工建造且可控制的湿地系统，利用土壤和砾石等组成填料，并在填料上种植净化能力强、适应性强、生命周期长且具有经济价值等特点的水生植物，通过填料的过滤、植物吸收、微生物的降解等作用，从而达到净化水质的目的。根据结构特点来分，人工湿地可以分为表面流人工湿地、潜流人工湿地和混合流人工湿地等三种类型。人工湿地技术要点在于模拟天然湿地来治理水体污染，具有成本低、便于运营、净化效果好、能耗小等优点，具有良好的应用前景，但在运用过程也存在占地面积较大、易堵塞、受影响因素较多等问题。

四、微生物净化技术

微生物是水生生态系统重要的分解者，对污染物质的去除具有重要作用。利用人工培养的复合高效微生物可以将污染物进行硝化、吸收和降解，有效去除水体中的氮、磷和其他有机污染物，抑制藻类生长，提高水体透明度和溶解氧，从而有效改善污染水体的水质状况，恢复水生生态系统的健康。微生物一般具有较强的环境适应性及降解能力，对人体和水体动植物无毒害作用，无二次污染隐患。

微生物净化技术是一种治理富营养化水体的有效措施，目前已经被广泛应用于水体修复。近年来，利用投加光合细菌、硝化细菌及复合细菌等有效微生物来治理污染水体已经成为国内外研究的热点，与其他修复技术相比，微生物净化技术成本低、操作简单、无二次污染，且净化效果好，但也容易受到温度、溶解氧等外界水体环境的影响。

五、生物控藻技术

生物控藻技术主要是利用生态系统生物之间的捕食关系，改变水生态系统的生物群落结构，发展壮大植食性浮游动物，降低藻类生物量，提高水体透明度，从而改善水体环境，恢复水生生态系统的平衡。因生物控藻技术净化效率高、成本低、无二次污染风险，已经成为近年来学者和专家广泛研究的热点问题。

六、稳定塘

稳定塘又称为氧化塘或生物塘，主要利用天然的净化能力来处理污水，在类似池塘的处理设备内放置污染水体，经缓慢流动和长时间停留，利用生物的代谢活动及物理、化学等综合作用去除污染物质，从而净化水体，其净化过程与自然水体的自净过程相似。稳定塘通常指人工修建的池塘，由围堤及防渗层组成，主要利用池塘内生长的微生物来处理有机物，进而净化污水。

稳定塘的修建成本和运行费用比较低，操作和维护简单，可以有效去除水中的污染物质，但其占地面积大、处理周期长、效率较低、污泥淤积严重及易散发异味，且适于附近有天然池塘可以利用的景观水体，具有一定的局限性。

七、水生植物净化技术

水生植物是水生态系统重要的组成部分，能够通过营养竞争、抑制藻类、降低营养物质浓度等机制影响水生态系统的发展。水生植物修复污染水体主要有两方面的作用：一是植物的生长代谢需要营养物质，利用植物的吸收、转化、富集等作用，将其转化为自身的组成部分，然后通过收割植物达到去除污染物质的目的；二是植物的根系为微生物提供了良好的生长环境，根际微生物通过降解污染物质来促进自身的生长和新陈代谢，还能促进硝化及反硝化作用，抑制沉积物的再悬浮，从而净化水质。水生植物具有良好的净水机理，可以增加水体溶解氧的浓度，有效提高水生态系统结构和功能的稳定性，恢复和重建水生态系统，在富营养化水体治理中具有重要作用。

水生植物修复技术不仅净化效果好，而且效率高、成本低、生态友好、安全持久，具有一定的环境价值，可以用来治理和修复富营养化水体，是一种绿色环保的修复技术。

水生态修复技术及其特点见表8-1。

综合考虑水生态修复研究现状、黄河流域（河南段）水生态现状及存在问题、行业发展、公司发展、研究经费等多方面因素，本章着重从人工湿地技术、生态护岸技术以及水生植物修复技术等三方面着手，其中水生植物修复技术以"河道沉水植物水生态系统修复"为突破点进行研究，结合已有的研究成果，搭建黄河流域（河南段）水系生态修复技术体系，为公司以及行业发展提供技术支撑和参考。

表 8-1　　　　　　　　　　　水生态修复技术及其特点

名称	技术机理及工艺流程	技术优势	技术劣势	适用范围	效率	二次污染	成本	运行维护	可达性
表面流人工湿地	污水通过人工湿地时，利用湿地中的植物、微生物等的综合作用，消解污染物，净化水质	投资运行费用低，可以改善景观	占地面积大，受到气候条件限制	适宜于气候条件好的地区水体净化及生态修复，可以有效去除悬浮物、有机物等污染物	悬浮物、有机物去除效率高	夏季易产生恶臭	建造和运行费用低，但占地面积大	技术简单，操作简便	具有传统技术不可比拟的优势
垂直潜流人工湿地	采用间接进水方式，从而带入大量氧气，通过充分硝化作用，有效处理氨氮含量高的污水	占地小，受气候条件影响较小，对氨氮去除效果好	构造复杂，材料要求高，投资高，控制相对复杂，且存在堵塞的风险	占地面积小，适用于公共地区，可有效提高大型水体水质	对氨氮去除效率高	若设计不好则易成为污染源	造价比水平潜流湿地更高	控制复杂，对人员有一定要求	具有广阔的应用前景

续表

名称	技术机理及工艺流程	技术优势	技术劣势	适用范围	效率	二次污染	成本	运行维护	可达性
水平潜流人工湿地	污染物去除效率依赖氧化还原环境和系统内氧化还原梯度	占地面积小，能承受较大污染负荷，出水水质好	构造复杂，对基质材料要求较高，成本较高	占地面积小，适用于公共地区	对有机物和重金属去除效率高	较少	投资比表面流湿地高，运行维护相对复杂	控制复杂，对人员有一定要求	具有广阔的应用前景
生态护岸技术	从坡脚至坡顶依次种植沉水植物、浮叶植物、挺水植物、湿生植物等一系列护岸植物，既有效控制土壤侵蚀，又美化河岸景观	技术方法简单，造价便宜，效果明显，可在很大程度上改善区域生态环境	工程量大，植物的处置成本较高，维护量较大	适用于水土流失严重和河岸侵蚀突出的坡岸	效率较高	需合理处置植物，以防腐烂	工程量大，植物处置成本高，占地面积大	运行维护复杂	具备较好的稳定性和生态功能，在国内外得到广泛应用
人工浮岛技术	将水生植物移栽到水面浮岛上，植物通过根系吸收水体中的氮、磷等营养物质，从而达到净化水质的目的	费用低，不需维护，不受水体深度、透光度等条件限制，具有改善景观的作用	处理效率低，受季节影响大，植物体处置难度大	主要适用于富营养化严重的水体	处理效率低下	植物体处置难度大，易二次污染	费用低，占地少，无需维护	无需维护	水体改善效果好，景观效果好，可创造更高的经济效益，有广阔的应用前景
微生物修复技术	向受污水体中添加营养物质及活性剂等，刺激土著微生物的生长，激活其对污泥的降解特性，恢复水体自净能力	工程量小，无需复杂设备，处理费用低，处理效果好，不会对原有的生态环境造成不利影响	易受环境条件变化的影响，处理效果稳定性差	环境因素对微生物修复进程的影响较大	处理效率高，见效快	无二次污染	前期成本较高，但无需维护，占地少	无需维护	治理效果稳定性差，微生物资源有待进一步开发
水生植物修复技术	利用水生植物生态系统中各类水生生物间功能的协调作用来净化水质	工程量小，投资少，运行管理简单，对环境扰动少，还可以美化环境	容易受到季节变化影响，持续性较差，修复速度较慢，占地面积大	适用范围广，对水体富营养化、重金属污染具有较好的处理效果	修复速度较慢	植物残体打捞不及时会造成二次污染	投资较小，运行费用低	运行维护简单	可有效改善城市生态景观，有一定的推广前景

第二节　人工湿地技术

一、人工湿地技术体系

通过对黄河流域重点支流调研及现状分析，本节对人工湿地技术做了重点研究。人工湿地类型按照进出水布水方式的不同，一般将人工湿地分为表面流人工湿地、潜流式人工湿地和组合式人工湿地。其中，潜流式人工湿地的形式又分为垂直流潜流式人工湿地和水平流潜流式人工湿地。

（一）表面流人工湿地

表面流人工湿地的进水方式是河水在湿地表面直接流入，水面与空气直接接触，部分物质被阻挡截留，大部分的有机物由植物和微生物膜降解去除，此类湿地处理能力有限，易受气候等因素的影响。向湿地表面布水，水流在湿地表面呈推流式前进，在流动过程中，与土壤、植物及植物根部的生物膜接触，通过物理、化学以及生物反应，污水得到净化，并在终端流出。

（二）潜流式人工湿地

人工湿地的核心技术是潜流式湿地，一般由两级湿地串联，处理单元并联组成。湿地中根据处理污染物的不同而填有不同介质，种植不同种类的净化植物。水通过基质、植物和微生物的物理、化学和生物的途径，共同完成系统的净化，对 BOD、COD、TSS、TP、TN、藻类、石油类等有显著的去除效率；此外，该工艺独有的流态和结构形成的良好的硝化与反硝化功能区对 TN、TP、石油类的去除明显优于其他处理方式。主要包括内部构造系统、活性酶体介质系统、植物的培植与搭配系统、布水与集水系统、防堵塞技术、冬季运行技术。

（1）在垂直流潜流式人工湿地系统中，污水由表面纵向流至床底，在纵向流的过程中污水依次经过不同的专利介质层，达到净化的目的。垂直流潜流式人工湿地具有完整的布水系统和集水系统，其优点是占地面积较其他形式湿地小，处理效率高，整个系统可以完全建在地下，地上可以建成绿地和配合景观规划使用。

（2）水平流潜流式人工湿地是潜流式湿地的另一种形式，污水由进水口一端沿水平方向流动的过程中依次通过砂石、介质、植物根系，流向出水口一端，以达到净化目的。水平流潜流式人工湿地可由一级或多级填料床组成，床体填充填料基质，床底都设有隔水层。隔水层多采用"两布一膜"的方式。此种湿地的水力负荷与污染物处理量较大，对 SS、BOD、COD 及重金属等污染物去除效果比较好，同时植物根系有利于氧源的传输，基本上没有恶臭与蚊蝇现象，因此，水平流潜流式人工湿地已被美国、英国、德国、荷兰、瑞典、澳大利亚和日本等国广泛使用。但是与表面流人工湿地相比，控制较复杂，也存在脱氮除磷去除效果欠佳的缺点。

（三）组合式人工湿地

组合式人工湿地是将表面流人工湿地、潜流式人工湿地和其他水质净化系统组合起来，利用它们的综合作用达到改善水质，削减污染的目的，该组合工艺，与单一类型湿地相比，能丰富污染物的去除过程，利用各类型人工湿地和其他净化系统的优点，有效提高污染物的处理效率。Zhan（2020）研究了生物接触氧化与人工湿地联合处理的工艺。结果表明，该研究在最佳条件下对 COD、TN、NH_3-N 和 TP 的去除率分别为 81.6%、56.1%、42.2%和 73.7%。

二、人工湿地技术筛选

（一）湿地工艺选择

结合当地的实际情况，表流人工湿地占地面积大，且处理效果较差，而潜流式人工湿地运行管理困难，存在易堵塞等问题，故不宜单独应用。本节选择多级塘-生态沟复合人工湿地。复合人工湿地主要由坑塘和坑塘之间的生态沟组成，坑塘和河道之间通过沟通渠相连。坑塘在开挖时充分利用原场地中自然形成的水塘、滩地等条件，整体布局，结合河流水系流向，通过坑与坑、坑与河流水系连通技术，形成水面连通。因此，设计多级塘-生态沟湿地的模拟装置处理水体，塘与塘之间以生态沟渠连接，每个坑塘和生态沟设置不同的条件，达到不同的水处理效果。

（二）研究指标与目的

通过实地分析调查，初步构建适合在黄河支流缓滩及交汇口附近构建的多级塘-生态沟湿地，分别栽种不同种类的植物。根据实际的地理位置及地形状况，每处湿地按实际情况确定串联的坑塘个数，利用现有的河滩地改造以及人工湿地开挖，建设不同类型的人工湿地。分别研究不同的河道湿地净化效果，对净化后的水质指标 NH_4^+-N、TP、TN、COD、TSS 等进行对比分析，结合实验室的研究结果，以确定适用于实际的人工湿地建设方案。通过对方案效果的监测分析，对黄河流域（河南段）人工湿地的参数设计及工艺选择提供重要借鉴和参考。

三、人工湿地技术效果分析

结合现场调研情况，对传统人工湿地技术进行创新，研究组合方式和运行参数对人工湿地效果的影响作用。在此基础上，分析人工湿地各组成要素在人工湿地净化污染河水中的作用机理，以优化参数、节约成本、最大效益为原则，搭配出一套适合河南段乃至整个黄河流域的人工湿地处理系统，具体内容如下。

（一）多级塘-生态沟净化效能与影响因素研究

装置各单元的不同组合方式会对系统的处理效果产生较大的影响，因此调整复合人工湿地系统的工艺组合方式，比较水处理效果差异。水力负荷和污染负荷是人工湿地设计与运行中的重要参数，其大小直接影响人工湿地中各种污染物的反应过程及其去除效果。通过对不同负荷下人工湿地的差异研究，更为准确地了解负荷对人工湿地的影响作用。

（二）多级塘-生态沟示范工程方案设计和运行效果研究

通过对黄河流域（河南段）水质污染现状的调研，对实际工程处理河水效果进行分析并绘制效果图。结合流域地形地貌条件、景观需要和污染控制目标，根据水质净化工艺的研究，结合模拟实验的结果，在黄河流域（河南段）进行多级塘-生态沟系统方案研究与设计，构建一种适于处理当地河水的人工湿地系统。

（三）实验装置

实验装置为模拟河滩型人工湿地系统，分为 4 个工艺单元，分别为一级生态塘、垂直流潜流人工湿地、二级生态塘以及生态沟渠。装置材质为有机玻璃，装置内设有布水板以便均匀布水。

一级生态塘前端设置穿孔布水板和进水槽，底部铺设 7cm 厚底泥，底泥上覆盖一层厚度约 2cm 的小卵石，前半部分栽种挺水植物水葱和沉水植物黑藻，后半部分种沉水植物狐尾藻、绿菊、皇冠草。

垂直流潜流人工湿地前端设置穿孔布水板，填料从下到上依次铺设卵石、沸石、陶粒、火山岩，每种填料层高 10cm，上部种植挺水植物美人蕉。

二级生态塘前端设置穿孔布水板和进水槽，底部铺设 6cm 厚底泥，底泥上覆盖一层厚度约 2cm 的火山岩，前半部分栽种沉水植物竹叶眼子菜，后半部分种植沉水植物黑藻。

生态沟渠前、后两端分别设置穿孔布水板，填料从下到上依次为沸石、陶粒、火山岩。实验装置设计图及实物图见图 8-1。

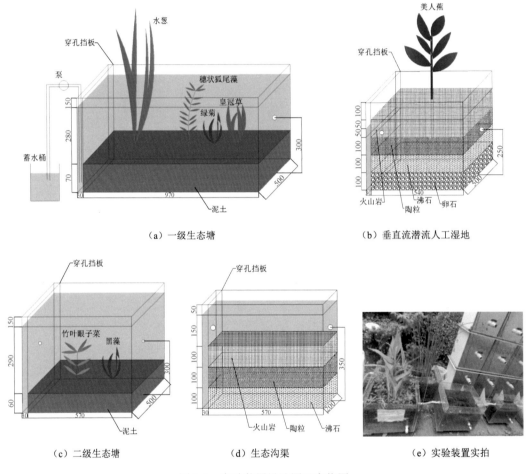

（a）一级生态塘　　　　　　　　　　　　（b）垂直流潜流人工湿地

（c）二级生态塘　　　　（d）生态沟渠　　　　（e）实验装置实拍

图 8-1　实验装置设计图及实物图

（四）结果分析

实验用水为模拟配水。以黄河流域（河南段）现场水质调研状况及技术应用为出发点，设定模拟配水浓度：向自来水中加入葡萄糖、淀粉、腐殖酸模拟天然河水中的 COD；加入硝酸钠、氯化铵模拟天然河水中的 TN；加入磷酸二氢钾模拟天然河水中的 TP；氯化铵模拟天然河水中的 NH_4^+-N。实验采用连续流方式进行，模拟河水的流动，设置两个蠕动泵 24h 不间歇将模拟配水依次流经 4 个工艺单元。

正式实验之前进行实验装置的启动，启动时期主要为培养微生物系统，以及植物生长至一定的生物量，处理效果达到一个相对稳定的状态，也为后续实验条件的设置提供参考和依据。

（1）实验装置第一次启动。启动实验方案为先以较高的污染负荷、较低的水力负荷进水，进水 COD 浓度为 200mg/L，TN 浓度为 20mg/L，TP 浓度为 2mg/L，NH_4^+-N 浓度为 10mg/L，进水流量为 35mL/min，每 5d 调整一次流量，每次增加 5mL/min，直至出水浓度和去除率均相对稳定，即表明启动成功。

由于进水污染负荷过高，进水流量过大，且温度较低，微生物系统不完善，植物生产不理想，且底泥 COD 等污染物释放严重（进自来水时仍可监测得水样中有较高浓度的 COD 等污染物），导致超出一级生态塘承受能力，出现了水体黑臭现象，以及大量藻类繁殖，见图 8-2。

图 8-2　一级生态塘黑臭及大量藻类繁殖

逐渐降低污染负荷为 COD 浓度 150mg/L、100mg/L，TN 浓度 15mg/L、10mg/L，TP 浓度 1mg/L，NH_4^+-N 浓度 5mg/L 后，水体黑臭、藻类大量繁殖情况仍未得到明显改善。排干装置中的水并清洗池壁，灌入清水静置 6d，有利于植物生长和微生物繁殖。此后以 COD 浓度 150mg/L、TN 浓度 10mg/L、TP 浓度 2mg/L、NH_4^+-N 浓度 5mg/L 进水，但运行 2d 后观察到一级生态塘水体出现黑臭、长藻现象，及时调整实验方案，应以低污染负荷进水，逐渐增强生态系统的抗负荷能力，若直接进水为高污染负荷会导致系统崩溃，启动失败。第一次启动为 4 月 8 日至 5 月 14 日，共 37d，配水污染物浓度随时间变化见表 8-2，进水流量为 70mL/min，测得各采样点污染物浓度变化见图 8-3。

表 8-2　　　　　　　　　　　　　　第一次启动配水变化

时间 / d		1～14	15～18	19～20	21～26	27～28	29～37
污染物浓度 / （mg/L）	COD	200	150	150	未进水	150	进自来水
	TN	20	15	10	未进水	10	进自来水
	TP	2	2	1	未进水	2	进自来水
	NH_4^+-N	10	5	5	未进水	5	进自来水

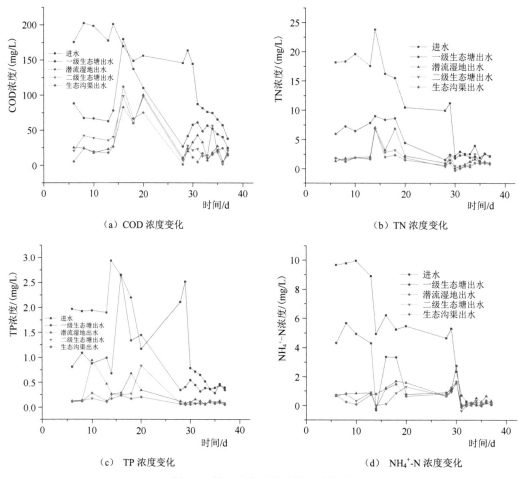

（a）COD 浓度变化

（b）TN 浓度变化

（c）TP 浓度变化

（d）NH₄⁺-N 浓度变化

图 8-3　第一次启动污染物浓度变化

（2）实验装置第二次启动。第二次启动系统继续进自来水至第 5d。水体黑臭、大量藻类繁殖直接表现为水体中的 DO 浓度降低，故每天多次测定 DO 浓度，及时了解启动状况，避免再次失败。一段时间后，配水浓度增加为 COD 浓度 20mg/L、TN 浓度 2mg/L、TP 浓度 0.2mg/L、NH₄⁺-N 浓度 1mg/L，然后逐渐增加污染负荷并增大进水流量，系统运行稳定且植物长势良好，启动第 20d 后污染物浓度和去除率均趋于稳定。至此，实验装置启动成功。第二次启动时期配水污染物浓度变化及流量变化见表 8-3，COD、TN、TP、NH₄⁺-N和 DO 浓度变化见图 8-4。

表 8-3　　　　　　　　　　　　第二次启动配水及流量变化

时间 / d		1～5	6～10	11～15	16～20
污染物浓度 / （mg/L）	COD	20	20	40	40
	TN	2	2	4	4
	TP	0.2	0.2	0.4	0.4
	NH₄⁺-N	1	1	2	2
进水流量 / （mL/min）		70	140	140	280

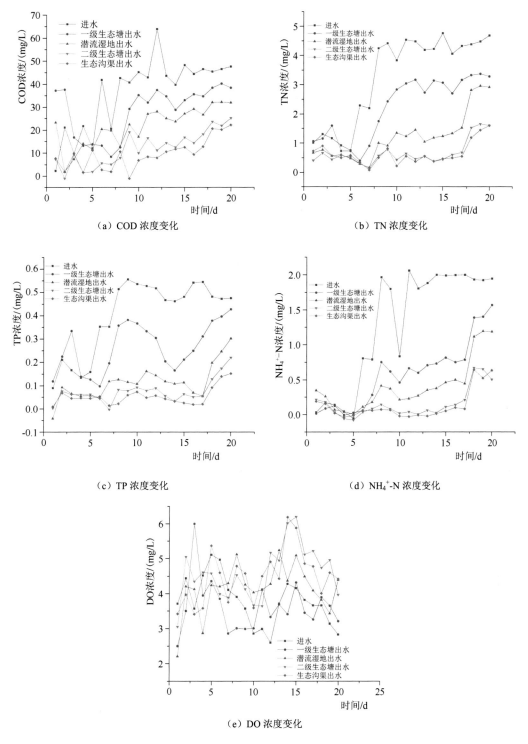

图 8-4　第二次启动污染物浓度变化

　　第二次启动时间为 5 月 15 日至 6 月 4 日，共 20d。从图 8-4（e）可以看出，第二次启动第 1～13d 时的 DO 浓度不稳定且最低至 2.21mg/L，过低的 DO 浓度容易引起水体黑臭现象。运行至 13d 后，DO 浓度基本可以保持在 3mg/L 以上且趋于稳定，说明反应器运行状况得到改善。装置运行稳定后，进水 COD 浓度可从 40mg/L 降至 20mg/L，TN 可从 4mg/L降至 1mg/L，TP 可从 0.4mg/L 降至 0.1mg/L，氨氮可从 2.0mg/L 降至 0.5mg/L，进水 V 类水水质经过处理可以达到 III 类标准。

针对黄河流域（河南段）支流的水质状况以及不同季节来水流量的变化，设置了不同的水力负荷和污染负荷，既要保证湿地在不同来水量下的稳定性，又要研究湿地在高污染负荷下的耐受程度和处理效果，以便于在污染情况较严重时也能发挥较好的效果。实验结果标明：低、中污染负荷出水可达到 III 类标准，高污染负荷的出水 COD 可达 IV 类标准。潜流湿地的污染分担率最高，一级生态塘处理效果次之，二级生态塘和生态沟渠保证了工艺运行的稳定；水中 CDOM 主要包括三类，其中微生物类腐殖质和部分类腐殖酸可被一级生态塘降解，类蛋白物质由一级生态塘生成，但经过潜流湿地后被去除。由于研究周期和经费条件的限制，设置了水力负荷、污染负荷的条件，并研究了工艺在不同季节不同温度下的处理效果，采取了生态塘和生态沟相结合的方式。后续可进行深入研究，如工艺各单元的组合方式、水深、污染物组成、植物和填料种类等。本书结果可为相关人工湿地工程提供重要参考价值，工艺可以广泛应用于各种实地条件，对不同污染程度水质状况和地域条件均有着较强的适用性。

第三节 堤岸防护设计

一、堤岸防护设计技术体系

（一）堤岸防护设计技术思路

1. 堤岸防护功能原理

堤岸防护是以工程措施为主，辅以生物和非传统的工程技术手段对河流进行综合保护。在堤防工程建设中，通过采用各种不同结构布置型式的护坡植物来实现生态修复效果，从而达到防洪抗灾、改善环境等目的，因此研究其作用机理具有重要意义。本节主要针对河道堤岸防护工程中应用较为广泛的一些生态护岸，结合国内外相关研究成果、作者及作者所在公司及行业近年来开展的各种工程项目，按照不同型式及应用场景，进行系统梳理。

2. 型式选取

堤岸防护型式选取和确定是一个较为复杂的过程，需对立地条件、水文、地质、施工空间等方面综合考虑。按照结构布置型式，通常分为直立式驳岸、斜坡式护岸和台阶式护岸三种。

（1）直立式驳岸。直立式驳岸在河道工程中可以最大程度节省过水断面，抵御洪水冲刷的能力较强，从而减少对河势的影响，在传统河道治理工程中应用较多，主要分为挡墙式护岸和桩式护岸两种。

按照结构稳定性不同，挡墙式护岸包括了重力式挡墙、半重力式挡墙、衡重式挡墙、悬臂式挡墙、扶壁式挡墙等；桩式护岸包括了排桩式、板桩式、插板桩式等。

按照建筑材料进行区分，包括了混凝土、钢筋混凝土、预应力钢筋混凝土、干砌石、浆砌石、铅丝石笼等。

直立式驳岸通常有利于节省河道过流断面，抗冲效果更好，但由于其自身结构与材料特性，与植物结合效果较差，生态性不足。因此，如何将直立式驳岸与水生植物更好地结合起来，将是未来行业着重考虑并寻求突破的方向，见图8-5。

图 8-5 直立式驳岸

（2）斜坡式护岸。斜坡式护岸是最常见的一种护岸型式，具有稳定性好、适宜植物生长、面层防护材料选择面广等优点，但对河道空间、土质条件有一定要求，在河道治理工程中应用极为广泛，包括自然坡式护岸、硬质坡式护岸和柔性坡式护岸等。

1）自然坡式护岸以土质岸坡结合灌草种植为主，一般适用于过流断面较宽、岸坡土质较好、洪水冲刷破坏较小的河道，见图8-6。

图 8-6　自然坡式护岸

2）硬质坡式护岸又可称为"刚性护坡"，是指护坡面层采用刚性结构及材料的护岸型式，主要包括干砌石护坡、浆砌石护坡、混凝土面护坡等。优点是可以有效防止坡面冲刷对岸坡造成的冲刷破坏，减少水土流失；缺点也较为明显，不利于水生动植物的栖息，一定程度上破坏水生态平衡，在过去传统水利工程中应用较多。随着国内行业越来越趋于"生态化"的倾向，该类工程应用已经大大减少，仅常见于冲刷破坏较大的河道，见图 8-7。

图 8-7　硬质坡式护岸

3）柔性坡式护岸，是指采用柔性材料对岸坡进行防护的一种护岸型式，样式多种多样，例如三维植草毯护坡、蜂巢网土工格栅护坡、生态袋护坡、铅丝石笼上覆种植土护坡、混凝土连锁砌块护坡等。柔性坡式护岸可以适应一定程度的坡面不均匀沉降，有利于水生动植物生长栖息，在近年来的河道治理工程中，应用越来越广泛，见图 8-8。

综上，斜坡式护岸河道治理工程中最常见的护岸型式，随着行业的不断发展，国内外研究的不断进展，更安全、生态的斜坡式护岸型式会层出不穷，生态化应用也会越来越广泛。

（3）台阶式护岸。台阶式护岸通常是由于护岸立地条件限制，出于特殊景观效果考虑或护岸型式本身特性限制的情形下采用的一种护岸型式，可以在实现护岸基本功能的前提下，实现梯田景观效果，为游人提供亲水空间，为鱼类提供生长栖息空间等。比较常见的有仿木桩台阶式护岸、生态混凝土框格台阶式护岸、自嵌式挡墙等，可以通过多种形式实现，见图 8-9。

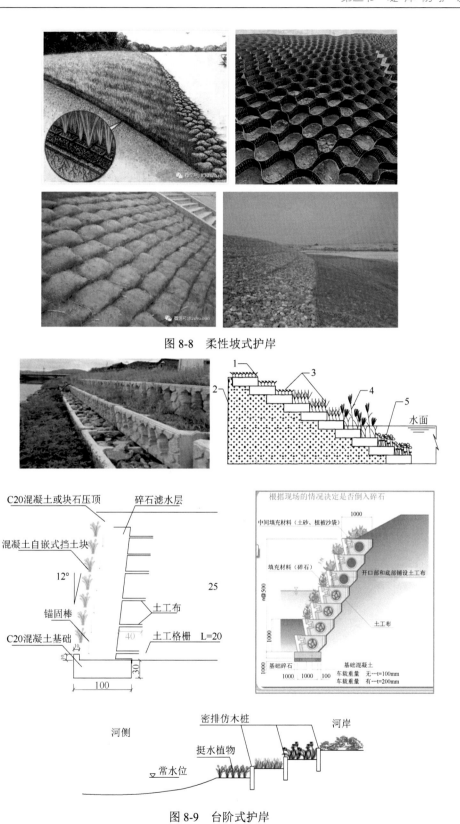

图 8-8　柔性坡式护岸

图 8-9　台阶式护岸

（二）案例分析

根据以上介绍，结合过往项目案例搜集，对各种护岸型式进行分类、适用场景及优势对比，建立"生态护岸选型库"，见表8-4。

表8-4　　　　　　　　　　　　　　生态护岸选型统计

序号	分类	型式	例图	适用场景	优势	劣势	备注
1	直立式	素混凝土挡墙	灌草护坡坡面高程；台阶式护岸顶高程8.50；7.50；C25素混凝土挡墙；C15素混凝土垫层	河道过流断面较小、临时开挖空间允许、基础土质较好的河段	结构稳定性好，抗冲刷能力强，节省过流断面等	不利于河岸植被恢复，基础不均匀沉降破坏损失大等	
2		浆砌石挡墙	堤顶高程；排水管；反滤包；河床高程；C15混凝土垫层				
3		预应力排桩	设计红线；植草护坡详见景观设计；设计园路详见景观设计；预应力混凝土空心仿木桩；51.15；50.00；50.50；49.50；48.10；松木桩	河道过流断面较小、临时开挖空间限制的河段	抗冲刷能力强，节省过流断面，无开挖空间限制，可带水施工等	不利于河岸植被恢复，软弱土质情况下投资较大等	
4		预应力插板桩	坡面植物种植详见景观图纸；现状地形；堤顶路；筑堤；11.42；栏杆；8.50；园路；预应力组合生态桩；护岸桩（9m@1.2m）+连接板桩（3.5m）；铅丝石笼护底500厚；砂砾料垫层100厚				

续表

序号	分类	型式	例图	适用场景	优势	劣势	备注
5		浆砌石护坡	▽堤顶高程 草皮护坡 M7.5浆砌石护坡厚300mm 粗碎石垫层(d=5~20mm)厚100mm 砂砾垫层(d=1~5mm)厚100mm 设计水位▽h 1:m(m≥1.5) M7.5浆砌石基座 ▽河床高程	河道过流断面较大、基础土质较好的河段	结构稳定性好，抗冲刷能力强等	不利于河岸植被恢复，基础不均匀沉降破坏损失大等	
6		混凝土护坡	50 设计园路高程8.50 1:2.5 80 设计河底高程 500厚混凝土护坡 100 100厚混凝土垫层 500厚铅丝石笼护脚 100厚砂砾料垫层				
7	斜坡式	铅丝石笼护坡	设计水位▽h 1:m(m≥1.5) 镀高尔凡格宾护脚 ▽河底高程 雷诺护垫护坡厚170/230/300mm 聚酯长纤无纺布 格宾护脚置埋深度需在最大冲刷深度以下至少0.5m	河道过流断面较大、洪水冲刷破坏较小的河段	满足结构稳定、抗冲要求的前提下，生态性及景观效果更佳等	部分护岸材质抗冲能力略差	
8		土工格栅	顶部防护范围：雷诺护垫防护高度应在设计洪水位以上考虑一定的超高。对于有潮流影响的河道，还需考虑潮流高潮；因此需综合考虑水流冲刷及波浪的影响，根据工程不同等级，考虑一定的安全超高 加筋麦克垫+赛克格宾护脚典型断面图 锚固沟 防护顶高程 U型钉 梅花型布置，间距1m 1:m(m≥1.5) 设计水位▽h 镀高尔凡加筋麦克垫护坡 水下抛投赛克格宾护脚 聚酯长纤无纺布 D≥1.5m 施工水位 1:m(m≥1) ▽河底高程				
9		三维网植草毯	C2混凝土压枕 U型钉 ▽堤顶高程 三维土工网垫 400 特选草本植物 400 1:m(m≥1) 格宾石笼护脚 1000 ▽河床高程				

序号	分类	型式	例图	适用场景	优势	劣势	备注
10		生态袋	生态袋尺寸参考大样图／▽堤顶高程／分层夯填亚黏土／原地面线／清基线／生态袋／特选草本植物／生态袋摆放（大样图）平视／河底高程／M7.5浆砌石挡墙				
11		连锁砌块	C15混凝土／3000／▽堤顶高程／原地面线／锚固棒长42cm／设计水位▽h／20cm厚泥结石路面／生态自锁砌块／土工布／具体尺寸根据冲刷深度确定／C15埋石混凝土／开挖线／砂卵石回填／河底高程				
12		六角砖	浆砌块或混凝土压顶／堤顶高程／设计水位▽h／草皮（或水生植物）／六角块混凝土构件／营养型无纺布／原土夯实／坡度1:m(m≥1.5)／空心六角块构件铺设平面图／1000／20伸缩缝／具体尺寸根据冲刷深度确定／坡脚高程▽h／M7.5浆砌块石基脚				
13	台阶式	铅丝石笼	▽堤顶高程／生态材料护坡／设计水位▽h／砼压顶／1:m(m≥1.5)／1000／镀高尔凡格宾／聚酯长纤无纺布／▽河底高程／格宾护脚置埋深度需在最大冲刷深度以下至少0.5m	河道过流断面较大、基础土质较好的河段	满足结构稳定、抗冲要求的前提下，生态性及景观效果更佳等	相比于斜坡式生态护岸，与植物结合度较低	
14		生态混凝土框格	浆砌块石压顶／草皮护坡／草皮护坡／坡面格埂／横框：300×400（宽×高）／自然石面层10／反滤混凝土100／手摆块200／植草覆盖层100／营养基层／坡度i／亲水平台／常水位▽h／不宜超过4.0m／植生混凝土120／碎石垫层100／土工格栅等／破裂面／▽河床高程／浆砌块石基脚／按抗冲要求设计				

续表

序号	分类	型式	例图	适用场景	优势	劣势	备注
15	台阶式	自嵌式挡墙	C25混凝土压顶 550 250 格栅间反滤土工布 植生挡墙可种植水生植物 设计水位▽h 土工格栅设计具体根据工程实际确定 自嵌式挡墙块错台布置 规格40cm×30.5cm×15cm（长×宽×高） 橡胶棒（长20cm，直径10mm） 回填土 直线段小孔对小孔设置 曲线段上大孔下小孔 破裂面 混凝土基础尺寸根据工程实际确定 25cm宽级配碎石 粒径1~3cm 5cm素混凝土垫层 10cm碎石垫层 140			
16		仿木桩	10230 1500 6000 1500 1500 1000 2500 700 1000 ▽11.48 堤顶路 预应力混凝土空心仿木桩 栏杆 现状地形 1:2 旗堤 园路 ▽8.50 ▽8.37 2000 预应力组合生态桩 护岸桩(9m@1.2m)·连接板桩(3m) 铅丝石笼护底500厚 砂砾料垫层100厚			

二、堤岸防护评价体系构建

（一）综合评价指标体系的构建

本节利用系统科学的结构功能理论构建黄河流域（河南段）生态护岸评价的指标体系，以科学评价各种生态护岸的实际效果和影响为主要目标，采用层次分析法判断安全效益、生态效益和经济效益对于黄河流域（河南段）生态护岸建设的效果和影响。

（二）评价指标的选择原则

黄河流域（河南段）生态护岸的形式多样、内容复杂，在进行评价指标的建立时需要遵循以下原则。

（1）可操作性原则。所选取的指标应具有可监测性，指标内容简单明了，概念明确，指标容易获取。纯粹理论上的指标是毫无意义的，是否选取实用的指标对该指标体系能否应用于指导实际工作具有重要的影响。

（2）科学性原则。评价指标的选择应建立在科学的基础上，并能反映评价对象的本质内涵。每个指标应含义明确，简便易算，评价方法易于掌握。

（3）可比性原则。可比性原则又称统一性原则。指标核算量化应当按照规定的量化处理方法进行，量化指标元素口径一致，提供相互可比的量化信息。

（4）可接受性原则。应使指标体系中的各项指标能被大多数人理解或接受，特别是比较重要的指标。

（5）数量适度性原则。指标数量不宜过多或过少，指标过多，评价难度大；指标过少，评价不科学、不合理。

（三）评价指标体系的建立

根据评价指标的构建原则，在整理和分析国内外相关研究成果的基础上，选择层次分析法构建评价指标体系。该评价指标体系提出目标层、准则层、方案层的模型构架，目标层为生态护岸综合评价指标体系；准则层包括安全效益评价、生态效益评价、经济效益评价；方案层包括结构稳定性、护岸整体性（模块连接强度）、允许变形性能、抗冲刷性能、抗淘刷性能、护岸材料孔隙率（透水性能）、植物多样性、植被保存率、植被盖度、景观优美度、单位工程造价、施工难易程度、维护难易程度等指标。

1. 指标的无量纲化

指标的无量纲化是指通过数学变换来消除指标量纲影响，最常用的是直线型方法，直线型方法是指将指标实际值转化为不受量纲影响的指标评价值，假定二者呈线性关系，指标实际值的变化引起指标评价值一个相应的比例变化。黄河流域（河南段）生态护岸综合评价指标体系中各指标无量纲化计算依据见表8-5。

表 8-5　　　　　生态护岸综合评价指标、量化方法和评价标准

指标名称	量化方法	评价标准（分值范围0～5分）	
		5分	0分
结构稳定性	发生破坏的护岸面积占整个护岸面积的比例	没有损坏	损坏率大于0.5%
护岸整体性（模块连接强度）	定性评价	—	—
允许变形性能	定性评价	—	—
抗冲刷性能	用破坏时的最大水流流速衡量	$v_{抗冲刷} \geqslant 6m/s$	$v_{抗冲刷} < 1m/s$
抗淘刷性能	相邻结构层中值粒径比值平均值	$\xi \leqslant 10$	$\xi > 20$
护岸材料孔隙率（透水性能）	用护岸材料孔隙率衡量	$\geqslant 50\%$	< 10
植物多样性	单位面积内植物种类数	$\geqslant 5$ 种/10^3 m²	$\leqslant 1$ 种/10^3 m²
植被保存率	存活植被面积/可种植面积	$\geqslant 90\%$	< 50
植被盖度	植被面积/岸坡面积	$\geqslant 90\%$	< 50
景观优美度	定性评价	—	—
单位工程造价	通过概算定额，推算单平方米造价	$\leqslant 100$ 元/m²	> 350 元/m²
施工难易程度	类比分析，定性评价	—	—
维护难易程度	类比分析，定性评价	—	—

2. 指标评价等级划分

护岸综合评价以生态效果评价为评价总目标，以安全效益、生态效益、经济效益等为评价准则。各准则评价是以其具体分类评价指标为基础，根据分类评价指标的实际指标值，利用加权平均赋分方式分别评价生态护岸的安全效益、生态效益和经济效益，这是生态护岸综合评价的第一层；在此基础上，利用第一层的评价结果，再对护岸的生态效果进行评价，这是评价结构的第二层。安全效益评价分级见表8-6，生态效益评价分级见表8-7，经济效益评价分级见表8-8，生态护岸综合评价分级见表8-9。

表 8-6   安 全 效 益 评 价 分 级

序号	等级	对应效益评价
1	Ⅰ级	≥4 分
2	Ⅱ级	≥3 分，≤4 分
3	Ⅲ级	≥2 分，≤3 分
4	Ⅳ级	≥1 分，≤2 分
5	Ⅴ级	1 分以下

表 8-7   生 态 效 益 评 价 分 级

序号	等级	对应效益评价
1	Ⅰ级	≥4 分
2	Ⅱ级	≥3 分，≤4 分
3	Ⅲ级	≥2 分，≤3 分
4	Ⅳ级	≥1 分，≤2 分
5	Ⅴ级	1 分以下

表 8-8   经 济 效 益 评 价 分 级

序号	等级	对应效益评价
1	Ⅰ级	≥4 分
2	Ⅱ级	≥3 分，≤4 分
3	Ⅲ级	≥2 分，≤3 分
4	Ⅳ级	≥1 分，≤2 分
5	Ⅴ级	1 分以下

表 8-9   生态护岸综合评价分级

序号	等级	对应效益评价
1	生态效果优秀	安全、生态、经济效益均不低于Ⅱ级
2	生态效果良好	生态效益不低于Ⅱ级；安全/经济效益低于Ⅱ级，高于Ⅴ级
3	生态效果一般	生态效益Ⅲ级；安全/经济效益低于Ⅱ级，高于Ⅴ级
4	生态效果较差	生态效益Ⅳ级；安全/经济效益低于Ⅱ级，高于Ⅴ级
5	生态效果极差	生态效益Ⅴ级；安全/经济效益低于Ⅱ级

（四）数据采集与统计

本次研究数据采集均采用现场调查的方式进行。调查分为两部分：一是对目标河道基础资料的收集，包括但不限于调研河道所属流域、流经城市、起终点、长度、宽度、支流等级，以及调研河段位置、长度等信息；二是摸清调研河段生态护岸结构型式、植物种群特征、植被生长情况与生境条件，利用现场观察、尺量等手段，获取护岸高度、宽度、内部结构、连接方式、孔隙尺寸及个数、植物种类、面积、数量、平均高度、根系平均深度等参数。河道调研信息见表 8-10～表 8-13。

表 8-10　　　　　　　　　　　河 道 调 研 信 息 表-1

所属流域	流经城市	起点	终点	长度	宽度	支流等级
—	—	—	—	—	—	—

表 8-11　　　　　　　　　　　河 道 调 研 信 息 表-2

调研位置	调研长度	左岸/右岸	所在城市	所在乡镇	所在村庄	护岸型式
—	—	—	—	—	—	观察

表 8-12　　　　　　　　　　　护 岸 观 察 记 录 表-1

护岸高度	护岸宽度	护岸结构	连接方式	孔隙比/%
尺量	尺量	绘草图	观察	观察

表 8-13　　　　　　　　　　　护 岸 观 察 记 录 表-2

植物种类	植物面积占比/%	植物平均高度/m²	根系平均深度/m
观察	尺量	尺量	尺量

三、堤岸防护评价

（一）调研成果

根据调研计划，本节对黄河流域（河南段）及其部分主要支流进行了现场实地踏勘和调研，取得了各河段各类型生态护岸的各项相关参数，统计见表 8-14～表 8-17。

表 8-14　　　　　　　　　　　河 道 调 研 信 息 表-1

序号	河道名称	现场照片	所属流域	流经城市	起点	终点	长度/km	河道宽度/m	支流等级
A1	青龙涧河		黄河	三门峡市	大南山	天鹅湖	45	100～200m	一级
A2	青龙涧河		黄河	三门峡市	大南山	天鹅湖	45	100～200m	一级
A3	弘农涧		黄河	灵宝市	朱阳镇	函谷关北寨	88	100～150m	一级

续表

序号	河道名称	现场照片	所属流域	流经城市	起点	终点	长度/km	河道宽度/m	支流等级
A4	洛河		黄河	洛阳	陕西渭南	河南巩义	447	320～2200	一级
A5	洛河		黄河	洛阳	陕西渭南	河南巩义	447	320～2200	一级
A6	洛河		黄河	洛阳	陕西渭南	河南巩义	447	320～2200	一级
A7	伊河		黄河	洛阳	栾川县陶湾镇	洛阳偃师	265	380～3200	一级
A8	伊洛连通渠（伊河）		黄河	洛阳	洛河	伊河	14	10～15m	二级
A9	伊河		黄河	洛阳	栾川县陶湾镇	洛阳偃师	265	380～3200	一级

表 8-15　　　　　　　　　　　　河 道 调 研 信 息 表-2

序号	调研位置	位置示意	调研长度	左/右岸	所在城市	所在乡镇	所在村庄	护岸型式
A1	大岭南路东侧		0.85km	右岸	三门峡市	陕州区	—	自然草坡+硬质驳岸
A2	西贺家庄桥东侧		1.3km	右岸	三门峡市	陕州区	—	混凝土护坡
A3	老城渡口		1.5km	右岸	灵宝市	函谷关镇	后地村	自然草坡
A4	洛河漕运公园		2.2km	右岸	洛阳市	西工区	—	自然草坡+铅丝石笼
A5	新街桥东侧		2.1km	左岸	洛阳市	西工区	—	自然草坡
A6	西石桥小学对岸		1.8km	左岸	洛阳市	佃庄镇	李家岗村	混凝土护坡

序号	调研位置	位置示意	调研长度	左/右岸	所在城市	所在乡镇	所在村庄	护岸型式
A7	伊水湿地游园		1.9km	左岸	洛阳市	佃庄镇	石罢村	自然草坡
A8	同安中街南侧		1.1km	左岸	洛阳	洛龙区	穆庄村	浆砌石挡墙
A9	希望桥西南角		1.5km	左岸	洛阳	洛龙区	—	自然草坡

表 8-16 护 岸 观 察 记 录 表-1

序号	护岸高度/m	护岸宽度/m	剖面草图	护岸面层	连接方式	孔隙尺寸	孔隙比/%
A1	8.5	16		种植土+浆砌石	无+浆砌	—	—
A2	6	12		混凝土	浇筑	2cm×1m	0.2
A3	6	24		种植土	回填压实	—	—
A4	2	6		石笼	堆砌	0.1m×0.2m	24

序号	护岸高度/m	护岸宽度/m	剖面草图	护岸面层	连接方式	孔隙尺寸	孔隙比/%
A5	5	10	岸顶 植草护坡 河底	种植土	回填压实	—	—
A6	6	18	岸顶 混凝土护坡 河底	混凝土	浇筑	2cm×1m	0.2
A7	5	20	岸顶 植草护坡 河底	种植土	回填压实	—	—
A8	4	—	岸顶 浆砌石挡墙 河底	浆砌石	浆砌	2cm×1m	0.2
A9	4	20	岸顶 植草护坡 河底	种植土	回填压实	—	—

表 8-17　　　护 岸 观 察 记 录 表-2

序号	植物种类	植物面积占比/%	植物平均高度/m	根系平均深度/m
A1	小蓬草、马蔺、叉子圆柏、雀稗	85	0.5	0.1
A2	狗尾草	5	0.3	0.1
A3	狗牙根、苍耳	75	0.4	0.2
A4	—	0	—	—
A5	天门冬、吉祥草、地锦、旋覆花、酢浆草	90	0.4	0.1
A6	金边扶芳藤、葎草、牛筋草、艾	50	0.3	0.1
A7	黑麦草、地毯草、小蓬草	95	0.5	0.2
A8	葎草、迎春花	5	0.2	0.1
A9	狗牙根、牛筋草、酢浆草	85	0.5	0.2

（二）效益评价

根据现场调研成果，结合黄河流域（河南段）生态护岸综合指标评价体系标准，对各生态护岸进行综合评价。评价结果见表 8-18 和表 8-19。

表 8-18　　　　　　　　　　　　生态护岸综合评价指标统计

序号	结构稳定性	护岸整体性	允许变形性能	抗冲刷特性 $v_{冲}$ /（m/s）	透水性能	植物多样性种类	植被盖度/%	景观优美度	单位工程造价/（元/m²）	施工难易程度	维护难易程度
A1	没有损坏	较好	上部好，下部差	1，3	上部好，下部差	4	85	上部较好，下部较差	80，360	较易	上部容易，下部较难
A2	局部损坏	较好	较差	6	差	1	5	差	400	较易	较难
A3	局部坍塌	较差	较好	1	好	2	75	一般	50	容易	容易
A4	局部损坏	一般	较好	3	较好	0	0	差	290	容易	较易
A5	没有损坏	较差	较好	1	好	5	90	较好	100	容易	较易
A6	没有损坏	较好	较差	6	较差	4	50	一般	200	较易	较难
A7	没有损坏	较差	较好	1	好	3	95	较好	150	容易	容易
A8	局部损坏	较好	较差	3	差	2	5	差	500	较易	较难
A9	没有损坏	较差	较好	1	好	3	85	一般	75	容易	容易

表 8-19　　　　　　　　　　　　生态护岸综合评价结果统计

序号	安全效益		生态效益		经济效益		综合效益
	评分	评级	评分	评级	评分	评级	结论
A1	3	III级	4	II级	3	III级	生态效果良好
A2	4	II级	2	IV级	2	IV级	生态效果较差
A3	2	IV级	3	III级	4	II级	生态效果一般
A4	2	IV级	2	IV级	3	III级	生态效果较差
A5	2	IV级	4	II级	4	II级	生态效果良好
A6	4	II级	3	III级	2	IV级	生态效果一般
A7	3	III级	5	I级	4	II级	生态效果良好
A8	4	II级	2	IV级	2	IV级	生态效果较差
A9	2	IV级	4	II级	4	II级	生态效果良好

（三）评价结论

本次仅对部分河段及支流进行了调研，调研工作量较少，随着后续其他课题调研以及项目积累，基础数据将持续补充，生态护岸综合评价体系内涵将不断丰富和完善。

根据综合评价结果来看，黄河流域（河南段）现状生态护岸普遍生态性不足，粗略分析来看，现状比较老旧的护岸普遍采用的传统硬质护岸，以浆砌石、混凝土居多，土质草坡生态性较好，但部分河段存在冲（淘）刷现象。以上现象从侧面证明，黄河流域（河南段）堤防防护工程领域尚未完善，大部分护岸工程或安全性不足或生态性不足，有待改善。在后续堤岸防护类工程应用中，建议通过新建或更新的方式，根据项目自身条件，因地制宜，尽可能采用生态护岸型式。

第四节　河道沉水植物水生态系统修复技术

在水生生态系统中，水生植物是水体保持良性发育的关键生态类群，其中沉水植物因其完全水生的特点，在各生活型水生植物中对环境胁迫的反应最为敏感。沉水植物的生存、生长和繁殖与水体环境因素有着密切关系，而沉水植物的生长、繁殖等生命活动又影响各种水环境条件，并使水环境转变。

一、沉水植物对水体的修复技术

重建沉水植被是控制富营养化水体氮、磷等营养盐负荷及修复水生生态系统的重要手段。近 20 年来，研究者不断研发富营养化水体植物修复技术，逐渐开发出原水位种植、生态沉床、联合固定化微生物和人工湿地等多种生物修复新技术，沉水植物被广泛用于水体修复实践，主要用于生态沟渠、复合生态池、净化塘和城市湖泊等水体修复。

（一）原水位种植技术

原水位种植技术操作简单、成本低，但在实际应用中沉水植物的成活率易受水深等环境条件的影响。在水体修复实践中，沉水植物的原水位种植一般适用于浅水区及富营养化程度较轻、水体浊度较低的水体，种植方式有直接种植、定植毯种植和网箱种植等。直接种植一般根据水体底质和水深采取不同的种植方式，如在浅水软泥区直接抛植或人工扦插，在深水区则需配重抛植或工具辅助扦插。定植毯可使沉水植物生长不受河道或湖泊底泥硬度的影响，在植物种植于定植毯后，可用砂袋或配重块使定植毯沉于水底，以提高沉水植物的存活率，并实现沉水植物的模块化种植。网箱种植是指将沉水植物种植于类似养鱼的网箱内，解决了沉水植物难种植、难固定等问题，可用于农业排水沟渠、废水塘等水体的修复。

（二）生态沉床技术

在以藻类为主的富营养化水体中，光照不足是沉水植物生长的主要限制因子，为解决这一问题，研究者们研发出渐沉式沉床和人工沉床等多种生态沉床技术。这些生态沉床技术是利用沉床载体和人工基质栽植沉水植物进行富营养化水体修复的技术。从沉水植物生长适应性出发，通过调节浮力实现沉床载体在水体中的深度，有效解决了应用沉水植物修复富营养化水体时的光抑制问题，利于沉水植物降低富营养化水体的营养盐含量。

生态沉床技术的沉床装置包括沉床载体、浮力层和升降调节系统 3 个部分。沉床载体是沉床装置的重要组成部分，利用人工基质为沉水植物根系生长提供支撑。为了防止二次污染并提高生态沉床技术对富营养化水体的净化效果，研究者已研发出多种新型生态基质，如植物纤维基质（利用棕毛和丝瓜络等制成）、改性膨润土和新型多孔材料（如颗粒活性炭和火山岩等），这些生态基质通常具有多孔状的粗糙表面并富含多种矿物质元素，可附着大量微生物，利于沉水植物生长，并与沉水植物根际微生物共同作用，促进难以被沉水植物吸收的有机磷转化为无机磷，从而被沉水植物吸收利用，最终达到改善水体和沉积物理化环境的目的。而且，这些生态基质还可为沉水植物、浮游动物、浮游植物和微生物等提供良好的生长载体，利于这些水生生物生长。可见，生态基质与沉水植物联合作用具有协同效应，且更具长效性和稳定性，对水生生态系统的可持续发展具有重要意义。近年来，利用沉水植物和人工沉床联合修复富营养化水体的实践越来越多，尤其是对水体较深、透明度较低的富营养化水体的修复，为加速富营养化水体植物重建及水生生态系统修复提供了新途径。

（三）联合固定化微生物技术

联合固定化微生物技术利用沉水植物与特定菌群（如固定化氮循环菌、固定化聚磷菌、固定化光合细菌等）的联合作用修复富营养化水体。沉水植物与固定化微生物联合作用对维持和提高富营养化水体的水质效果显著。迄今为止，研究者已经发现多种具有特定功能的菌群，主要是对氮、磷及有机物等具有降解转化作用的菌群；而且，利用沉水植物与固定化微生物联合修复富营养化水体的实践越来越多。但在功能菌筛选以及沉水植物与固定化微生物的协同作用和联合方式上仍有很多方面值得探究。例如，固定化光合细菌具有降解多种有机物的能力，白腐真菌可有效降解多环芳烃等有机物，但尚未见二者与沉水植物联合作用修复富营养化水体方面的研究报道。再如，针对一些富营养化程度严重、成分复杂的水体，宜同时使用多种功能微生物与沉水植物构建修复系统，以克服单一功能微生物难以去除多种富营养成分的缺陷，这对成分复杂的富营养化水体修复具有重要意义。

（四）人工湿地技术

近年来，人工湿地技术已广泛用于农业污水、养殖废水、城市地表径流、生活污水和工业废水等富营养化水体的修复实践，并取得了良好的效果。人工湿地中沉水植物的根际效应是去除富营养化水体中营养盐和有机物等成分的重要原因。同时，人工湿地中微生物的旺盛生长可促进沉水植物生长，二者协同作用对维持人工湿地的长期稳定具有重要意义。

二、生态修复工程中水生植物的选择

在进行生态修复项目的时候，需要对水环境进行充分的评估，才能够选择到合适的沉水植物。净化水体效果好的沉水植物并不一定适合所有的水体。这里以3个常见沉水植物的对比为例，金鱼藻适合在较高营养盐浓度的水体中生长，狐尾藻适宜在中度营养盐水体中生长，竹叶眼子菜适宜在低营养盐浓度的水体中。因此，要根据水体的营养水平来选择最适合的水生植物，切不可贪大求全，可忽视客观自然规律。

以下是在工程中应用较广泛的水生植物。按耐污能力先后排序，以供参考。

（一）金鱼藻

金鱼藻（*Ceratophyllum Linn*），相比其他沉水植物净化效果一般，繁殖快，播种效率高。缺点是种子萌发率较低，植株较脆弱，易折断，移栽不易。中国南北均有分布。

（二）狐尾藻

狐尾藻（*Myriophyllum Linn*），相比其他沉水植物净化效果一般，依靠断枝即可生根繁殖。繁殖速度快，生长期长。能够耐受弱碱性水。缺点是植株过长且易漂浮，景观效果略差。中国南北均有分布。

（三）菹草

菹草（*P. crispus Linn*），相比其他沉水植物净化效果较好，无性繁殖能力强，易播种。与大部分水生植物不同，菹草反季节生长，最适宜生长的温度为10～20℃，超过25℃生长受抑制，超过30℃腐烂。其冬春季生长的特点易与其他春夏季生长的植物匹配，从而实现四季植物的自然更替。缺点是在温度升高的夏季集中腐烂，将固定的营养物质集中腐烂并造成水质急剧恶化。另外，其生长繁殖迅速，易泛滥成灾，在河道中易堵塞河道。其植株较脆弱，不适合在流水中生长。中国南北均有分布，但越往南分布越少。

（四）苦草

苦草（*Vallisneris Linn*），相比其他沉水植物净化效果较好，主要通过地下茎进行克隆生长，繁殖速度快。缺点是不便于大规模移栽。主要分布在华中和华北地区。

（五）轮叶黑藻

轮叶黑藻[*H.vertillate*（*Linn. f*）*Royle*）]，相比其他沉水植物净化效果较好，生长繁殖快。缺点是植株易折断，不利于移栽。中国南北均有分布。

（六）伊乐藻

伊乐藻（*Elodeanuttallii*），相比其他沉水植物净化效果较好，生长繁殖快，移栽方便，成活率高，生长期长，四季存活。缺点是外来物种，有入侵风险，喜冷性，夏季易死亡，初春易形成单优群落。外来物种，我国历史上没有分布。

（七）竹叶眼子菜

竹叶眼子菜（*P. malaianus Miq*），相比其他沉水植物净化效果好，适应在流水中生长，除了水生以外，可以适应枯水后的湿生，对水位波动具有一定的耐受力。花絮挺出水面，种子易收集。缺点是植株较大较长，种子萌发率较低。

（八）轮藻

轮藻（*Chara Vaillant ex Linn*），相比其他沉水植物净化效果好，吸收水中矿物质能力强，是沉水植物中耐受深水能力最强的种类，生长繁殖快，在山西等水体偏碱性地区是主要的优势种。缺点是植株脆弱，不易移栽，低等植物，种子不易收集，倾向于生长在弱碱性水中。我国南北均有分布，但南方分布较少。

（九）微齿眼子菜

微齿眼子菜（*P. maackianusA. Been*），相比其他沉水植物净化效果非常好，历史上曾经是长江中下游优势种，繁殖速度快，可以扦插繁殖，断枝即可生根发芽。缺点是对水质要求高，不易成活。

三、沉水植物生长因子研究

目前黄河流域（河南段）生态系统退化，河口湿地严重萎缩，河道水生态系统退化，生物多样性减少，水生植物品种单一，河道局部污染严重，水沙失衡，河道淤积突出。

本节以沉水植物恢复，沉水植物、底质、流速等研究内容作为理论指导，针对黄河流域（河南段）二级支流范水河现状，在前人研究的基础上，探讨沉水植物在不同河道底质下、不同流速下的植物量以及对河道水质降解的影响。为不同底质、不同流速的河道水生态系统恢复提供理论依据。

（一）试验装置

试验装置如图 8-10 所示，装置尺寸为 $L×B×H$=1.8m×0.6m×1.2m，玻璃钢材质，装置分进水区、试验区、出水区，通过泵将进水区的水打到试验区，水从试验区末端的溢流堰跌落到出水区，以模拟无限长的水槽。试验区采用穿孔布水的形式，以尽可能达到均匀布水的目的。试验区设计：底质 30cm，水深 70cm。

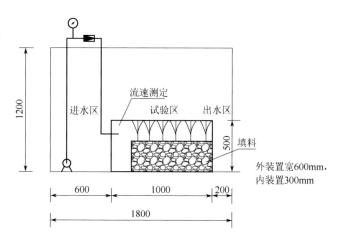

图 8-10 试验装置（单位：mm）

（二）试验材料

（1）试验水体：范水河河水（范水河与省道 208 交汇处河段，水质为（Ⅳ～Ⅴ类）。

（2）试验植物：苦草、黑藻（外采）。沉水植物苦草和黑藻外采，在试验之前采用范水河河道水在室外培养驯化一周，取涨势相同、生长状况良好的成株。试验在室外进行，采用室外自然光照。

（3）试验底质：底泥（范水河与省道 208 交汇处河段）、泥沙（孟楼村段）、砂石（王庄村段）。

（三）试验方案

（1）测定苦草在底泥和黄沙两种底质条件下，在流速分别为 0.5m/s、1.0m/s、1.5m/s 时的水质净化效果。

（2）测定黑藻在底泥和黄沙两种底质条件下，在流速分别为 0.5m/s、1.0m/s、1.5m/s 时的水质净化效果。

（四）试验结果及结论

1. 苦草在底泥基质中在水体流速为 0.5m/s、1.0m/s、1.5m/s 时的水质净化效果

模拟系统在 2 月 27 日至 3 月 18 日，水体流速为 0.5m/s 时，溶解氧浓度为 8.86～9.55mg/L，系统水温为 15.2～20.5℃。模拟系统在 12 月 30 日至次年 1 月 12 日，水体流速为 1.0m/s 时，溶解氧浓度为 6.50～9.40mg/L，系统水温为 14.3～19.1℃。模拟系统在 1 月 14—24 日，水体流速为 1.5m/s 时，溶解氧浓度为 9.89～10.83mg/L，系统水温为 14.3～19.1℃。

（1）系统对 COD 的去除率。不同流速时反映系统出水 COD 浓度、去除率随时间的变化见图 8-11。

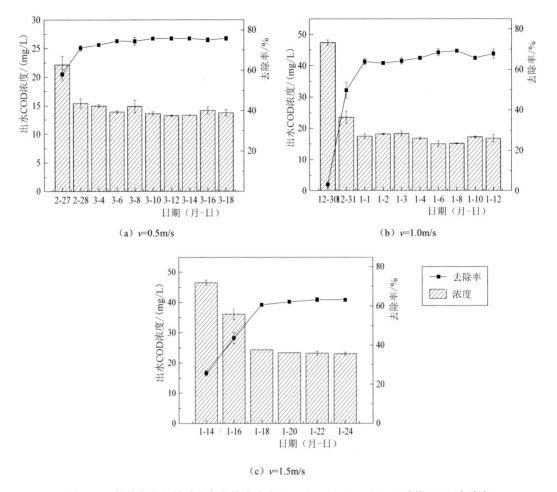

图 8-11 苦草在底泥基质中在水体流速为 0.5m/s、1.0m/s、1.5m/s 时的 COD 去除率

当水体流速控制为 0.5m/s 时，系统进水浓度为 55.23mg/L，出水 COD 浓度为 13.36～23.20mg/L，COD 去除率为 58.00%～75.81%。当水体流速控制为 1.0m/s 时，系统进水浓度为 49.58mg/L，出水 COD 浓度为 15.66～48.02mg/L，COD 去除率为 3.15%～69.19%。当水体流速控制为 1.5m/s 时，系统进水浓度为 61.73mg/L，出水 COD 浓度为 22.71～45.92mg/L，COD 去除率为 25.62%～63.16%。

当水体流速从 0.5m/s 提高到 1.5m/s 时，苦草在底泥基质中对 COD 的去除率有所降低，最高去除率从 75.81% 降低到 63.16%，这说明流速、水力负荷降低了去除效果。

（2）系统对 TN 的去除率。不同流速时反映系统出水 TN 浓度、去除率随时间的变化见图 8-12。

当水体流速控制为 0.5m/s 时，系统进水浓度为 9.72mg/L，出水 TN 浓度为 4.73～8.32mg/L，TN 去除率为 14.40%～52.42%。当水体流速控制为 1.0m/s 时，系统进水浓度为 9.30mg/L，出水 TN 浓度为 5.08～9.21mg/L，TN 去除率为 0.97%～45.38%。当水体流速控制为 1.5m/s 时，系统进水浓度为 9.16mg/L，出水 TN 浓度为 7.17～7.75mg/L，TN 去除率为 15.45%～21.78%。

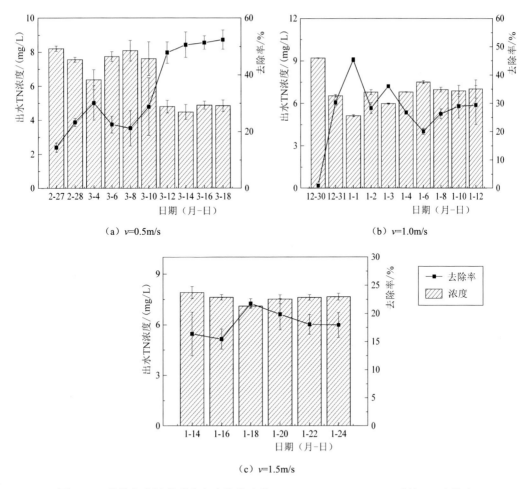

（a）v=0.5m/s

（b）v=1.0m/s

（c）v=1.5m/s

图 8-12　苦草在底泥基质中在水体流速为 0.5m/s、1.0m/s、1.5m/s 时的 TN 去除率

当水体流速从 0.5m/s 提高到 1.5m/s 时，苦草在底泥基质中对 TN 的去除率有所降低，最高去除率从 52.42%降低到 21.78%，这主要是由于水力负荷增加，苦草与污水的有效接触时间变短，水在系统中水力停留时间缩短，另外和硝化菌的平均世代时间（水温为 20℃和 10℃时，分别为 3.3d 和 10d）差距变大；且部分硝化菌会随水流被带出系统，从而抑制了硝化作用，使总氮去除率有所降低。另外，水体流速为 1.5m/s 时的水温比 0.5m/s 时的水温整体稍低，温度低时 TN 去除率较低，所以 TN 去除率有所降低。

（3）系统对 NH_3-N 的去除率。不同流速时反映系统出水 NH_3-N 浓度、去除率随时间的变化见图 8-13。

当水体流速控制为 0.5m/s 时，系统进水浓度为 4.69mg/L，出水 NH_3-N 浓度为 0.24～2.52mg/L，NH_3-N 去除率为 46.27%～94.99%。当水体流速控制为 1.0m/s 时，系统进水浓度为 5.60mg/L，出水 NH_3-N 浓度为 1.79～4.89mg/L，NH_3-N 去除率为 12.77%～68.13%。当水体流速控制为 1.5m/s 时，系统进水浓度为 4.81mg/L，出水 NH_3-N 浓度为 1.69～3.41mg/L，NH_3-N 去除率为 29.21%～64.97%。

当水体流速从 0.5m/s 提高到 1.5m/s 时，苦草在底泥基质中对氨氮的去除率有所降低，最高去除率从 94.99%降低到 64.97%，氨氮浓度随水力负荷变化原因与总氮变化原因类似。

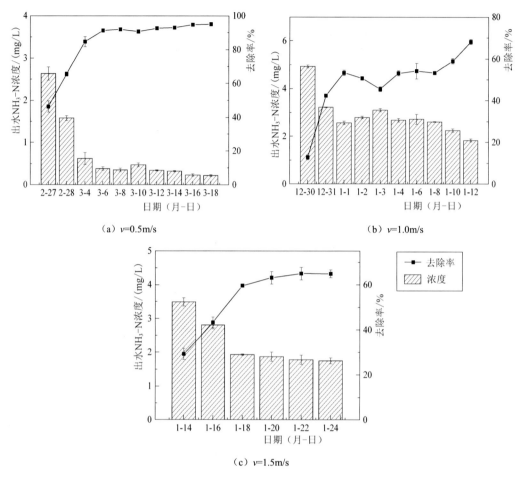

（a）v=0.5m/s

（b）v=1.0m/s

（c）v=1.5m/s

图 8-13　苦草在底泥基质中在水体流速为 0.5m/s、1.0m/s、1.5m/s 时的 NH₃-N 去除率

（4）系统对 TP 的去除率。不同流速时反映系统出水 TP 浓度、去除率随时间的变化见图 8-14。

当水体流速控制为 0.5m/s 时，系统进水浓度为 1.01mg/L，出水 TP 浓度为 0.50～0.68mg/L，TP 去除率为 32.67%～51.00%。当水体流速控制为 1.0m/s 时，系统进水浓度为 0.96mg/L，出水 TP 浓度为 0.62～0.87mg/L，TP 的去除率为 9.90%～35.42%。当水体流速控制为 1.5m/s 时，系统进水浓度为 1.00mg/L，出水 TP 浓度为 0.71～0.95mg/L，TP 去除率为 5.00%～29.50%。

当水体流速从 0.5m/s 提高到 1.5m/s 时，苦草在底泥基质中对 TP 的去除率有所降低，最高去除率从 51.00%降低到 39.50%。当水力负荷增加时，苦草与水的有效接触时间减少，根系、茎和叶吸收磷的能力减弱；另外，水在系统中水力停留时间缩短，水与底泥的接触时间也减少，则水中的磷素向底泥表面扩散和向吸附点位靠近的机会就随之减少，因而总磷去除率有所降低。

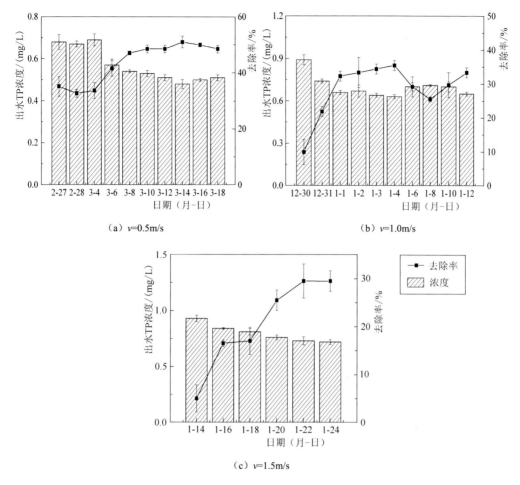

图8-14　苦草在底泥基质中在水体流速为0.5m/s、1.0m/s、1.5m/s时的TP去除率

在本实验条件下，系统对总磷的去除率是比较高的，这可能是由于苦草对总磷的吸收造成的。苦草在底泥基质中可以利用其发达的根系吸收水中的磷；还有研究者认为茎叶也有可能吸收水体中的磷，并且其皮层细胞中的叶绿素还可以进行光合作用；另外，也可能和底泥的吸附和拦截等作用有关。

2. 苦草在黄沙基质中在水体流速为0.5m/s、1.0m/s、1.5m/s时的水质净化效果

模拟系统在7月8—15日期间，水体流速为0.5m/s时，溶解氧浓度为6.11～6.81mg/L，系统水温为30.1～31.1℃。模拟系统在6月30日至7月7日期间，水体流速为1.0m/s时，溶解氧浓度为6.83～7.22mg/L，系统水温为28.6～31.1℃。模拟系统在6月11日至6月19日期间，水体流速为1.5m/s时，溶解氧浓度为6.52～7.32mg/L，系统水温为26.0～30.1℃。

（1）系统对COD的去除率。不同流速时反应系统出水COD浓度、去除率随时间的变化见图8-15。

当水体流速控制为0.5m/s时，系统进水浓度为47.51mg/L，出水COD浓度为8.41～20.62mg/L，COD去除率为56.60%～82.31%。当水体流速控制为1.0m/s时，系统进水浓度

为 41.79mg/L，出水 COD 浓度为 9.36～14.73mg/L，COD 去除率为 64.74%～77.61%。当水体流速控制为 1.5m/s 时，系统进水浓度为 41.87mg/L，出水 COD 浓度为 9.93～16.89mg/L，COD 去除率为 59.66%～76.30%。

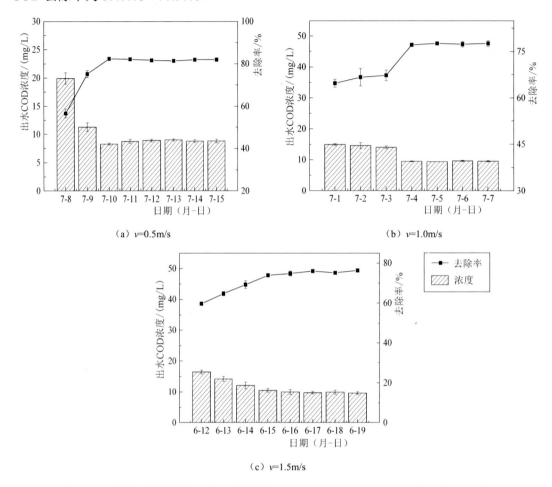

（a）v=0.5m/s　　　　　　　　　　（b）v=1.0m/s

（c）v=1.5m/s

图 8-15　苦草在黄沙基质中在水体流速为 0.5m/s、1.0m/s、1.5m/s 时的 COD 去除率

当水体流速从 0.5m/s 提高到 1.5m/s 时，苦草在黄沙基质中对 COD 的去除率有所降低，最高去除率从 82.31%降低到 76.30%，变化原因与底泥基质类似。

（2）系统对 TN 的去除率。不同流速时反映系统出水 TN 浓度、去除率随时间的变化见图 8-16。

当水体流速控制为 0.5m/s 时，系统进水浓度为 11.44mg/L，出水 TN 浓度为 6.98～9.65mg/L，TN 去除率为 15.65%～38.99%。当水体流速控制为 1.0m/s 时，系统进水浓度为 9.86mg/L，出水 TN 浓度为 5.23～8.25mg/L，TN 去除率为 16.38%～47.00%。当水体流速控制为 1.5m/s 时，系统进水浓度为 9.63mg/L，出水 TN 浓度为 7.95～9.30mg/L，TN 去除率为 1.09%～9.50%。

当水体流速从 0.5m/s 提高到 1.5m/s 时，苦草在黄沙基质中对 TN 的去除率明显降低，最高去除率从 38.99%降低到 9.50%，变化原因与底泥基质类似。和基质为底泥时相比，基质为黄沙时系统对 TN 的去除率明显降低，说明黄沙基质影响苦草的生长发育；另外，黄沙作为基质不能很好地固定苦草的根系，因此其在黄沙中生长能力稍弱。综上所述，黄沙作为苦草生长基质时，系统对 TN 的去除率有所降低。

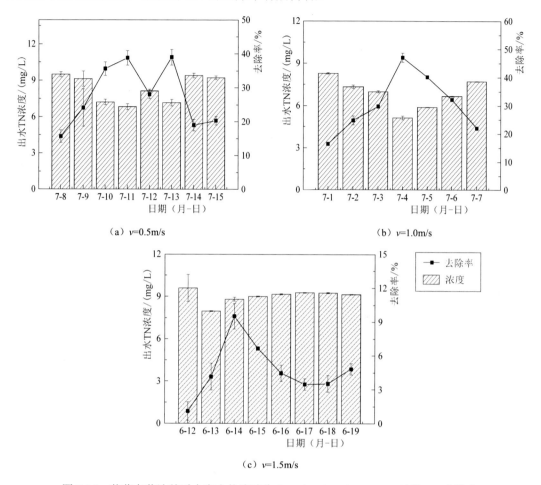

（a）v=0.5m/s

（b）v=1.0m/s

（c）v=1.5m/s

图 8-16 苦草在黄沙基质中在水体流速为 0.5m/s、1.0m/s、1.5m/s 时的 TN 去除率

（3）系统对 NH₃-N 的去除率。不同流速时反映系统出水 $NH_3\text{-}N$ 浓度、去除率随时间的变化见图 8-17。

当水体流速控制为 0.5m/s 时，系统进水浓度为 3.84mg/L，出水 $NH_3\text{-}N$ 浓度为 0.39～2.79mg/L，$NH_3\text{-}N$ 去除率为 27.81%～90.04%。当水体流速控制为 1.0m/s 时，系统进水浓度为 3.95mg/L，出水 $NH_3\text{-}N$ 浓度为 1.13～3.09mg/L，$NH_3\text{-}N$ 去除率为 21.65%～71.47%。当水体流速控制为 1.5m/s 时，系统进水浓度为 4.87mg/L，出水 $NH_3\text{-}N$ 浓度为 1.79～3.60mg/L，$NH_3\text{-}N$ 去除率为 26.18%～63.24%。

当水体流速从 0.5m/s 提高到 1.5m/s 时，苦草在黄沙基质中对氨氮的去除率有所降低，最高去除率从 94.99%降低到 64.97%，氨氮浓度随水力负荷变化原因与总氮变化原因类似。和基质为底泥时相比，基质为黄沙时系统对氨氮的去除率明显降低，但总体对氨氮还保持较高的去除率。在基质为黄沙时，苦草仍可以大量吸收氨氮，但底泥作为基质时，能提供大量的营养元素，这是黄沙作为基质所不能比拟的。综上所述，黄沙作为苦草生长基质时，系统对氨氮的去除率有所降低。

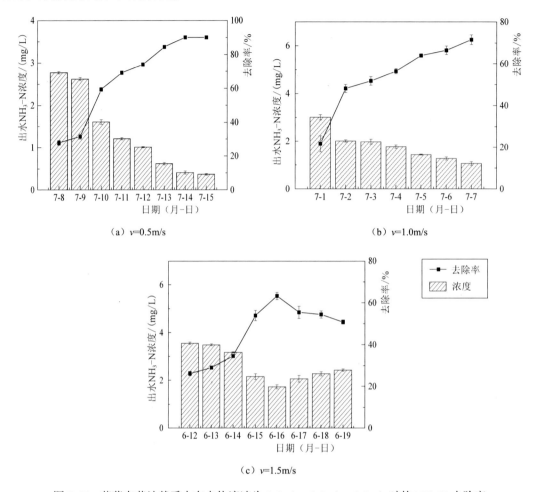

（a）v=0.5m/s

（b）v=1.0m/s

（c）v=1.5m/s

图 8-17　苦草在黄沙基质中在水体流速为 0.5m/s、1.0m/s、1.5m/s 时的 NH_3-N 去除率

（4）系统对 TP 的去除率。不同流速时反映系统出水 TP 浓度、去除率随时间的变化见图 8-18。

当水体流速控制为 0.5m/s 时，系统进水浓度为 0.83mg/L，出水 TP 的浓度为 0.55～0.75mg/L，TP 去除率为 9.64%～33.73%。当水体流速控制为 1.0m/s 时，系统进水浓度为 0.99mg/L，出水 TP 浓度为 0.69～0.81mg/L，TP 去除率为 19.08%～30.10%。当水体流速控制为 1.5m/s 时，系统进水浓度为 0.97mg/L，出水 TP 浓度为 0.81～0.92mg/L，TP 去除率为 5.17%～16.60%。

当水体流速从 0.5m/s 提高到 1.5m/s 时，苦草在底泥基质中对 TP 的去除率有所降低，最高去除率从 33.73%降低到 16.60%。当水力负荷增加，黄沙为基质时，苦草与水、水与黄沙的接触时间减少，则水中的磷素向黄沙表面扩散和向吸附点位靠近的机会就随之减少，因而总磷去除率有所降低。

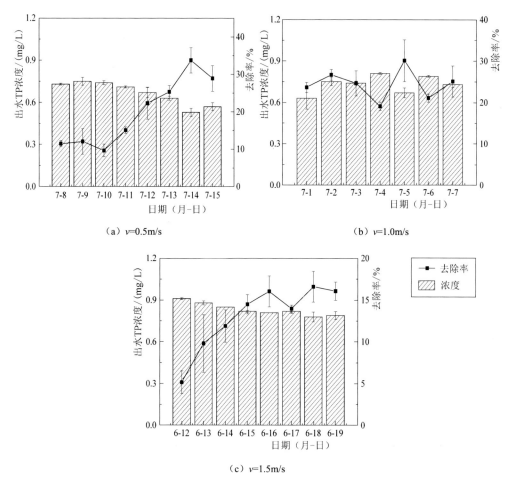

（a）v=0.5m/s

（b）v=1.0m/s

（c）v=1.5m/s

图 8-18 苦草在黄沙基质中在水体流速为 0.5m/s、1.0m/s、1.5m/s 时的 TP 去除率

底泥为基质时，苦草生长较好，根系较发达，故去除 TP 的效果较好，而当黄沙为基质时，贫瘠的黄沙上苦草的生长也受到限制，因为苦草要分配很多的生物量到根系以吸收生长所需要的营养。

3. 黑藻在底泥基质中在水体流速为 0.5m/s、1.0m/s、1.5m/s 时的水质净化效果

模拟系统在 5 月 23 日至 6 月 2 日期间，水体流速为 0.5m/s 时，溶解氧浓度为 7.03～7.59mg/L，系统水温为 24.9～27.3℃。模拟系统在 3 月 26 日至 4 月 4 日期间，水体流速为 1.0m/s 时，溶解氧浓度为 8.89～9.50mg/L，系统水温为 15.3～15.6℃。模拟系统在 4 月 11 日至 4 月 20 日期间，水体流速为 1.5m/s 时，溶解氧浓度为 7.91～8.33mg/L，系统水温为 21.5～22.7℃。

（1）系统对 COD 的去除率。不同流速时反映系统出水 COD 浓度、去除率随时间的变化见图 8-19。

当水体流速控制为 0.5m/s 时，系统进水浓度为 55.0mg/L，出水 COD 浓度范围为 8.19～30.49mg/L，COD 去除率为 44.56%～85.12%。当水体流速控制为 1.0m/s 时，系统进水浓度为 57.19mg/L，出水 COD 浓度为 9.45～31.58mg/L，COD 的去除率为 44.78%～83.48%。当

水体流速控制为 1.5m/s 时，系统进水浓度为 49.37mg/L，出水 COD 浓度为 11.55～26.04mg/L，COD 去除率为 47.27%～76.62%。

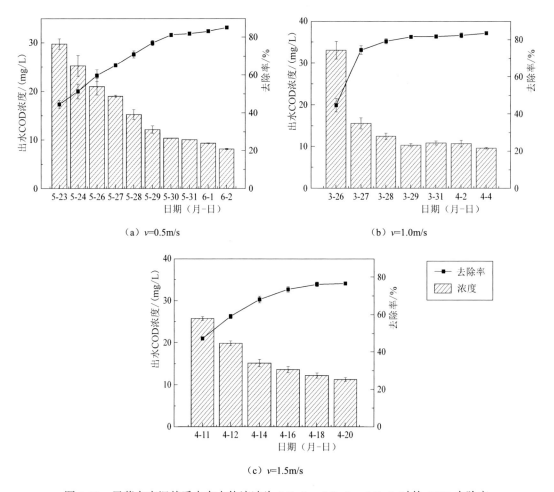

（a）v=0.5m/s

（b）v=1.0m/s

（c）v=1.5m/s

图 8-19　黑藻在底泥基质中在水体流速为 0.5m/s、1.0m/s、1.5m/s 时的 COD 去除率

当水流速度较小时，黑藻对 COD 有较高的去除率，另外，夏季较高的水温也有利于黑藻对有机物的降解。沉水植物为黑藻、基质为底泥，水体流速为 0.5m/s 时系统对 COD 的去除率比植物为苦草时相同实验条件下的去除率（75.81%）高。

当水体流速从 0.5m/s 提高到 1.5m/s 时，黑藻在底泥基质中对 COD 的去除率有所降低，最高去除率从 85.12% 降低到 76.62%。当水体流速为 1.5m/s，底泥基质时，黑藻比苦草有更强的去除水体中 COD 的能力，约高 63.16%。

（2）系统对 TN 的去除率。不同流速时反映系统出水 TN 浓度、去除率随时间的变化见图 8-20。

当水体流速控制为 0.5m/s 时，系统进水浓度为 8.73mg/L，出水 TN 浓度为 5.08～7.91mg/L，TN 去除率为 9.45%～41.87%。当水体流速控制为 1.0m/s 时，系统进水浓度为 9.01mg/L，出水 TN 浓度为 5.53～8.79mg/L，TN 去除率为 2.50%～38.62%。当水体流速控制为 1.5m/s 时，系统进水浓度为 8.19mg/L，出水 TN 浓度为 5.21～7.55mg/L，TN 去除率为 7.81%～36.39%。

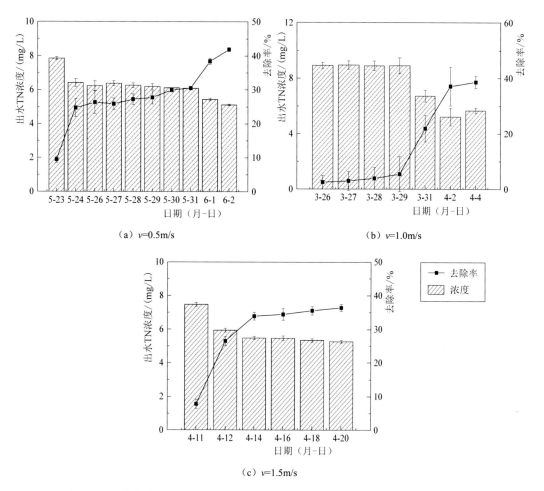

（a）v=0.5m/s

（b）v=1.0m/s

（c）v=1.5m/s

图 8-20　黑藻在底泥基质中在水体流速为 0.5m/s、1.0m/s、1.5m/s 时的 TN 去除率

当水体流速从 0.5m/s 提高到 1.5m/s 时，黑藻在底泥基质中对 TN 的去除率有所降低，最高去除率从 41.87% 降低到 36.39%。当水体流速为 1.5m/s，底泥基质时，黑藻比苦草有更强的去除水体中 TN 的能力，约高 21.78%。

（3）系统对 NH_3-N 的去除率。不同流速时反映系统出水 NH_3-N 浓度、去除率随时间的变化见图 8-21。

当水体流速控制为 0.5m/s 时，系统进水浓度为 2.28mg/L，出水 NH_3-N 浓度为 0.13～1.43mg/L，NH_3-N 去除率为 37.50%～94.30%。当水体流速控制为 1.0m/s 时，系统进水浓度为 4.35mg/L，出水 NH_3-N 浓度为 0.50～3.17mg/L，NH_3-N 去除率为 27.13%～88.62%。当水体流速控制为 1.5m/s 时，系统进水浓度为 3.17mg/L，出水 NH_3-N 浓度为 0.74～2.30mg/L，NH_3-N 去除率为 27.44%～76.81%。

当水体流速从 0.5m/s 提高到 1.5m/s 时，黑藻在底泥基质中对 NH_3-N 的去除率有所降低，最高去除率从 94.30%降低到 76.81%，其原因和水体流速提高到 1.0m/s 类似。当水体流速为 1.5m/s，底泥基质时，黑藻比苦草有更强的去除水体中 NH_3-N 的能力，约高 64.97%。

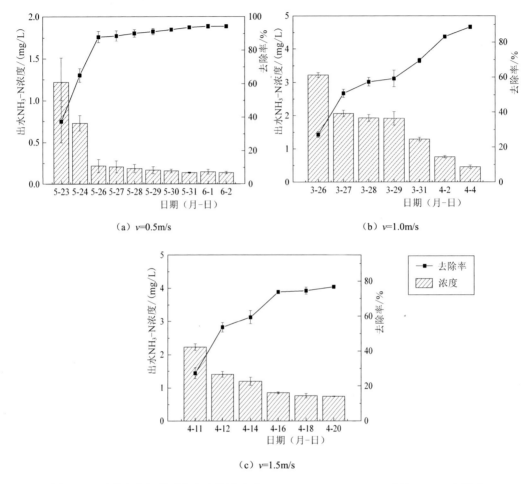

图 8-21　黑藻在底泥基质中在水体流速为 0.5m/s、1.0m/s、1.5m/s 时的 NH_3-N 去除率

（4）系统对 TP 的去除率。不同流速时反映系统出水 TP 浓度、去除率随时间的变化见图 8-22。

当水体流速控制为 0.5m/s 时，系统进水浓度为 0.90mg/L，出水 TP 浓度为 0.38～0.85mg/L，TP 去除率为 6.11%～58.33%。当水体流速控制为 1.0m/s 时，系统进水浓度为 0.98mg/L，出水 TP 浓度为 0.55～0.83mg/L，TP 去除率为 15.31%～43.88%。当水体流速控制为 1.5m/s 时，系统进水浓度为 0.91mg/L，出水 TP 浓度为 0.55～0.87mg/L，TP 去除率为 4.95%～39.56%。

当水体流速从 0.5m/s 提高到 1.5m/s 时，黑藻在底泥基质中对 TP 的去除率有所降低，最高去除率从 58.33%降低到 39.56%。当水体流速为 1.5m/s，底泥基质时，黑藻比苦草有更强的去除水体中 TP 的能力，约高 20.95%。

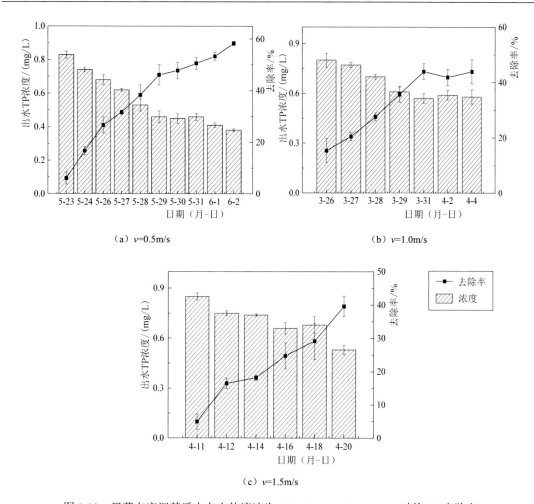

（a）v=0.5m/s　　　　　　　　（b）v=1.0m/s

（c）v=1.5m/s

图 8-22　黑藻在底泥基质中在水体流速为 0.5m/s、1.0m/s、1.5m/s 时的 TP 去除率

4. 黑藻在黄沙基质中在水体流速为 0.5m/s、1.0m/s、1.5m/s 时的水质净化效果

模拟系统在 8 月 4 日至 8 月 11 日期间，水体流速为 0.5m/s 时，溶解氧浓度为 6.17～6.63mg/L，系统水温为 30.1～31.1℃。模拟系统在 7 月 26 日至 8 月 2 日期间，水体流速为 1.0m/s 时，溶解氧浓度为 6.26～6.83mg/L，系统水温为 30.1～31.2℃。模拟系统在 7 月 17 日至 7 月 24 日期间，水体流速为 1.5m/s 时，溶解氧浓度为 6.19～6.93mg/L，系统水温为 30.2～31.4℃。

（1）系统对 COD 的去除率。不同流速时反映系统出水 COD 浓度、去除率随时间的变化见图 8-23。

当水体流速控制为 0.5m/s 时，系统进水浓度为 50.38mg/L，出水 COD 浓度为 10.75～27.10mg/L，COD 去除率为 46.21%～78.66%。当水体流速控制为 1.0m/s 时，系统进水浓度为 54.00mg/L，出水 COD 浓度为 10.93～41.61mg/L，COD 去除率为 22.97%～79.77%。当水体流速控制为 1.5m/s 时，系统进水浓度为 46.97mg/L，出水 COD 浓度为 10.45～26.24mg/L，COD 去除率为 44.14%～77.76%。

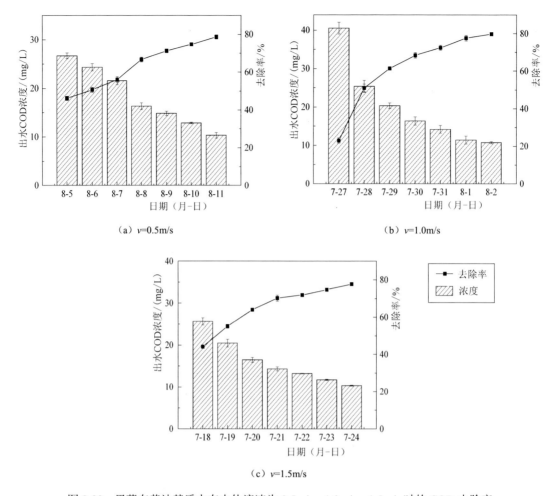

（a）$v=0.5\text{m/s}$

（b）$v=1.0\text{m/s}$

（c）$v=1.5\text{m/s}$

图 8-23　黑藻在黄沙基质中在水体流速为 0.5m/s、1.0m/s、1.5m/s 时的 COD 去除率

当水体流速从 0.5m/s 提高到 1.5m/s 时，最高去除率变化不大，说明系统对有机物的去除有一定的耐水力负荷能力。和基质为底泥（去除率为 76.62%）时相比，黄沙基质时系统对 COD 的最高去除率变化不大。沉水植物为黑藻、基质为黄沙，水体流速为 1.5m/s 时系统对 COD 的去除率比苦草（去除率为 76.30%）时稍高，但变化不大。

（2）系统对 TN 的去除率。不同流速时反映系统出水 TN 浓度、去除率随时间的变化见图 8-24。

当水体流速控制为 0.5m/s 时，系统进水浓度为 9.99mg/L，出水 TN 浓度为 8.23～9.52mg/L，TN 去除率为 4.71%～17.63%。当水体流速控制为 1.0m/s 时，系统进水浓度为 9.36mg/L，出水 TN 浓度为 6.62～9.23mg/L，TN 去除率为 1.34%～29.28%。当水体流速控制为 1.5m/s 时，系统进水浓度为 8.71mg/L，出水 TN 浓度为 6.65～8.49mg/L，TN 去除率为 2.55%～23.53%。

当水体流速从 0.5m/s 提高到 1.5m/s 时，黑藻在黄沙基质中对 TN 的去除率明显变化不大，而且稍有增大，这说明系统具有一定的耐水力负荷能力。和基质为底泥（去除率为

36.39%）时相比，黄沙基质系统对 TN 的最高去除率有所降低。当水体流速为 1.5m/s，黄沙基质时，黑藻比苦草有更强的去除水体中 TN 的能力，约高 9.50%。

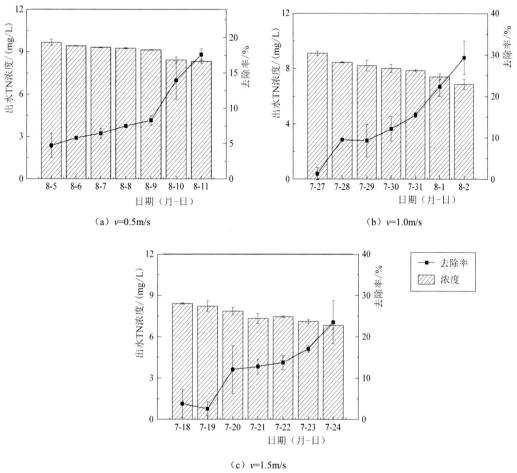

（a）v=0.5m/s

（b）v=1.0m/s

（c）v=1.5m/s

图 8-24　黑藻在黄沙基质中在水体流速为 0.5m/s、1.0m/s、1.5m/s 时的 TN 去除率

（3）系统对 NH_3-N 的去除率。不同流速时反映系统出水 NH_3-N 浓度、去除率随时间的变化见图 8-25。

当水体流速控制为 0.5m/s 时，系统进水浓度为 3.45mg/L，出水 NH_3-N 浓度为 0.26～1.38mg/L，NH_3-N 去除率为 59.94%～92.60%。当水体流速控制为 1.0m/s 时，系统进水浓度为 4.18mg/L，出水 NH_3-N 浓度为 0.84～3.50mg/L，NH_3-N 去除率为 16.24%～80.01%。当水体流速控制为 1.5m/s 时，系统进水浓度为 4.44mg/L，出水 NH_3-N 浓度为 2.02～4.05mg/L，NH_3-N 去除率为 8.78%～54.43%。

当水体流速从 0.5m/s 提高到 1.5m/s 时，黑藻在黄沙基质中对氨氮的去除率有所降低，最高去除率从 92.60%降低到 54.43%。和基质为底泥（76.81%）时相比，黄沙为基质时系统对氨氮的最高去除率有所降低。

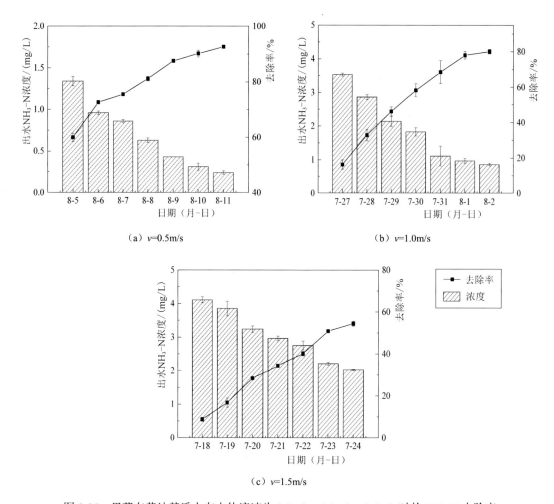

（a）v=0.5m/s

（b）v=1.0m/s

（c）v=1.5m/s

图 8-25　黑藻在黄沙基质中在水体流速为 0.5m/s、1.0m/s、1.5m/s 时的 NH₃-N 去除率

（4）系统对 TP 的去除率。不同流速时反映系统出水 TP 浓度、去除率随时间的变化见图 8-26。

当水体流速控制为 0.5m/s 时，系统进水浓度为 0.90mg/L，出水 TP 浓度为 0.47～0.84mg/L，TP 去除率为 6.67%～48.32%。当水体流速控制为 1.0m/s 时，系统进水浓度为 0.95mg/L，出水 TP 浓度为 0.62～0.86mg/L，TP 去除率为 10.00%～34.74%。当水体流速控制为 1.5m/s 时，系统进水浓度为 0.93mg/L，出水 TP 浓度为 0.62～0.87mg/L，TP 去除率为 5.95%～33.51%。

当水体流速从 0.5m/s 提高到 1.5m/s 时，黑藻在黄沙基质中对 TP 的去除率有所降低，最高去除率从 48.32%降低到 33.51%。和基质为底泥（去除率为 39.56%）时相比，黄沙为基质时系统对 TP 的最高去除率有所降低。当水体流速为 1.5m/s，黄沙基质时，黑藻比苦草有更强的去除水体中 TP 的能力，约高 16.60%。

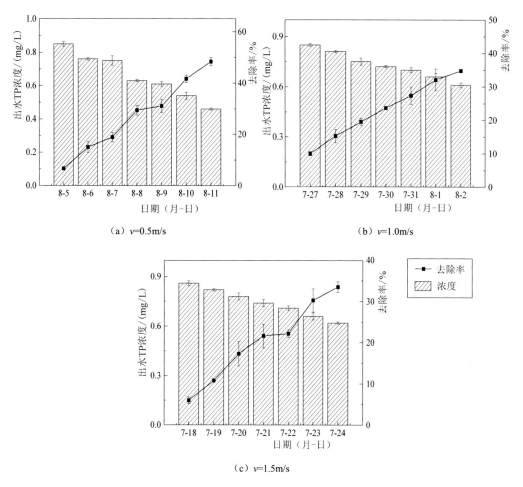

图 8-26 黑藻在黄沙基质中在水体流速为 0.5m/s、1.0m/s、1.5m/s 时的 TP 去除率

第九章　固废资源利用关键技术研究

第一节　固体废弃物处理技术

黄河流域（河南段）固体废弃物的处理技术体系包括固体废弃物的处理方法和固体废弃物的处置方法两个方面。

一、固体废弃物的处理

（一）物理处理

物理处理是通过浓缩或相关变化改变固体废弃物结构，但不破坏固体废弃物的一种处理方法，包括压实、破碎、分选、增稠、干燥和蒸发等，主要作为一种预处理技术。

固体废弃物的特点是体积庞大，成分复杂且不均匀，因此，为达到固体废弃物的减量化、资源化和无害化的目的，对固体废弃物进行破碎处理显得尤为重要。破碎是通过人力或机械等外力的作用，破坏物体内部的凝聚力和分子间作用力而使物体破裂变碎的操作过程。若再进一步加工，将小块固体废弃物颗粒分裂成细粉状的过程称为磨碎。破碎是固体废弃物处理技术中最常用的预处理工艺。

固体废弃物的分选简称废物分选，是废物处理的一个操作单元，其目的是将废物中可回收利用的或对后续处理与处置有害的成分分选出来。废物分选是根据废物物料的性质（如分选物料的粒度、密度、电性、磁性、光电性、摩擦性、弹性以及表面润湿性）差异来进行分离；分选方法包括筛分、重力分选、磁选、电选、光电选、浮选及简单原始的人工分选。

（二）化学处理

化学处理是采用化学方法破坏固体废弃物中的有害成分，从而达到无害化，或将其转变成为适于进一步处理、处置的形态。由于化学反应条件复杂、影响因素较多，故化学处理方法通常只用在所含成分单一或所含几种化学成分特性相似的废弃物处理方面。对于混合废物，化学处理可能达不到预期的目的。化学处理方法包括氧化、还原、中和、化学沉淀和固化等。

（三）生物处理

生物处理是利用微生物分解固体废弃物中可降解的有机物，从而达到无害化或综合利用。固体废弃物经过生物处理，在容积、形态和组成等方面均发生重大变化，因而便于运输、贮存、利用和处置。生物处理方法包括好氧处理、厌氧处理和兼性厌氧处理。与化学处理方法相比，生物处理在经济上一般比较便宜，应用也相当普遍，但处理过程所需时间较长，处理效率有时不够稳定。

厌氧发酵（或称厌氧消化）是一种普遍存在于自然界的微生物过程。凡是在有有机物和一定水分存在的地方，只要供氧条件不好或有机物含量多，都会发生厌氧发酵现象，使有机物经厌氧分解而产生 H_2、CH_4、CO_2 和 H_2S 等气体。

厌氧发酵在微生物生理学中的定义是：在没有外加氧化剂的条件下，被分解的有机物作为还原剂被氧化，而另一部分有机物作为氧化剂被还原的生物学过程。现代工业则把利用微生物生产菌体、酶或各种代谢产物的过程都称为发酵（或消化）。从环境污染治理的角度来说，发酵技术是指以废水或固体废弃物中的有机污染物为营养源，创造有利于微生物生长繁殖的良好环境，利用微生物的异化分解和同化合成的生理功能，使得这些有机污染物转化为无机物质和自身的细胞物质，从而达到消除污染、净化环境的目的。

堆肥化就是利用自然界广泛分布的细菌、放线菌和真菌等微生物，以及由人工培养的工程菌等，在一定的人工条件下，有控制地促进固体废弃物中可降解有机物转化为稳定的腐殖质的生物化学过程。固体废弃物经过堆肥化处理，制得的成品叫作堆肥。它是一类呈深褐色、质地疏松、有泥土气味的物质，形同泥炭，腐殖质含量很高，故也称为"腐殖土"，是一种具有一定肥效的土壤改良剂和调节剂。

（四）焚烧处理

焚烧处理是利用燃烧反应使固体废弃物中的可燃性物质发生氧化反应达到减容并利用其热能的目的。有时焚烧处理不当可能造成局部大气颗粒物浓度增加，因此对焚烧的场地及焚烧设施要有一定的要求。

（五）热解处理

将固体废弃物中的有机物在高温下裂解获取轻质燃料，如废塑料、废橡胶的热解。

热解是利用有机物的热不稳定性，在无氧或缺氧条件下对其进行加热蒸馏，使有机物产生热裂解，生成小分子物质（燃料气、燃料油）和固体残渣的不可逆的过程。通过对其进行热解处理，可以把固体废弃物的消极处理转变为积极的回收利用，从而把固体废弃物产量大和能源不足有机地协调起来。

（六）固化处理

固化处理就是采用一种固化基材，将固体废弃物包覆以减少其对环境的危害，使之能较安全地被运输和处置。

固化/稳定化技术是处理重金属废弃物和其他非金属危险废弃物的重要手段，是危险废弃物管理中的一项重要技术，在区域性集中管理系统中占有重要的地位。其他固体废弃物经无害化、减量化处理后，亦需要经过固化/稳定化处理，才能进行最终处置或加以利用。固化/稳定化技术作为固体废弃物最终处置的预处理技术，在国内外已得到广泛的应用。

二、固体废弃物的处置

填埋技术作为固体废物的最终处置方法，目前仍然是包括河南省在内的中国大多数地区解决固体废弃物出路的主要方法。根据环保措施（如场底防渗、分层压实、每天覆盖、填埋气排导、渗滤液处理和虫害防治等）是否齐全、环保标准是否满足来判断，我国的固体废物填埋场可分为三个等级。

（一）卫生填埋

根据填埋场中固废降解的机理，填埋场可分为好氧、准好氧和厌氧三种类型。好氧填埋场是在固废填埋体内布设通风管网，用鼓风机向填埋体内送入空气。填埋场内有充足的氧气，使好氧分解加速，固废性质较快稳定，堆体迅速沉降。准好氧填埋场结构的集水井末端敞开，利用自然通风，空气通过集水管向填埋层中流通。填埋层中的有机废弃物和空气接触，由于好氧分解，产生二氧化碳气体，气体经排气设施或立渠放出。厌氧填埋场在垃圾填埋体内无须供氧，基本上处于厌氧分解状态。由于无须强制鼓风供氧，简化结构，降低了电耗，使投资和运营费大为减少，管理变得简单，同时，不受气候条件、垃圾成分和填埋高度限制，适应性广。

（二）可持续填埋

固体废弃物在填埋场内会发生一系列的生物降解和物理化学转化。固体废弃物的成分、压实密度、填埋年龄及填埋深度、填埋场地理位置和水文气象条件等均与垃圾的降解速度、填埋场稳定化进程有关。如果将填埋场看作一个巨大的生物反应器，其潜在的资源利用价值就不会被忽视。可持续填埋技术就是将填埋场看作生物反应器，并在这个生物反应器反应结束后，开采和利用其中价值巨大的矿化垃圾，开采后的填埋场可以腾出空间作为新的生活垃圾填埋空间，从而极大地延长填埋场的使用寿命。通过生活垃圾填埋—填埋场稳定化—矿化垃圾形成与开采利用—生活垃圾再填埋的循环，增扩了传统生活垃圾填埋场的库容和填埋年限，实现了矿化垃圾、填埋气体及渗滤液的回收利用。

（三）其他

矿化垃圾床处理渗滤液技术。

渗滤液营养元素失衡以及大的水质波动使得常规的生物处理方式并不合适其达标处理。而高浓度的溶解性固体物质，特别是一些阳离子物质使得渗滤液在流动过程中易在管道中沉积。渗滤液的高毒性、高水质波动性要求处理工艺具有相当的抗冲击负荷能力，因此渗滤液的处理需减少其在管道中的运送距离，并通过长时间的驯化使微生物适应渗滤液的毒性，同时还需充分利用渗滤液高含微生物特征，采用强化生物处理技术。来自填埋场的矿化垃圾能有效克服常规渗滤液生物处理过程中的问题，通过填埋场中长时间固体废弃物资源化利用的自然驯化作用，利用其亲合性特征，通过较高的固液比，有效地解决渗滤液处理问题。

除了常见的固体废弃物外，在轨道交通运输行业有一种盾构渣土正在以较大的比重增长，并逐渐发展为一种新型固体废弃物。例如深圳盾构渣土的年产量达 3000 万 t。在沿海地区这类渣土废弃物主要通过填埋海域进行处理，在内陆地区主要通过渣土运输车运送至偏远地区进行回填。针对盾构施工中的大量工程渣土，直接填埋处理方式会造成环境污染，主要原因是盾构施工中，为了出土方便，常在盾构机掘进过程中，注入渣土改良剂，将渣土改良成一种流塑性好的状态。目前市场上常用的改良剂均为化学改良剂，其主要组分均来自石油及其衍生物，不可生物降解，对环境造成"二次污染"。例如青岛地铁建设过程中，曾因为大雨将盾构渣土中来自石油及衍生物的化学物质冲刷到商户养殖海参的养殖场，导致当年商户海参减产。因此，目前盾构渣土直接被填埋的处理方式不仅破坏了当地的生态平衡，还对经济发展带来间接的影响。

在以上多种对固体废弃物的处理和治理技术中，并没有针对新型固体废弃物——盾构渣土的处理方式，盾构渣土量巨大，无法通过焚烧、堆肥等传统处理方式进行处治，因此，研究新型固体废弃物-盾构渣土的处理方式，防止其对环境的"二次污染"势在必行。

第二节　固废资源利用技术

一、固体废弃物的资源化综合利用

固体废弃物的资源化综合利用包括五个方面。

（1）提取最有价值的各种组分，包含铜、铝、铅、硒、碲等稀散材料。从这些废渣中提取稀散金属，在一定程度上既能缓解资源短缺压力，还能有效减少固体废弃物堆存量，促进固体废弃物综合利用，降低其危害性。根据其矿物和化学组分特点，可通过湿法或火法工艺将稀散金属有效提取出来。近年来，稀散金属回收工艺朝火法富集与湿法提纯相结合的趋势发展，火法协同富氧熔炼技术在稀贵金属冶炼方面表现突出，可从低品位物料中富集稀散金属，此工艺将火法和湿法有效结合起来，具有稀贵金属富集率高、适应性强、技术先进等优势。

（2）生产农肥，可利用固体废弃物生产或代替农肥。目前，煤基固体废弃物主要被利用后提高土壤的养分含量和生产力，用于改良荒漠土壤、矿区复垦土壤、增强沙土水分利用效率，但煤基固体废弃物含有大量的重金属离子，在施用过程中应注意金属离子的二次污染及其累积效应。

（3）取代某种工业原料工业固体废弃物经一定加工处理后可代替某种工业原料，以节省资源。混凝土行业应从三个方面对固体废弃物进行协同处置利用。一是骨料，二是掺和料，三是使用含30%左右工业固体废弃物的水泥。目前，废玻璃、废橡胶粉、钢渣、部分尾矿、矿渣、焚烧灰和废石等已被证明可应用在混凝土中。如我国每年约产生 1040 万 t 的废玻璃，占固体废弃物总量的 5%左右。

（4）回收能源，很多工业固体废弃物热值较高，如粉煤灰中碳含量达 10%以上，可加以回收利用。2018 年我国粗钢产量占全球的 53.3%，达到 9.96 亿 t，这意味着全球钢铁企业一半左右的钢铁产品、副产物和固体废弃物会在中国产生。我国钢铁企业践行清洁生产、绿色发展的理念，通过将企业内产生的固体废弃物与原料结合，利用自身冶炼窑炉对固体废弃物进行焚烧、热解等方式，实现了"固废不出厂"及固体废弃物的减量化、无害化和资源化利用。

（5）生产建筑材料，利用工业固体废弃物生产建筑材料。

目前河南省主要通过最后回收能源、生产建筑材料进行固体废弃物的资源化利用。

水泥行业协同处置固体废弃物技术是利用可有效阻止焚烧废弃物中有害物质溶出，中和氟化氢、氯化氢、二氧化硫，避免二噁英与呋喃重新合成的泥水窑独特的高温环境和碱性氛围，使用固体废弃物替代部分原料或燃料，使水泥生产企业能够节省原料需求，降低能源消耗，彻底实现资源化，同时碳酸钙分解所释放的二氧化碳减少，且废弃物填埋场被大大的节约，符合节能、降耗和减排要求，具有明显的经济效益和环境效益。

目前，我国水泥行业协同处置利用的固体废弃物主要包含生活垃圾、危险废物和污泥等，处置利用类型主要是替代原料、替代燃料及废物处置。截至 2018 年 10 月，我国已拥有 57 个水泥窑协同处置生活垃圾项目，处置能力达 770 万 t/a，河南处置能力达 30 万 t/a。

依托水泥窑设备协同处置利用污泥技术具有有机物被彻底分解、无重金属残留、无二次污染、资源化效率高、处置利用量大、工艺稳定、投资少及运营成本低等优势。目前，水泥企业处置利用污泥的主要方法有作为生料配料、直接送烟室或分解炉焚烧、利用药剂和板框压滤协同技术、直接干化后焚烧、间接干化后焚烧、生物干化技术等。这些方法各有优缺点：作为生料配料法的优势是成本低廉，使用适量污泥量对熟料质量无影响，有利于节约能源；劣势是若未处置产生的有害气体易造成大气污染。直接送烟室或分解炉焚烧法的优势是对环境无污染，投资较少；劣势是若焚烧含氯、溴代有机物和芳烃类物质时极易产生二噁英类强致癌物质，尤其在焚烧炉启动和关闭过程中更易产生，且焚烧含氯代有机物时会产生氯化氢腐蚀问题。利用药剂和板框压滤协同技术法的优势是结构简单，保养方便，运行稳定，操作简单；劣势是氯化铁的加入使污泥中具有大量氯离子，污泥处置利用量受限，对水泥窑及熟料产量影响较大。直接干化后焚烧法的优势是可提高处置利用污泥量；劣势是臭气量相应较多，因而相应处置臭气的设备投资及运行费用也较大。间接干化后焚烧法的优势是污泥处置利用量大；劣势是施工过程存在一定的危险性。生物干化技术法的优势是微生物的好氧发酵是干化所需能量的来源，是一种非常经济节能的干化技术，且对物料进行强制鼓风，从而促进了整个干化过程，缩短了干化周期；劣势是目前还存在各种技术问题，处置利用效果难以达到预期。

陶瓷行业协同处置利用技术中，陶粒原料中建筑废弃土陶粒和污泥陶粒所占市场份额显著增长。

我国在城市生活固体废弃物和农业固体废弃物的处理水平已经较为成熟。由于我国基础设施建设处于高峰期，工业固体废弃物污染严重，而城镇化进程的加快与城市轨道交通的建设产生固体废弃物的量更是与日俱增，固体废弃物对环境的危害体现在多个方面，其中固体废弃物中的浸沥液中的金属离子等危险废弃物对水污染的危害极大。

随着城市轨道交通的迅猛发展，盾构施工中产生的渣土因含有大量难以降解的化学改良剂，逐步成为一种新型固体废弃物。这类新型固体废弃物在处理的过程中极易产生浸沥液，并且在以上多种对固体废弃物的处理和治理技术中，并没有针对新型固体废弃物——盾构渣土的处理方式。

二、新型固体废弃物——盾构渣土的现有处理措施

（1）盾构施工现场，就地制砖。然而制砖效率太低，不能满足盾构渣土的处理要求，另外，所制砖块没有稳定的销路，不利于资源化利用。

（2）研制了盾构渣土无害化环保处理设备。该设备体系庞大，难以在盾构施工现场就地处置渣土，增加了渣土外运的费用。

（3）盾构渣土的就近填埋。传统泡沫剂易对生态环境造成危害。随着国家生态文明建设和"双碳"政策的提出，生态友好型盾构渣土改良剂的研制有利于盾构渣土绿色环保，可就近填埋或作绿化土用。

第三节 盾构渣土改良利用技术研究

一、原材料筛选

针对黄河流域盾构施工渣土等污染性问题，调研了目前国内市场上在售的几乎所有阴离子、阳离子非离子、两性离子、生物类表面活性剂和各种助剂，选出可用于发泡和稳泡的原材料，然后配置一定浓度的水溶液，养殖绿萝，通过观察绿萝的长势，判断原材料的生态友好性。

发泡倍率为渣土改良剂的主要性能指标之一。根据调研的阴离子、阳离子、非离子生物类和两性离子表面活性剂中代表性样品的发泡倍率，数据见图9-1～图9-5，由此得出以下结论：阴离子表面活性剂发泡性最好，因为价格较低，产品发展历史久，最适合用于盾构渣土改良剂作为原材料；两性离子表面活性剂产品发泡效果较好，产品种类丰富，可以作为盾构渣土改良剂的原料；非离子表面活性剂中，6501及其改性产品稳泡效果较好，常用作盾构渣土改良剂的助剂，烷基葡糖苷易降解，要有选择地用于盾构渣土改良剂中；阳

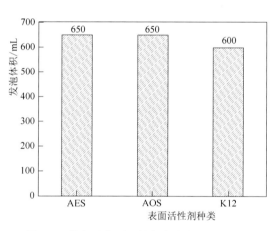

图9-1 阴离子表面活性剂发泡体积

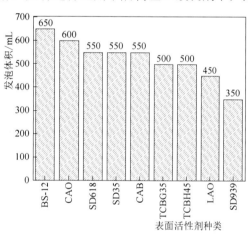

图9-2 两性离子表面活性剂发泡体积

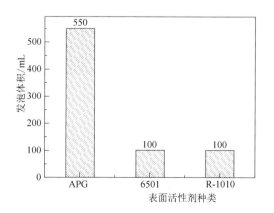

图9-3 非离子表面活性剂发泡体积

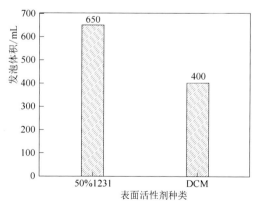

图9-4 阳离子表面活性剂发泡体积

离子表面活性剂由于自身降解难，且发泡效果差别较大，并不适合作为渣土改良剂的原材料；生物类表面活性剂价格昂贵，不易存储，不推荐用于盾构渣土改良剂。

通过文献查阅，总结得到在诸多表面活性剂中，表面活性剂对细胞的刺激由弱到强依次为：两性离子表面活性剂、非离子表面活性剂、生物表面活性剂、阴离子表面活性剂、阳离子表面活性剂。故本课题优选的主要发泡剂中，以两性离子表面活性剂为主，非离子表面活性剂次之。

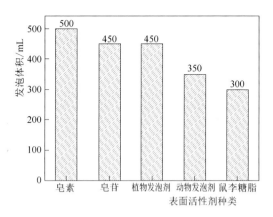

图 9-5　生物表面活性剂发泡体积

选择的两性离子表面活性剂有：椰油丙基酰胺氧化胺、聚椰油醇-马来酸酐、聚椰油醇-羟乙基乙二胺、椰油酰胺丙基甜菜碱、月桂基羟基磺基甜菜碱、十二烷基甜菜碱、月桂酰胺丙基甜菜碱、月桂酰胺丙基氧化胺、月桂基两性醋酸钠。

选择的阴离子表面活性剂有：椰油基硫酸钠、月桂酰谷氨酸钠、椰油酰谷氨酸钠、脂肪酰甘氨酸钾、脂肪酰肌氨基三乙醇胺钠、月桂醇醚硫酸钠、月桂醇醚磷酸酯、月桂醇醚磷酸酯钾。

选择的非离子表面活性剂有：辛癸基葡糖苷、椰油基葡糖苷、月桂基葡糖苷、植物皂素、植物皂角苷、动物蹄角表面活性剂、动物毛发表面活性剂、动物血胶表面活性剂。

选择的助剂有：氯化钠、氯化钾、氯化铵、尿素、硫酸钾等。

上述表面活性剂与助剂分别在一定浓度下进行植物存活性测试，测试方法为：使用含泡沫剂的渣土培养绿萝植物，观察植物在 3 个月后存活情况，以达到测试样品对生态环境是否存在污染。

实验步骤：配置3%生态友好型泡沫剂，准备盾构渣土（无水细砂），将泡沫剂与无水细砂混合搅拌至均匀，准备 30 株高为（30±5）cm 且生长良好的绿萝正常培养 14 天，将 30 株绿萝平均放入 10 个长×宽×高为10cm×10cm×10cm的花盆中，采用含有泡沫剂的渣土培养三个月，三个月后植物无枯萎视为存活，记录存活率作为泡沫剂对环境危害程度的参考值。

最终通过植物存活性测试可以得到：上述表面活性剂与助剂培养绿萝后，绿萝存活率在80%以上。

二、配方正交实验设计

通过上述实验筛选的原材料，进行了如下的正交实验。确定了五种主要成分，选择"五因素、四水平"的正交表进行生态友好型泡沫剂的正交设计，见表 9-1。其中，五个因素选为 A-两性离子表面活性剂、B-阴离子表面活性、C-非离子表面活性剂、D-助剂1、E-助剂2；四个水平分别为A，3%（3g）、6%（6g）、9%（9g）、12%（12g）；B，1%（1g）、2%（2g）、3%（3g）、4%（4g）；C，1%（1g）、2%（2g）、3%（3g）、4%（4g）；D，1%（1g）、2%（2g）、3%（3g）、4%（4g）；E，1%（1g）、2%（2g）、3%（3g）、4%（4g）。总质量为100g，溶剂为水。

A：两性离子表面活性剂（3、6、9、12）；

B：阴离子表面活性（1、2、3、4）；

C：非离子表面活性剂（1、2、3、4）；

D：助剂 1（1、2、3、4）；

E：助剂 2（1、2、3、4）。

表 9-1 　　　　　　　　　　　　正　交　实　验　配　方

试验号	因素					性能指标	
	两性离子表面活性剂	阴离子表面活性剂	非离子表面活性剂	助剂 1	助剂 2	发泡倍率	半衰期/s
1	3	1	1	1	1	15.7	363
2	3	2	2	2	2	16.1	459
3	3	3	3	3	3	18.2	515
4	3	4	4	4	4	18.5	552
5	6	1	2	3	4	18.6	453
6	6	2	1	4	3	18.4	528
7	6	3	4	1	2	18.7	516
8	6	4	3	2	1	19.3	547
9	9	1	3	4	2	19.1	443
10	9	2	4	3	1	18.3	451
11	9	3	1	2	4	18.5	432
12	9	4	2	1	3	20.2	541
13	12	1	4	2	3	21.3	509
14	12	2	3	1	4	21.1	510
15	12	3	2	4	1	19.6	532
16	12	4	1	3	2	19.3	511

三、测试仪器和测试方法

该配方通过图 9-6 中测试仪器进行发泡、稳泡实验进行性能测试。

（一）发泡倍率测试方法

参数设定值：发泡剂溶液和压缩空气的压力为 0.4MPa；压缩空气的流量为 200～400L/min，优选的气体流量为 350L/min，发泡剂溶液的流量为 15～30L/h，优选的液体流量为 20L/min，气液比为 17.5∶1。

发泡率用下列仪器进行测量，电子天平（精度为 0.01g，量程为 600g）、玻璃量杯（体积 500mL）。

实验步骤：将一定体积的玻璃量杯置于电子天平上，并归零；将一定浓度的盾构渣土改良剂的水溶液通过发泡装置进行发泡，玻璃量杯盛满泡沫并称量，获得泡沫质量 *m*，忽略泡沫中气体的质量，即泡沫质量约等于泡沫完全破灭后盾构渣土改良剂水溶液的质量。经密度计测试盾构渣土改良剂水溶液的密度 ρ 约为 1.0 g/cm³，即可获得玻璃量杯中盾构渣土改良剂水溶液的体积 V_1，泡沫体积 V_f 为玻璃量杯的体积。发泡倍率的计算式：$ER=V_f/V_1$，其中 $V_1=m/\rho$。

每次实验至少取三次，并取平均值，即可得到在该测试条件下的盾构渣土改良剂发泡倍率测量值。

（二）半衰期测试方法

泡沫的半衰期是表征泡沫稳定性的参数，指泡沫破裂的质量为泡沫总质量的50%所对应的时间。根据盾构施工中的实际情况，盾构用泡沫的稳定性一般要求泡沫的半衰期大于5 min。

实验步骤：将量筒置于电子天平上，归零；用衰落桶盛满发泡装置刚生成的泡沫，并启动秒表，同时迅速将其置于电子天平上，测出泡沫的质量；然后再迅速将其置于三脚架上，衰落桶底部为量筒和电子天平，滴入量筒中的盾构渣土改良剂水溶液的质量为衰落桶内泡沫质量一半时所用的时间，即为半衰期。

每次实验至少取三次，并取平均值，即可得到在该测试条件下的盾构渣土改良剂半衰期测量值。

该实验配方发泡倍率可达 15，稳泡性可达 8min，满足盾构施工的要求。

图 9-6　自研发泡装置与半衰期装置

（三）渣土扭矩改良与坍落度测试

渣土改良扭矩测试仪（见图 9-7）是一台实验室专门用于模拟盾构施工中刀盘切削土层的扭矩测试仪器。该仪器通过数字调速系统调节搅拌桨的转速来模拟刀盘刀具对土层的切削，通过动态扭矩传感器进行实时扭矩变化值的监控，最终通过监控的软件自动生成扭矩随时间的变化曲线。

坍落度实验参照《混凝土结构工程施工及验收规范》（GB 50204—92）规定进行实验。

（四）鱼毒性实验

本实验参照国标《化学品鱼类急性毒性试验》（GB/T 27861—2011）进行盾构泡沫剂斑马鱼毒性试验，试验步骤如下：

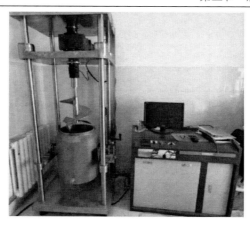

图 9-7　渣土改良扭矩测试仪

（1）配制一定浓度的盾构渣土改良剂溶液，将 7 条已经驯养两个月的斑马鱼置于溶液中。

（2）每隔 6h 观察一次斑马鱼存活情况，光照/黑暗周期为 14h：10h，且 48h 内不进行喂食。

（3）在 48h 实验后，每隔 12h 观察一次斑马鱼存活情况，每日喂食 2 次，光照/黑暗周期为 14h：10h。

（4）观察斑马鱼存活情况，如果斑马鱼没有任何肉眼可见的运动，如鳃的扇动、平衡能力丧失、颜色变浅、游泳能力和呼吸功能减弱、碰触尾部后无反应等行为，即可判断鱼已死亡。

（五）植物实验

配置 3%生态友好型渣土改良剂与传统型渣土改良剂溶液，分别扦插多株绿萝，通过 30d 对植物的观察与培养。

（六）室外实验田实验

以广州地铁 18 号线和 22 号线为例，盾构机直径为 8.8m，管片长度为 1.6m，盾构机掘进一环产生的渣土体积约 130m³，盾构施工现场渣土密度按 2000kg/m³ 计算，即盾构施工每掘进一环产生的渣土质量约 260t，其中渣土改良剂使用量约 200kg，即渣土改良剂在实际盾构渣土中质量百分含量为 0.08%。

室外实验田实验中，以渣土改良剂在实际盾构渣土中 0.08%的质量百分含量为参考。设定盾构渣土改良剂在该实验田中的浓度分别为 0.3%，约是渣土改良剂在实际盾构渣土含量的 4 倍。实验田的长×宽×高为 1m×1m×0.2m，其土壤质量为 220kg。将以上浓度的渣土改良剂水溶液分别与 220kg 土壤混合搅拌均匀后，回填到原处。分别观察 0d、30d、60d 后自然植物的生长情况。

四、数据处理与分析

（一）发泡倍率和半衰期

对表 9-1 中数据进行性能测试处理，得到表 9-2 中的数据。

表 9-2	正交实验数据处理结果					
指标		A / %	B / %	C / %	D / %	E / %
发泡倍率	K_1	68.5	74.7	71.9	75.7	76.7
	K_2	75	73.9	74.5	75.2	73.2
	K_3	76.1	75	77.7	74.4	78.1
	K_4	81.3	77.3	76.8	75.6	76.7
	$\langle K_1 \rangle$	17.125	18.675	17.975	18.925	19.175
	$\langle K_2 \rangle$	18.75	18.475	18.625	18.8	18.3
	$\langle K_3 \rangle$	19.025	18.75	19.425	18.6	19.525
	$\langle K_4 \rangle$	20.325	19.325	19.2	18.9	19.175
	极差 R	3.2	0.85	1.45	0.325	1.225
	因素主次顺序	ACEBD				
	最佳水平组	$A_4C_3E_3B_4D_1$				
稳泡时间	K_1	1889	1768	1834	1930	1893
	K_2	2044	1948	1985	1947	1929
	K_3	1867	1995	2015	1930	2093
	K_4	2062	2151	2028	2055	1947
	$\langle K_1 \rangle$	472.25	442	458.5	482.5	473.25
	$\langle K_2 \rangle$	511	487	496.25	486.75	482.25
	$\langle K_3 \rangle$	466.75	498.75	503.75	482.5	523.25
	$\langle K_4 \rangle$	515.5	537.75	507	513.75	486.75
	极差 R	48.75	95.75	48.5	31.25	50
	因素主次顺序	BEACD				
最佳水平组		$B_4E_3A_4C_4D_4$				

注　A_1 为因素 A 对应的第一个水平量，即 A（两性离子表面活性剂）的浓度为 3%。

根据表 9-2 中数据画曲线，可得图 9-8～图 9-12 为配方组分浓度对发泡倍率的影响曲线，图 9-13～图 9-17 为配方组分浓度对半衰期的影响曲线。

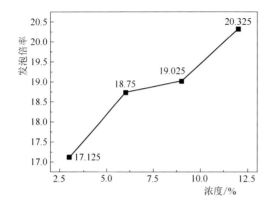

图 9-8　两性离子表面活性剂浓度
对发泡倍率的影响曲线

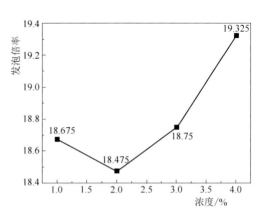

图 9-9　阴性离子表面活性剂浓度
对发泡倍率的影响曲线

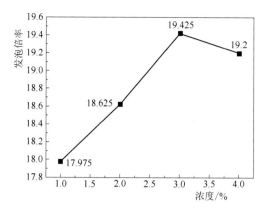

图 9-10 非离子表面活性剂浓度
对发泡倍率的影响曲线

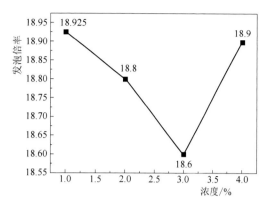

图 9-11 助剂 1 浓度对发泡倍率的
影响曲线

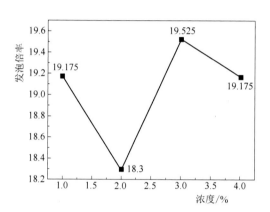

图 9-12 助剂 2 浓度对发泡倍率的
影响曲线

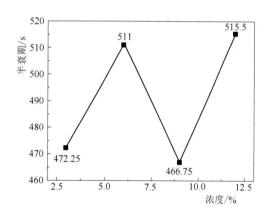

图 9-13 两性离子表面活性剂浓度
对半衰期的影响曲线

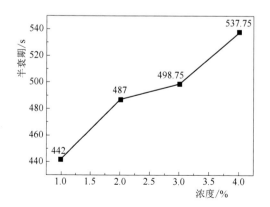

图 9-14 阴性离子表面活性剂浓度
对半衰期的影响曲线

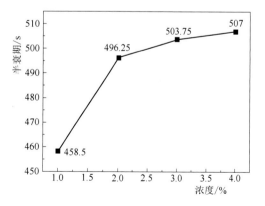

图 9-15 非离子表面活性剂浓度
对半衰期的影响曲线

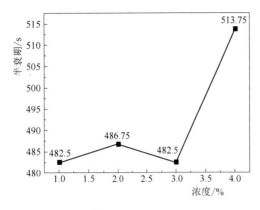
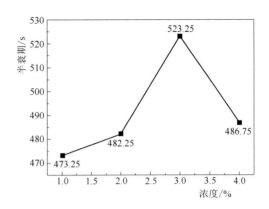

图 9-16　助剂 1 浓度对半衰期的影响曲线　　　图 9-17　助剂 2 浓度对半衰期的影响曲线

图 9-8 是正交试验因素 A 对泡沫剂发泡率的影响趋势图，结果表明，发泡率随着因素 A 在配方中浓度的提高一直增大，所以因素 A 在配方体系中发泡率最佳水平为 A_4。图 9-9 是正交实验因素 B 对泡沫剂发泡率的影响趋势图，结果表明，随着因素 B 在配方中浓度的提高，发泡率先下降后升高，所以因素 B 在配方体系中发泡率的最佳水平为 B_4。同理，图 9-10～图 9-12 中因素 C、D、E 在配方体系中对发泡率的最佳水平分别为 C_3、D_1、E_3。图 9-13 是正交试验因素 A 对泡沫剂半衰期的影响趋势图，半衰期先升高后下降再升高，所以因素 A 在配方体系中半衰期最佳水平为 A_4。同理，图 9-14～图 9-17 中因素 B、C、D、E 在配方体系中对半衰期的最佳水平为 B_4、C_4、D_4、E_3。通过分析图 9-8～图 9-17 曲线，发泡倍率的最佳水平组为 $A_4C_3E_3B_4D_1$，半衰期的最佳水平组为 $B_4E_3A_4C_4D_4$。综上所述，结合施工实际需求和环境友好性，正交试验优化配方为 $B_4E_3A_4C_4D_4$，定其型号为 HS-1。

（二）渣土扭矩改良与坍落度测试

1. 不同质量的水对河砂改良前后的扭矩影响

不同质量的水改良河砂后所得到的扭矩曲线见图 9-18，坍落度形态见图 9-19。

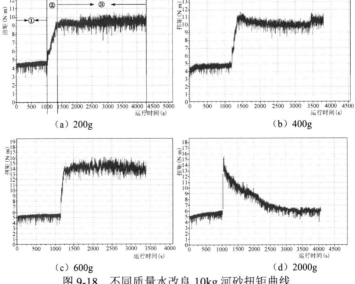

（a）200g　　　　　　　　　　　　　（b）400g

（c）600g　　　　　　　　　　　　　（d）2000g

图 9-18　不同质量水改良 10kg 河砂扭矩曲线

（a）200g　　　　　　　　（b）400g 水　　　　　　　（c）600g

图 9-19　不同质量水改良 10kg 河砂后河砂形态

首先称取 10kg 河砂置于搅拌缸内，设定搅拌转速为 10r/min，待搅拌桨叶下降至最底端时，开始实验，曲线平稳后，再加入一定质量的水，待扭矩值稳定后，得到三个阶段的扭矩变化趋势，见图 9-18（a），其中曲线①、②、③段分别为未加入水时、加入水后、改良后河砂的扭矩曲线。

由图 9-18 可知，200g 水改良河砂后扭矩由 5N·m 升高到 9N·m，改良后扭矩升高比例为 80%；同理，400g、600g、2000g 水改良河砂后扭矩升高比例分别为 110%、200%、40%。由图 9-19 可知，200g、400g、600g 水改良河砂后的坍落度分别为 7cm、7cm、9cm。2000g 水改良后的河砂已丧失塑性。

综上所述，水作为改良剂改良河砂并没有降低渣土在改良时的扭矩，反而使得扭矩增大，当加入过量水后，河砂将完全丧失塑性，渣土形态极差。因此，盾构施工中遇到无水砂层时，杜绝使用单一的水作为改良剂。

2. 不同质量的渣土改良剂对河砂扭矩改良的影响

实验操作步骤见 1。不同质量的水对河砂改良前后的扭矩影响，其中改良剂浓度为 3% 的水溶液，采用中铁五院自制泡沫发生装置进行发泡，发泡参数见表 9-3。

表 9-3　　　　　　　　　　　发泡倍率为 22.7 的盾构渣土改良剂发泡参数

液体流通路		气体流通路		发泡倍率	半衰期/min
流量/（L/min）	压力/MPa	流量/（L/min）	压力/MPa		
0.60	0.40	16.7	0.40	22.7	8.6

在同一发泡倍率下采用 200g、400g 和 600g 渣土改良剂改良河砂后得到的扭矩曲线见图 9-20，渣土形态见图 9-21。

由图 9-20 可知，200g 渣土改良剂改良河砂后扭矩由 5.5N·m 降到了 3.5N·m，降低比例为 36.4%；同理，400g、600g 渣土改良剂改良河砂后扭矩降低比例分别为 50%、54.5%，坍落度分别为：14cm、23cm、23cm。综上所述，渣土改良剂改良河砂明显降低了其扭矩。综合考虑渣土改良剂改良后的河砂扭矩降低值与坍落度的协同，当渣土改良剂发泡倍率为 22 时，使用 200g 渣土改良剂改良 10kg 河砂，效果较优。

3. 不同发泡倍率的渣土改良剂对河砂扭矩改良的影响

实验操作步骤见 1。不同质量的水对河砂改良前后的扭矩影响，发泡参数见表 9-4。

表 9-4　　　　　　　　　　不同发泡倍率的渣土改良剂发泡参数

液体流通路		气体流通路		发泡倍率	半衰期/min
流量/（L/min）	压力/MPa	流量/（L/min）	压力/MPa		
0.15	0.52	16.7	0.11	10.5	8.6
0.80	0.44	16.7	0.26	15.2	8.6
0.60	0.40	16.7	0.38	22.7	8.4

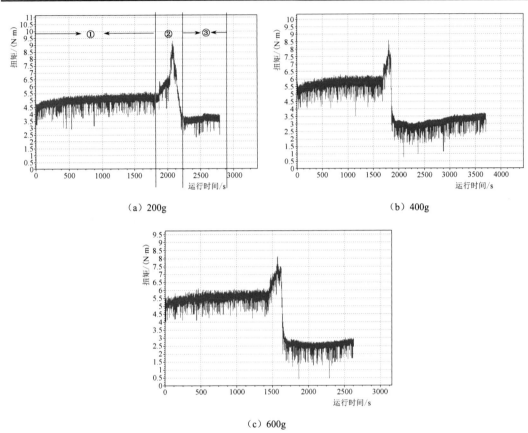

（a）200g

（b）400g

（c）600g

图 9-20　不同质量渣土改良剂改良河砂后河砂扭矩曲线

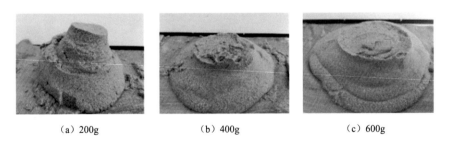

（a）200g　　　　　　　　（b）400g　　　　　　　　（c）600g

图 9-21　不同质量渣土改良剂改良河砂后河砂形态

　　发泡倍率分别为 10.5、15.2 和 22.7 的渣土改良剂改良河砂后所得到的扭矩曲线见图 9-22，渣土形态见图 9-23。

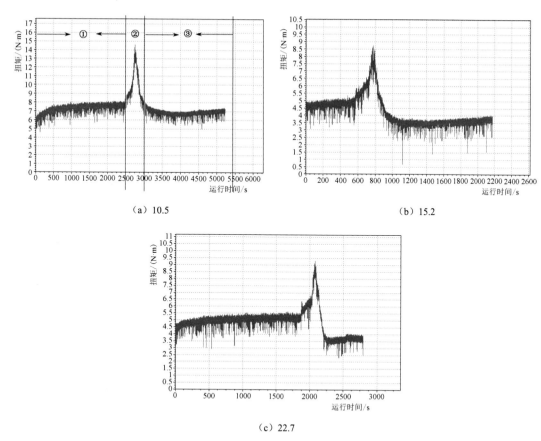

（a）10.5

（b）15.2

（c）22.7

图 9-22 不同发泡倍率的渣土改良剂改良后河砂扭矩曲线

（a）10.5　　　　　　（b）15.2　　　　　　（c）22.7

图 9-23 不同发泡倍率的渣土改良剂改良后河砂形态

由图 9-22 可知，发泡倍率为 10.5 的 200g 渣土改良剂改良河砂后扭矩由 7.5N·m 降到了 7N·m，降低比例为 6.7%；同理，发泡倍率为 15.2、22.7 的 200g 渣土改良剂改良河砂后扭矩降低比例分别为 30%、36.4%。坍落度分别为 14cm、15cm、14cm。将不同发泡倍率的渣土改良剂与对应改良后的渣土扭矩降低比例做图，见图 9-24。

由图 9-24 可知，河砂经发泡倍率分别为 10.5、15.2、22.7 的渣土改良剂改良后的扭矩分别降低了 6.7%、30%、36.4%。当发泡倍率由 10.5 增大到 15.2，扭矩降低程度（4.3 倍）高于由 15.2 增大到 22.7 的扭矩降低程度（1.2 倍），即随着发泡倍率逐渐增大，扭矩降低程度增大缓慢。因此，建议使用发泡倍率为 15 左右的渣土改良剂改良无水细砂层，渣土改良状态好，符合实际施工需求。

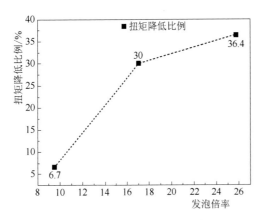

图 9-24　200g 不同发泡倍率渣土改良剂改良 10kg
河砂扭矩降低比例

4. 研究河砂质量与泡沫使用量的关系

实验操作步骤见 1。不同质量的水对河砂改良前后的扭矩影响，使用发泡倍率为 15 的渣土改良剂分别改良 10kg、15kg 和 20kg 河砂，使用渣土改良剂量分别为 200g、290g 和 400g，发泡参数见表 9-5。

所得到的扭矩曲线和河砂形态见图 9-25 和图 9-26 所示。

由图 9-25 可知，发泡倍率为 15 的 200g 渣土改良剂改良 10kg 河砂后使扭矩由 5.5N·m 降到了 3.5N·m，降低比例为 36.4%；同理，290g 渣土改良剂改良 15kg 河砂后，扭矩降低比例为 52.6%；400g 渣土改良剂改良 20kg 河砂后，扭矩降低比例为 65.1%。坍落度分别为 14cm、14cm、15.5cm。

表 9-5　　　　　　　　　　发泡倍率为 15 的渣土改良剂发泡参数

液体流通路		气体流通路		发泡倍率	半衰期/min
流量/(L/min)	压力/MPa	流量/(L/min)	压力/MPa		
0.80	0.44	16.7	0.40	15	8.4

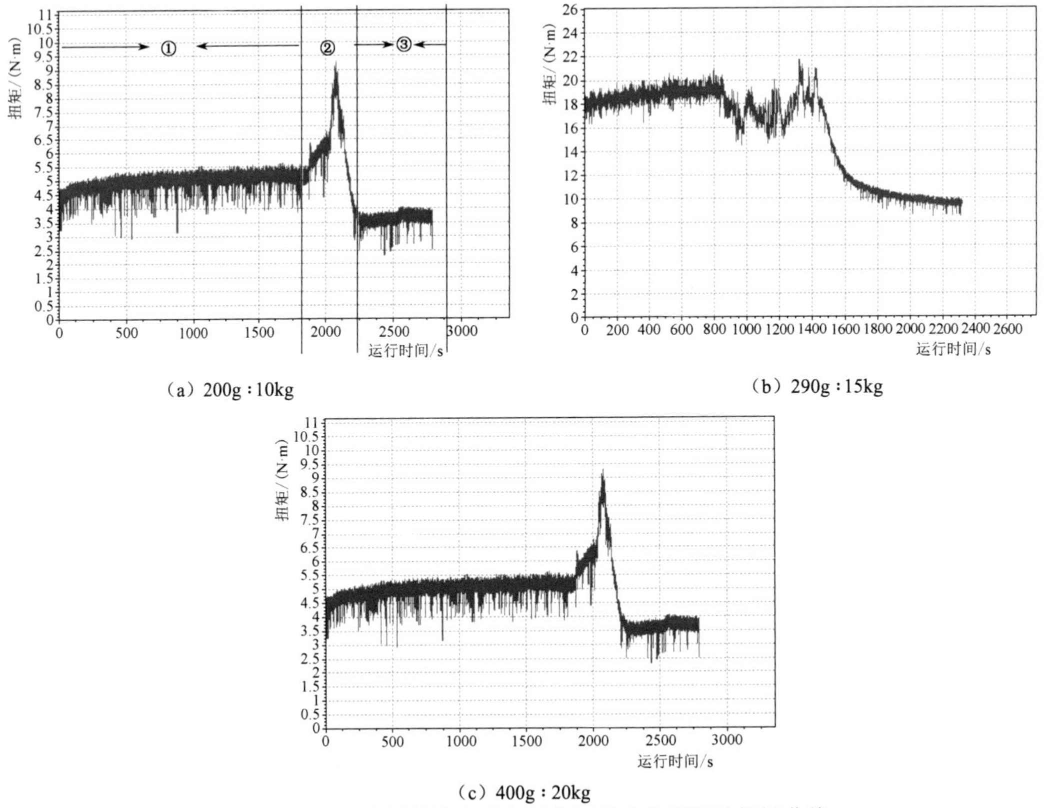

（a）200g∶10kg

（b）290g∶15kg

（c）400g∶20kg

图 9-25　不同比例的渣土改良剂和河砂改良后河砂扭矩曲线

（a）200g∶10kg　　　　　（b）290g∶15kg　　　　　（c）400g∶20kg

图 9-26　不同比例的渣土改良剂和河砂改良后河砂形态

由扭矩改良曲线图推测改良不同质量的河砂所用的渣土改良剂质量存在一定的线性关系。因此，渣土改良剂质量和河砂质量之间的关系见图 9-27。

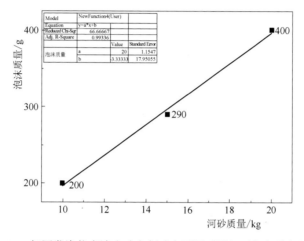

图 9-27　相同发泡倍率渣土改良剂改良不同质量河砂扭矩降低比例

由图 9-27 可知，河砂质量与改良用的渣土改良剂消耗量的比例属于线性拟合：$y=20x$，斜率为 20，即每 10kg 无水河砂需要 0.2kg 渣土改良剂进行改良。结合上述实验结果可知，随着细砂的增多，渣土改良剂用量按照线性拟合公式（即 $y=20x$）的比例增大，10kg、15kg、20kg 的无水河砂改良后的扭矩值分别降低了 36.4%、52.6%、65.1%。其改良渣土坍落度分别为 14cm、14cm、15.5cm，均有较好的流塑性。因此，该拟合曲线是合理的。

（三）鱼毒性实验

表 9-6　　　　　　　　　　　　鱼毒性实验死亡率统计

浓度/（wt%）	洗洁精	国产 4	国产 3	国产 5	进口 1	国产 1	国产 2	HS- I
0.03	0.29	0	0	0	0	0	0	0
0.04	1	1	1	0	0	0	0	0
0.045				0.29	0	0	0	0
0.05				0.57	0	0	0	0
0.055				1	0	0	0	0

续表

浓度/（wt%L）	洗洁精	国产 4	国产 3	国产 5	进口 1	国产 1	国产 2	HS- I
0.06					0.29	0	0	0
0.065					0.71	0.14	0	0
0.07					1	0.57	0.29	0
0.075						1	0.57	0
0.08							1	0
0.375								0
0.4								0.29
0.45								1

将表 9-6 数据处理作图，见图 9-28～图 9-30。图 9-28 是国内外不同厂家渣土改良剂的水溶液中斑马鱼出现死亡时对应浓度的柱状图。斑马鱼开始出现死亡时各类渣土改良剂的浓度：洗洁精实验浓度为 0.03wt%，国产 4 实验浓度为 0.03wt%，国产 3 实验浓度为 0.03wt%，国产 5 实验浓度为 0.045wt%，进口 1 实验浓度为 0.06wt%，国产 2 实验浓度为 0.065wt%，国产 1 实验浓度为 0.07wt%，HS-I 渣土改良剂实验浓度为 0.4wt%。因此，国内外同类渣土改良剂对斑马鱼造成危害的起始浓度是 HS-I 渣土改良剂的 5.7～13.3 倍。

（注：wt%为是重量含量百分数（%）；wt 是英文 weight（重量）的简写。换算：重量百分率 wt%=B 的质量/（A 的质量+B 的质量）×100%。例如："12～18wt%"就是在浆液中，固体质量占总的质量的 12%～18%。）

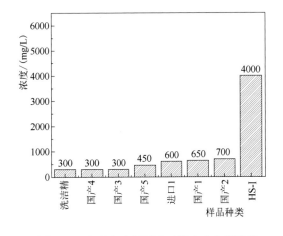 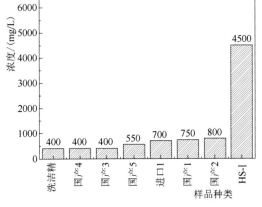

图 9-28　斑马鱼出现死亡时渣土改良剂浓度　　图 9-29　斑马鱼 100%死亡时渣土改良剂浓度

图 9-29 是国内外不同厂家渣土改良剂的水溶液中斑马鱼死亡率为 100%时对应浓度的柱状图。斑马鱼全部死亡时各类渣土改良剂的浓度：

洗洁精实验浓度为 0.04wt%，国产 4 实验浓度为 0.04wt%，国产 3 实验浓度为 0.04wt%，国产 5 实验浓度为 0.055wt%，进口 1 实验浓度为 0.07wt%，国产 1 实验浓度为 0.075wt%，进口 2 实验浓度为 0.08wt%，HS-I 实验浓度为 0.45wt%。因此，国内外同类渣土改良剂对斑马鱼致死率为 100%时的浓度是 HS-I 渣土改良剂的 5.2～11.1 倍。

　　图 9-30 是国内外不同厂家渣土改良剂的水溶液中斑马鱼死亡率为百分之百时对应的浓度与出现死亡时对应的浓度差值。HS-Ⅰ渣土改良剂的水溶液中斑马鱼由 0 死亡率到 100%死亡率对应的浓度差值，是其他国内外同类产品的 5～10 倍，具有更大的浓度范围。因此，HS-Ⅰ渣土改良剂在水中可以达到的最大无危害浓度远高于国内外同类渣土改良剂，清运后对周边环境的危害远低于国内外同类产品。

　　图 9-31 是 HS-Ⅰ渣土改良剂实验浓度为 0.4wt%，国产 1 实验浓度为 0.08wt%，国产 2 实验浓度为 0.08wt%以及空白对照组斑马鱼存活情况。国产 2 渣土改良剂中斑马鱼在实验 1d 后全部死亡，国产 1 渣土改良剂在 10d 后也死亡过半；实验 15d 后，国产 1 渣土改良剂中斑马鱼仅剩 2 条，且进食困难，而 HS-Ⅰ渣土改良剂和空白对照组中斑马鱼全部存活，且斑马鱼颜色鲜明，活动情况良好。

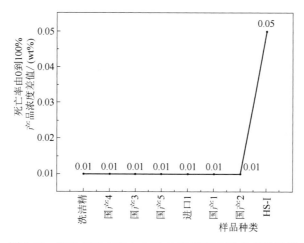

图 9-30　斑马鱼死亡率由 0 到 100%的渣土改良剂浓度差

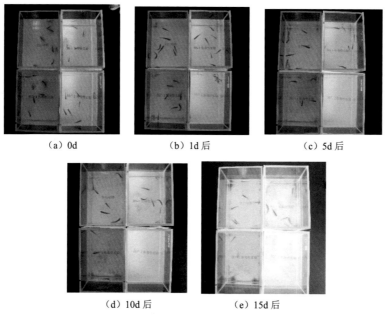

（a）0d　　　　　　（b）1d 后　　　　　　（c）5d 后

（d）10d 后　　　　　（e）15d 后

图 9-31　斑马鱼存活状态

因此，课题组研制 HS-Ⅰ渣土改良剂对斑马鱼造成危害远低于国内外同类渣土改良剂，其主要原因在于 HS-Ⅰ型渣土改良剂主要原材料来自以动植物的两性离子表面活性剂和非离子表面活性剂，相对传统渣土改良剂，其原材料生态友好，对水生动物刺激更小。

（四）植物实验

30d 后，传统型渣土改良剂 3%溶液培养的绿萝全部枯萎，而生态友好型渣土改良剂 3%溶液培养的绿萝整株生长状态良好，生态友好型渣土改良剂 3%溶液培养的绿萝平均存活状态远远好于其他传统渣土改良剂产品，且超过 60%的植株长出新根，满足对周边环境环保的要求。配方体系中通过添加氮磷钾无机盐肥料，可以改良由盾构机排出的位于地下几十米无腐殖质等营养成分的渣土，使其具有生长植物的潜力。

（a）3%传统化学改良剂水溶液扦插植物

（b）3%生态友好型改良剂水溶液扦插植物

图 9-32　植物存活实验

（五）室外实验田实验

国产 1 渣土改良剂和 HS-Ⅰ渣土改良剂的实验田实验情况见图 9-33～图 9-35。通过在北京市大兴区魏善庄机械园区正常土壤（1m×1m×0.2m，220kg）中混合一定质量浓度的渣土改良剂（0、0.3%），观察 0d、30d、60d 自然植物的生长情况。

（a）HS-Ⅰ渣土改良剂实验田

（b）空白对照实验田

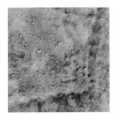
（c）国产 1 渣土改良剂实验田

图 9-33　0d 时植物生长情况

（a）HS-Ⅰ渣土改良剂实验田

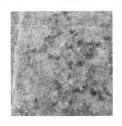
（b）空白对照实验田

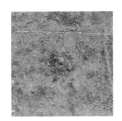
（c）国产 1 渣土改良剂实验田

图 9-34　30d 时植物生长情况

（a）HS-Ⅰ渣土改良剂实验田 （b）空白对照实验田 （c）国产 1 渣土改良剂实验田

图 9-35 60d 时植物生长情况

由图 9-33～图 9-35 可知，HS-Ⅰ渣土改良剂在实验田中的质量浓度为 0.3%，是实际盾构渣土中渣土改良剂含量的 4 倍。实验 30d 时，HS-Ⅰ渣土改良剂实验田中植物的生长情况与空白对照实验田中植物的生长情况类似，略好于国产 1 渣土改良剂实验田中植物的生长情况。实验 60d 时，HS-Ⅰ渣土改良剂实验田中植物的生长情况与空白对照实验田中植物的生长情况依旧类似，远好于国产 1 渣土改良剂实验田中植物的生长情况。因此，当 HS-Ⅰ渣土改良剂在实验田中的质量浓度为 0.08%时，对植物生长无影响。

（六）技术适用性分析

据不完全统计，截至 2021 年年底，中国内地投运城市轨道交通线路中地铁长度为 7253.7km，2021 年当年共计新增城市轨道交通运营线路长度为 1222.9km，其中地铁 971.9km，占 79.5%。地铁施工常用的方法为盾构法，以洞径 6m 的盾构施工为例，平均每千米产生渣土约 4.5 万 m^3，渣土的密度以 1500kg/m^3 计算，每千米盾构掘进约产生 6800 万 t 渣土，目前全国在建地铁盾构隧道产生的渣土总量已突破 2.3 亿 m^3，渣土处置费用预计高达 582 亿元。

郑州市地处华北平原南部，地表水 7.03 亿 m^3，地下水 8.85 亿 m^3，人均水资源占有量仅 123m^3，不足全省的 1/3，不足全国的 1/16。郑州市水资源总量主要来源于降水量，由于季节变化和地形变化，降水量的空间分布和年际变化很不均匀。至今河南省进行地铁施工建设已达 13 年，郑州已开通 7 条地铁线路，运营线路总长 215.6km，发展前景大。盾构法为地铁施工最常用方法，施工进行渣土改良时会使用大量的渣土改良剂，这类改良剂将随渣土一同进行处理，由于处理方法多采用填埋法且渣土极易产生浸沥液，这类产量巨大的渣土已成为一种亟待处理的新型固体废弃物。

因此，为保护黄河流域水资源环境，降低渣土处理后对周边脆弱环境造成的影响，本章通过研究新型固体废弃物——盾构渣土的成分与处理方式，从渣土改良剂这一源头展开研究，采用来源于天然植物基原材料替代石油基原材料制备渣土改良剂，达到了对生态环境无污染的目的，社会效益显著。同时，该改良剂具备传统改良剂的使用性能，且价格相近，推广后可以逐步取代传统泡沫剂，不仅可以促进行业技术创新，同时大大降低渣土清运和处理的成本。因此，本章产品具有广阔的发展前景与推广市场，潜在的经济效益巨大。

五、结论

（1）新型生态友好型盾构渣土改良剂的最主要性能指标——发泡倍率和半衰期，与传统化学改良剂相当，满足盾构施工的需求。

（2）通过渣土扭矩改良测试仪模拟盾构施工过程中使用渣土改良剂改良河砂流塑性，得到渣土改良剂使用量与无水河砂的比例为 20g∶1kg，坍落度在 14～16cm，得到的渣土具有很好的流塑性，此时渣土改良后扭矩下降值高达 36.4%。

（3）采用斑马鱼毒性实验、植物实验和实验田实验进行生态友好型渣土改良剂（HS-Ⅰ）及传统改良剂的生态友好性能测试。结果表明，生态友好型渣土改良剂对斑马鱼刺激性仅为市场上传统改良剂的 1/5～1/10，生态友好型渣土改良剂对植物生长影响远低于传统改良剂。

（4）随着国家"碳达峰""碳中和"政策的实施，原材料主要来源于动植物的生态友好型盾构渣土改良剂将逐步取代原材料主要为化石能源的传统渣土改良剂，可有效减少化石能源的使用，保护环境，减少碳排放。

第十章 主 要 结 论

一、生态保护与高质量发展战略

本书从黄河流域生态保护和高质量发展上升为国家战略的背景出发，分析了生态保护和高质量发展辩证关系及其与幸福河湖的内在联系，在系统分析黄河流域（河南段）生态保护和高质量发展现状及存在问题的基础上，基于幸福河湖视角构建了生态保护和高质量发展评价指标体系，采用综合评价模型测度黄河流域（河南段）各地市生态保护和高质量发展综合水平，并提出生态保护和高质量发展对策、发展模式和发展战略建议。

（1）根据各评价单元的综合指数 EHI 计算结果，整体上黄河流域（河南段）处于生态保护和高质量中等发展程度，评价结果与《黄河流域生态保护和高质量发展规划纲要》中河南段高质量发展不充分的现状相契合，验证了本书采用评价方法与模式合理可行。高质量发展在空间上呈现中间高、两头低的特点，郑州市、济源市排在前两位，两地均达到中等水平。濮阳市发展水平为低等，其他地市均为中等偏下。经济、社会维度的高质量发展区域差异性较大，环境高质量发展的区域差异性相对较小。

（2）在经济、社会、环境三个维度高质量发展评分中，环境高质量发展平均得分 67.28，仅高于经济高质量发展平均得分 60.50，低于社会高质量发展平均得分 74.96。这说明从水战略支撑角度，受自然地理、环境资源禀赋等制约因素，总体上黄河流域（河南段）生态保护对经济、社会高质量发展的支撑不够，生态保护治理工作有待进一步加强。

（3）从夯实黄河流域（河南段）生态保护和高质量发展水战略根基的角度，针对各评价单元中的防洪标准达标率、河流水质指数、水景观影响力等制约因子，建议着重开展以下工作：

1）工程措施方面。以新乡平原滩区综合治理示范试点为引领，总结经验，制定河滩综合整治建设标准，针对防洪标准达标率相对较低的焦作、濮阳、开封等市，结合河流廊道的生态屏障、休闲观光等功能需求，加快开展河滩的综合治理，打造生活化、生态化、整体化的城市河滩堤防。制定黄河重要支流污染物排放地方标准，推进金堤河、沁河等重要支流主要污染河段的综合治理，全面消除黄河流域（河南段）劣 V 类水体，提升焦作市、濮阳市等重要断面水质指数；加快规划建设郑州、三门峡沿黄湿地公园群，提升湿地的生态教育、文化展示和旅游等功能，在保护生态的同时，发展生态优势，加强水景观影响力，为公众提供更多优质的生态产品和服务。

2）在非工程措施方面。落实最严格的水资源管理制度，实行用水总量和强度双控，建立水资源承载能力监测预警与动态评价机制；建立健全生态保护与高质量发展长效机制；联合建立信息公开和共享平台；积极开展水情宣传教育，推进黄河文化遗产的深入挖掘和系统保护等。

（4）在发展模式和路径选择上，应从流域或区域层面统筹绿色发展、分类发展、联动发展、协同发展和合作发展的发展模式，遵循"共同抓好大保护、协同推进大治理"的战略思路，黄河流域（河南段）的高质量发展模式应以绿色发展开辟高质量发展的战略新格局，以分类发展破解下游滩区综合治理难题，以联动发展为高质量发展提供重要驱动力，以协同发展同步解决生态保护过程中的经济发展不平衡不充分问题，以合作发展打造中原城市群国家高质量发展区域增长极。

（5）在发展战略布局方面，基于河南在黄河流域生态保护和高质量发展中的特殊定位，要在规划、平台、项目上做好顶层设计，明确战略目标方向，高起点构建"1+N+X"规划政策支撑体系，高标准打造黄河生态保护示范区、黄河历史文化主地标和国家高质量发展区域增长极三大平台，高质量抓好沿黄河生态廊道试点建设、沿黄河湿地公园群建设、重要支流水环境综合治理、黄河防洪安全防范治理、黄河历史文化主地标体系构建等重大项目，深入贯彻以水为脉的系统治理保护方略、中心带动的流域空间重构和竞争力提升策略，推动新型城镇化和新型产业模式。

二、水环境治理技术

黄河流域（河南段）农业污水其来源主要有农田径流、饲养场污水、农产品加工污水。农田径流所产生的农业污水处理技术主要有人工湿地技术、生态浮床技术、生态沟渠技术、植物塘技术和生态塘技术等。畜禽养殖与农产品加工废水处理主要从减量化、无害化、资源化等方面着手考虑，处理方法较多，有物化法、生物法、自然法等。

黄河流域（河南段）农村生活污水的处理及再利用是目前亟待解决的问题。针对前述技术梳理，结合已掌握污水治理技术，凝练推荐地埋式一体化污水处理技术和农村非常规水分质分流智能灌溉技术。通过对农村生活污水处理技术国内外现状进行分析研究，发现一体化生活污水处理设备因其运行稳定、处理高效成为未来农村生活污水处理技术的新趋势。非常规水分质分流智能灌溉技术具有"三省二增一化一提高"的特点，适用于农村污水处理设施齐全，农业非常规水量较多的村镇。在农作物管理模式上适用于农村合作社经营、灌溉经济效益高的作物。

通过煅烧法制备了碳氧共掺杂氮化碳（CO-CN）光催化剂，以三聚氰胺和硫酸铵为前驱体，配比为 1∶1 时最适合实际应用。在水、二甲亚砜、无水乙醇三种溶剂中，以无水乙醇为溶剂制备的光催化剂的光催化性能相对较好。通过单因素影响实验可知，升高温度有利于 PMS 活化，溶液在碱性条件下更利于 OTC 的降解。在 pH 值为 9.3，PMS 浓度为 0.1 g/L，催化剂投加量为 0.6 g/L 时，CO-CN/PMS/Vis 体系对 OTC 的降解率在光照 75 min 后可达 76.29%。此外，相同条件下 CO-CN 在四次循环使用后对 OTC 的降解率仅下降了 11.45%，表现出较好的重复利用性能。通过自由基捕获实验表明，在 CO-CN/PMS/Vis 体系中，h^+、$^1O_2$、$\cdot O_2^-$、$\cdot OH$ 和 $SO_4 \cdot^-$ 均参与了 OTC 的降解，其中 $^1O_2$ 和 $\cdot O_2^-$ 起主要作用。

通过对城市雨污分流的改造和建设，能够实现初期雨水排入污水管网，降低合流制溢流污染的风险，减少对污水处理厂冲击，相较于合流排水体制，可以有效降低污水处理成本；通过对环保型雨水口的使用，将减少初期雨水对天然水体的影响，避免了对周围环境造成污染，改善了居民居住环境，提升了城市形象，处理后的雨水能够循环再用，有利于促进城市可持续发展。通过雨污分流建设，融合海绵城市综合实施，展现较好的成效。

三、水生态修复关键技术

研究基于人工湿地+生态护岸+沉水植物，形成了从河道岸上到河道岸边到河道内侧的完整治理方案，人工湿地解决河道外侧污染问题，生态护岸解决河道治理安全问题，沉水植物解决河道内水质问题。构建了一套流域治理的工程措施，可应用于流域治理类工程项目，湿地工艺+护岸选型+沉水植物选择均作出了合理方案，经过理论+试验分析，该套工艺具有良好的安全、生态效果，可直接应用于黄河流域（河南段）的流域治理工程。

四、固废资源利用关键技术

由于城镇化进程的加快与交通等基础设施的建设，我国工业建设将会产生越来越多的固体废弃物，施工面临建设快、相关产品用量大、需要的产品价格低，但相关材料研发却跟不上发展的问题，因此，如何从根源上减少所用的相关材料对环境无害，便成了首要解决的难题。

为此，本书对黄河流域（河南段）固体废弃物现状、处理方式现状、治理现状和综合利用现状进行了分析与总结，从轨道交通行业新型固体废弃物——盾构渣土入手展开研究。研究发现，由于在盾构施工过程中不可避免地需要加入渣土改良剂，这类渣土改良剂主要成分是来自石油等化石能源的表面活性剂等材料，对动植物、环境等有危害，不仅会导致动植物受害，倾倒处理后更是会污染周边环境、破坏周围水生态。近几年，由于地铁等交通设施的建设，这类新型固体废弃物每年待处理量持续增加，为了减少这类固体废弃物对环境的污染，提出从这类渣土改良剂产品本身出发，选择绿色环保的原材料，从根源上解决问题。

本书通过集中调研国内外对植物危害小的原材料（表面活性剂），研究并掌握其特性，采用其一定浓度的水溶液进行绿萝等植物的培育，筛选出适合的原材料（表面活性剂）；设计正交实验，通过实验室发泡装置对实验配方发泡，测试其发泡率和泡沫半衰期，获得生态友好型盾构渣土改良剂的优化配方和优化工艺，将优化配方的溶液培育绿萝和改良渣土实验；建设自动化中试生产线，将实验室制备工艺应用到车间中试生产；将研发产品用于盾构施工中，根据现场使用结果，进一步优化其性能，直到完全满足盾构施工中渣土可生长植被、可就近直接回填的要求。

通过针对盾构渣土新型固体废弃物的处理研究，发明了一种生态友好型盾构渣土改良剂，该产品所需原材料均来源于可生物降解的椰子油、葡萄糖、植物根茎叶和动物皮毛等，通过小分子无机盐改性，得到了可以作为泡沫剂主要原材料且环保性极佳的表面活性剂。创新性地采用了含有氮、磷、钾肥料的增稠剂，可以使经泡沫剂改良后没有腐殖质等养料的渣土具有生长植物的能力，所得产品发泡倍率为 20 以上，半衰期为 8min 以上，正常施工后所得含泡沫剂的渣土可以使植物存活，自然条件下植物存活率达 80%以上。

参 考 文 献

[1] 王浩，赵勇. 新时期治黄方略初探［J］. 水利学报，2019，50（11）：1291-1298.

[2] 河南勘测规划设计研究院. 河南省黄河流域生态保护和高质量发展规划[R]. 郑州：河南勘测规划设计研究院，2021：2.

[3] 孙继琼. 黄河流域生态保护与高质量发展的耦合协调：评价与趋势[J].财经科学，2021（03）：106-118.

[4] 陈晓东，金碚. 黄河流域高质量发展的着力点[J]. 改革，2019（11）：25-32.

[5] 徐辉，师诺，武玲玲，等. 黄河流域高质量发展水平测度及其时空演变[J]. 资源科学，2020，42（01）：115-126.

[6] 中国水利水电科学研究院. 中国河湖幸福指数报告 2020[M]. 北京：中国水利水电出版社，2020：2-3.

[7] 水利部黄河水利委员会.黄河水资源公报 2019[R]. 郑州：水利部黄河水利委员会，2019：29-30

[8] 中华人民共和国生态环境部. 中国生态环境状况公报 2019[R]. 北京：中华人民共和国生态环境部，2019：19-20

[9] 牛玉国. 构建黄河生态经济带战略［N］. 学习时报，2018-05-30（A4）.

[10] 杨永春，穆焱杰，张薇. 黄河流域高质量发展的基本条件与核心策略[J]，资源科学，2020，42（03）：409-423

[11] 张金良.黄河流域生态保护和高质量发展水战略思考[J]. 人民黄河，2020，42（04）：1-6.

[12] 李梦欣，任保平. 新时代中国高质量发展指数的构建、测度及综合评价[J]. 中国经济报告，2019（05）：49-57.

[13] 李文星，韩君. "五大发展理念"背景下黄河流域的高质量发展测度[J]. 洛阳师范学院学报，2020，39（01）：1-10.

[14] 陈晓雪,时大红. 我国30个省市社会经济高质量发展的综合评价及差异性研究[J]. 济南大学学报（社会科学版），2019，29（04）：100-113.

[15] 张军扩，侯永志，刘培林，等. 高质量发展的目标要求和战略路径[J]. 管理世界，2019，35（07）：1-7.

[16] 杨仁发，杨超. 长江经济带高质量发展测度及时空演变[J]. 华中师范大学学报（自然科学版），2019，53（05）：631-642.

[17] 牛玉国，张金鹏. 对黄河流域生态保护和高质量发展国家战略的几点思考[J]. 人民黄河，2020，42（11）：1-4，10.

[18] 人民日报评论员. 以推动高质量发展为主题——论学习贯彻党的十九届五中全会精神[J]. 发展，2020（Z1）：1.

[19] 李梦欣，任保平. 新时代中国高质量发展的综合评价及其路径选择[J]. 财经科学，2019（05）：26-40.

[20] 任保平，杜宇翔. 黄河中游地区生态保护和高质量发展战略研究[J]. 人民黄河，2021，43（02）：1-5.

[21] 任保平，张倩.黄河流域高质量发展的战略设计及其支撑体系构建[J]. 改革，2019（10）：26-34.

[22] 任保平. 黄河流域高质量发展的特殊性及其模式选择[J]. 人文，2020（01）：1-4.

[23] 王金南.黄河流域生态保护和高质量发展战略思考[J]. 环境保护，2020，48（Z1）：18-21.

[24] 田勇，孙一，李勇，等. 新时期黄河下游滩区治理方向研究[J]. 人民黄河，2019（03）：6-10.

[25] 董战峰，璩爱玉，冀云卿. 高质量发展战略下黄河下游生态环境保护[J]. 科技导报，2020，38（14）：109-115.

[26] 耿明全.黄河下游河南段治理与保护综合提升工程分析[J].人民黄河，2020，42（09）：76-80，122.

[27] 左其亭，张志卓，李东林，等. 黄河河南段区域划分及高质量发展路径优选研究框架[J]. 南水北调与水利科技（中英文），2021，19（02）：209-216.

[28] 任保平，付雅梅，杨羽宸. 黄河流域九省区经济高质量发展的评价及路径选择[J]. 统计与信息论坛，2022，37（01）：11.

[29] 汪安南. 深入推进黄河流域生态保护和高质量发展战略努力谱写水利高质量发展的黄河篇章[J]. 人民黄河，2021，43（09）：8.

[30] 彭祥. 黄河流域系统治理的对策建议[J]. 中国水利，2020（17）：25-27.

[31] 张合林，王亚辉，王颜颜. 黄河流域高质量发展水平测度及提升对策[J]. 区域经济评论，2020（04）：45-51.

[32] 河南省生态环境厅. 2018 年河南省生态保护环境状况公报 [R/OL]. （2019-12-02）. https://sthjt.henan.gov.cn/2019/07-26/1050400.html.

[33] 河南省生态环境厅. 2019 年河南省生态保护环境状况公报[R/OL]. （2020-06-05）. https://sthjt.henan.gov.cn/2020/07-09/1705541.html.

[34] 河南省生态环境厅. 2020 年河南省生态保护环境状况公报[R/OL]. （2021-05-28）. https:// sthjt.henan.gov.cn/2020/07-09/1705541.html.

[35] 马乐宽，谢阳村，文宇立，等. 重点流域水生态环境保护"十四五"规划编制思路与重点[J]. 中国环境管理，2020（04）：40-44.

[36] 河南省人民代表大会常务委员会. 河南省人民代表大会常务委员会关于促进黄河流域生态保护和高质量发展的决定[R/OL]. （2020-09-30）. https：//www.henanrd.gov.cn/2021/09-30/132321.html.

[37] 河南省人民政府办公厅. 河南省辖黄河流域水污染防治攻坚战实施方案 （2017—2019 年）[R/OL]. （2017-05-03）.https：//www.henan.gov.cn/2017/05-03/658854.html.

[38] 河南省生态环境厅. 黄河流域（河南段）水污染物排放标准：DB41 2087-—2021[S/OL]. 河南：河南省市场监督管理局.2021：3.

[39] 俞勇. 工业园区污水处理厂的深度处理试验研究[J]. 环境科学与管理，2017（9）：128-131.

[40] 赵萌萌，范桃桃，Emaneghemi B，等. 黄河流域夏季水质量评价及管理对策 [J]. 地球环境学报，2018，9（04）：305-15.

[41] 马妮. 黄河焦作段推行河长制的实践研究[D]； 华北水利水电大学，2019.

[42] 马丽，孟博霞. 黄河洛阳段水资源开发利用情况分析[J]. 河南水利与南水北调，2019，48（08）：35-7.

[43] 何洋. 郑州市水环境治理成效与问题研究 [D]：郑州大学，2020.

[44] 薛永琪，王锰辉. 濮阳市部分水水域水质情况评价[J]. 科技风，2021，（06）：118-9.

[45] 边莉，杨帅，杨晓丽，等. 黄河水污染及治理对策研究[J]. 晋中学院学报，2020，37（06）：37-40.

[46] 姚宇星. 黄河水污染及治理对策研究[C]// proceedings of the 2021 第九届中国水生态大会，中国陕西西安，F，2021.

[47] 靳军涛，袁茂新，陈俊，等. 滨河带真空截污工程设计与效果监测[J]. 中国给水排水，2012，28（02）：64-68.

[48] 金凤君. 黄河流域生态保护与高质量发展的协调推进策略[J]. 改革，2019（11）：33-39.

[49] 马继. 生物修复技术在水污染治理中的应用研究[J]. 中国资源综合利用，2021，39（04）：192-194.

[50] 赵培键，马红春，邵辉. 河道生态护岸技术及设计[J]. 建筑技术开发，2017，44（04）：102-103.

[51] 刘宏伟，梁红，高伟峰，等. 河岸缓冲带不同植被配置方式对重金属的净化效果[J]. 土壤通报，2018，49（03）：727-735.

[52] 宋凯宇，吕丰锦，张璇，等. 河道旁路人工湿地设计要点分析——以华北地区某河道旁路人工湿地为例[J]. 环境工程技术学报，2021，11（01）：74-81.

[53] 崔贺，张欣，董磊. 生态浮床技术流域水环境治理中的研究与应用进展[J]. 净水技术，2021，40（S1）：343-350.

[54] 王尧，陈睿山，郭迟辉，等. 近40年黄河流域资源环境格局变化分析与地质工作建议[J]. 中国地质，2021，48（01）：1-20.

[55] Levesque V，Antoun H，Rochette P，et al. Type of constructed wetlands influence nutrient removal and nitrous oxide emissions from greenhouse wastewater[J]. *European Journal of Horticultural Science*，2020，85（01）：3-13.

[56] Pugliese L，Skovgaard H，Mendes L R D，et al. Treatment of Agricultural Drainage Water by Surface-Flow Wetlands Paired with Woodchip Bioreactors[J]. *Water*，2020，12（07）.

[57] Li Y，Zhang H，Zhu L，et al. Evaluation of the long-term performance in a large-scale integrated surface flow constructed wetland-pond system：A case study[J]. *Bioresource Technology*，2020，309：123310.

[58] Witthayaphirom C，Chiemchaisri C，Chiemchaisri W，et al. Long-term removals of organic micro-pollutants in reactive media of horizontal subsurface flow constructed wetland treating landfill leachate[J]. *Bioresource Technology*，2020，312.

[59] Ma Y，Dai W，Zheng P，et al. Iron scraps enhance simultaneous nitrogen and phosphorus removal in subsurface flow constructed wetlands[J]. *Journal of Hazardous Materials*，2020，395.

[60] 张镭，刘福兴，蒋媛，等. 人工湿地基质去除污染物的作用机制研究进展[J]. 上海农业学报，2019，35（02）：121-126.

[61] Zhan X，Yang Y，Chen F，et al. Treatment of secondary effluent by a novel tidal-integrated vertical flow constructed wetland using raw sewage as a carbon source：Contribution of partial denitrification-anammox[J]. *Chemical Engineering Journal*，2020，395.

[62] Ni Q，Wang T，Liao J，et al. Operational Performances and Enzymatic Activities for Eutrophic Water Treatment by Vertical-Flow and Horizontal-Flow Constructed Wetlands[J]. *Water*，2020，12（07）.

[63] Gomes A C，Silva L，Albuquerque A，et al. Treatment of cork boiling wastewater using a horizontal subsurface flow constructed wetland combined with ozonation[J]. *Chemosphere*，2020，260：127598.

[64] 李彩霞. 人工湿地中植物脱氮除磷影响因素综述[J]. 吉林农业，2019（01）：104-105.

[65] L L Liu,Y C Wang.Classification and applicability analysis of ecological revetment in different types of river[J]. *The 6th International Conference on Water Resource and Environment*. doi:10.1088/1755-1315/612/1/012008.

[66] Hongda Lin，Xiaolong Yu，Guangzhen Zhang，et al. Design and interlocking stability of slope protection block of H-type gravity mutual-aid steel slag core concrete，*Civil Construction* Volume 2020，Issue 1，2020.

[67] 王金南. 黄河流域生态保护和高质量发展战略思考[J]. 环境保护，2020，48（Z1）：18-21.

[68] Tian，Guo，Zhong，et al. A design of ecological restoration and eco-revetment construction for the riparian zone of Xianghe Segment of China's Grand Canal，[J] *International Journal of Sustainable Development & World Ecology* Volume 23，Issue 4，2016：333-342.

[69] 关伟，许淑婷，郭岫垚. 黄河流域能源综合效率的时空演变与驱动因素[J]. 资源科学，2020，42（1）：150-158.

[70] 张帆.甘肃省洮河流域生态护岸技术应用研究[D]. 兰州大学，2019.

[71] 张建.永定河（北京段）典型生态护岸材料和结构筛选[D]. 北京林业大学，2019.

[72] 千鹏霄. 基于河流生态自修复理念的城市滨水景观研究——以荥阳市索河为例[D]. 华北水利水电大学，2020.

[73] 曾文才. 多孔轻质材料在直立式硬质护岸生态化改造中的应用[D]. 东南大学，2019.

[74] 董哲仁，孙东亚. 生态水利工程原理与技术[M]. 北京：中国水利水电出版社，2007.

[75] 黄迪. 大沽河生态护岸技术的试验与评价研究[D]. 青岛理工大学，2016.

[76] 樊进娟，贾艾晨. 基于模糊层次分析法的生态护岸形式优选研究[J]. 水利与建筑工程学报，2015，13（04）：96-100.

[77] 王兵，高甲荣，王越，等.北京市永定河生态护岸效果评价[J]. 中国水土保持，2014，（4）：10-13.

[78] 侯军沛，陈飞龙，杨嘉慧，等.国内固体废弃物污染现状概述[J]. 山东化工，2020，49（19）：238-239.

[79] 中华人民共和国国家统计局. 中国统计年鉴2015[M]. 北京：国家统计局，2015.

[80] 崔玉生. 固废再生利用平衡生态发展[J]. 砖瓦，2020（11）：85，87.

[81] 倪红.固体废弃物的资源化利用——评《固体废弃物在绿色建材中的应用》[J]. 混凝土与水泥制品，2020（12）：96-97.

[82] 乔利英，付小娟.固体废弃物填埋场对环境的影响及治理[J]. 山西化工，2020，40（05）：198-200.

[83] 牛瑞芳，常石明.聚焦固废污染防治　守护河南绿水青山[J]. 人大建设，2021（11）：8-10.

[84] 黄祺.矿山固体废弃物的危害及其环保治理措施[J]. 工程建设与设计，2021（04）：112-113,123. DOI：10.13616/j.cnki.gcjsysj.2021.02.245.

[85] 王丹丹.矿山固废堆积体生态修复与耕植技术研究[D].西京学院，2020.DOI：10.27831/d.cnki.gxjxy.2020.000166.

[86] 祝合勇，杨太保，曾彪，等. 兰州市工业固体废物污染现状与控制对策[J]. 安全与环境工程，2011，18（04）：77-79，85.

[87] 郝建秀，任珺，陶玲，等. 不同土地利用类型区黄河底泥重金属污染生态风险评价[J]. 兰州交通大学学报，2020，39（06）：99-105.

[88] 龚喜龙，张道勇，潘响亮.黄河沉积物微塑料污染和表征[J]. 干旱区研究，2020,37（03）：790-798.DOI：

10.13866/j.azr.2020.03.29.

[89] 张春燕. 我国养殖固废来源、时空分布、环境风险及对策[D]. 河南科技大学，2015.

[90] 刘海涛，张娜，乔亮，等. 固废燃烧锅炉在造纸企业供热及固废处置中的应用研究[J]. 河南科技，2014（22）：104-105.

[91] 钟仁华，邱紫迪，余承晖，等.盾构渣土处置和资源化应用及建议[J]. 广东化工，2021，48（19）：104-105.

[92] 俞明锋，付建英，詹明秀. 国内固废处置及典型城市固废基本特性分析[J]. 能源与环境，2020（03）：97-100.

[93] 许晓鸿，王跃邦，刘明义，等. 吉林省雨水资源化利用探讨 [J]. 水土保持研究，2017（2）：25-26.

[94] 桑宇，张宏伟，陈瑛. 我国不同行业协同处置利用固体废物情况分析[J]. 现代化工，2022，42（2）：40-44.

[95] James A. Gore & F. Douglas Shields，1995.Can Large Rivers Be Restored? [J] .BioScience，45（3）：142–152.

[96] 王俊. 城市固体废弃物处理及利用现状研究[J].资源节约与环保，2020（11）：103-104.DOI：10.16317/j.cnki.12-1377/x.2020.11.051.

[97] 李彬.城市固体废弃物处理及综合利用策略探讨[J].中国资源综合利用，2020，38（09）：117-119.

[98] 白璐，孙园园，赵学涛，等. 黄河流域水污染排放特征及污染集聚格局分析[J]. 环境科学研究，2020（12）：2683-2694.

[99] 谢亦朋，张聪，阳军生，等.盾构隧道渣土资源化再利用技术研究及展望[J]. 隧道建设（中英文），2022，42（02）：188-207.

[100] 蒋为公. 危险废物水泥窑协同处置技术应用及废气污染物排放分析[J]. 中国水泥，2016（2）：75-77.

[101] 李海雁，赖初泉，钟光亮. 水泥窑协同处置固体废物情况综述[J]. 水泥，2017，（S1）：13-16.

[102] 姜雨生，刘科，张作顺. 水泥窑协同处置生活垃圾模式分析及未来发展趋势[J]. 中国水泥，2020（1）：71-75.

[103] 北极星固废网.水泥窑协同处置危废现状及发展趋势 [EB/OL]. http://www.ccement.com/news/content/46997341270553.html，2019-01-09.

[104] 陈慧. 水泥窑协同处置污泥技术探讨[J]. 水泥工程，2020，33（2）：69-71.

[105] 曹宗平，毛志伟.水泥窑协同处置生物干化污泥的新方案[J]. 中国水泥，2020（5）：75-79.

[106] 葛晨，陈育志，王瑶.固体废弃物在混凝土中的应用[J]. 中国建材科技，2016，25（1）：9-11.

[107] 童思意，刘长淼，刘玉林，等. 我国固体废弃物制备陶粒的研究进展[J]. 矿产保护与利用，2019，39（03）：140-150.DOI：10.13779/j.cnki.issn1001-0076.2019.03.022.

[108] 胡启晨，郝良元，高艳甲. 钢铁企业固废资源合理化应用探讨[C] 第五届全国冶金渣固废回收及资源综合利用、节能减排高峰论坛论文集. 河北省金属协会，2020：83-87.

[109] 施思. 水生植物净化不同浓度梯度污水能力试验研究[D]. 杭州：浙江农林大学，2017.

[110] 张倩妮，陈永华，杨皓然，等. 29 种水生植物对农村生活污水净化能力研究[J]. 农业资源与环境学报，2019，36（03）：392-402.

[111] 赵彦伟，杨志峰. 城市河流生态系统修复刍议[J]. 水土保持通报，2006，26（1）：89-93.

[112] 张红武，李琳琪，彭昊，等. 基于流域高质量发展目标的黄河相关问题研究[J]. 水利水电技术（中

英文），2021，52（12）：60-68.

[113] 刘昌明，刘小菊，田巍，等. 黄河流域生态保护和高质量发展亟待解决缺水问题[J]. 人民黄河，2020，42（9）：6-9.

[114] 黄燕芬，张志开，杨宜勇. 协同治理视域下黄河流域生态保护和高质量发展[J]. 中州学刊，2020，278（2）：18-25.

[115] Jin ZH，Zheng Y F，Li X Y，Dai C J，Xu K Q，Bei K，Zheng X Y，Zhao M. Combined Process of Bio-contact Oxidation-constructed Wetland for Blackwater Treatment[J]. *Bioresource Technology*. 2020（316），123891.

[116] Ruiz-jaen M C，AIDE T M. Restoration success：how is it being measured?[J]. Restoration Ecology，2005，13（3）：569-577.

[117] 任保平，杜宇翔. 黄河流域经济增长-产业发展-生态环境的耦合协同关系[J]. 中国人口•资源与环境，2021，31（02）：119-129.

[118] 刘翠，冯峰，靳晓颖. 海绵城市理念下开封市雨水资源利用效益分析[J]. 人民黄河，2021，43（3）：102-106.

[119] 荣先林. 生态修复技术在现代园林中的应用[D]. 杭州：浙江大学，2010.

[120] 戴梅. 对河道治理及生态修复的思考[J]. 水科学与工程技术，2010（2）：59-61.

[121] 钟佳芸. 水体生态修复技术在河道整治工程中的运用[J]. 建筑工程技术与设计，2018（23）：3130.

[122] 孙翠莲，苏强平，卢金伟，等. 北宅小流域小型水体生态修复技术[J]. 水利水电技术，2016（5）：89-93，100.

[123] Shiming Y，Hongyan Y，Ligang L. Analysis on current situation and development trend of ecological revetment works in middle and lower reaches of Yangtze River[J]. *Procedia Engineering*，2012，28：307-313.

[124] 邹宇晴，孟显才，王恺鹏，等. 鸭绿江景观带生态护岸设计初探[J]. 现代园艺，2019（23）：115-116.

[125] 傅振久. 大凌河道综合整治中生态护岸工程思路分析[J]. 黑龙江水利科技，2019，47（1）：95-97.

[126] Yeh N，Yeh P，Chang Y H. Artificial floating islands for environmental improvement [J]. *Renewable and Sustainable Energy Reviews*，2015，47：616-622.

[127] 李兴平. 城市景观水体的生态修复技术研究[J]. 四川环境，2015，34（01）：133-137.

[128] 陈朝琼，康镇，李倩，等. 生物强化人工浮岛技术原位修复富营养化水体[J]. 水处理技术，2017，43（11）：89-92，97.

[129] 于玲红，原浩，李卫平，等. 乌梁素海人工浮岛技术应用研究[J]. 水处理技术，2016，42（5）：97-99.

[130] Lu H L，Ku C R，Chang Y H. Water quality improvement with artificial floating islands[J]. *Ecological Engineering*，2015，74：371-375.

[131] 刘冉，兰汝佳，赵海燕，等. 人工湿地中生物修复污水的应用与研究进展[J]. 江苏农业科学，2019，47（22）：30-37.

[132] Gill L W，Ring P，Casey B，et al. Long term heavy metal removal by a constructed wetland treating rainfall runoff from a motorway [J]. *Science of the Total Environmnent*，2017：32-44.

[133] Benny C，Chakraborty S. Continuous removals of phenol，organics，thiocyanate Nitrogen in horizontal subsurface flow constructed wetland[J]. *Journal of Water Process Engineering*，2020，33：101099.

[134] Zhai J，Xiao H W，Kujawa-Roeleveld K，et al. Experimental study of a novel hybrid constructed wetland for water reuse and its application in Southern China [J]. *Water Science and Technology*，2011，64（11）：2177-2184.

[135] 宋豪坤. 人工湿地在污水处理中的研究现状与应用[J]. 清洗世界，2019，35（10）：40-41.

[136] 翟海波. 富营养化水体的微生物修复技术[J]. 资源节约与环保，2015（5）：46.

[137] 许瑞，王胜楠，陈乐，等. 基于三维荧光光谱技术解析不同微生物法净化黑臭水体的效果[J]. 环境工程学报，2020（1）：1-10.

[138] 尹莉，张鹏昊，陈伟燕，等. 固定化微生物技术对坑塘黑臭水体的净化研究[J]. 水处理技术，2018，44（2）：105-108.

[138] 张萌. 一种复合微生物菌剂在净化修复黑臭水体中的应用研究[D]. 宁夏大学，2019.

[140] 李小雁. 人工生态基及网箱水草在景观水体中的应用[D]. 华东师范大学，2009.

[141] Cao T，Xie P，Ni L，et al. Carbon and nitrogen metabolism of an eutrophication tolerative inacrophyte，Potarnogetoncrispus，under NH_4^+ stress and low light availability [J]. *Environmental and Experimental Botany*，2009，66（1）：74-78.

[142] Sierp M T，Qin J G，Recknagel F. Biotnanipulation: a review of biological control measures in eutrophic waters and the potential for Murray cod Maccullochella peelii to promote water quality in temperate Australia [J]. *Reviews in Fish Biology and Fisheries*，2009，19（2）：143-165.

[143] Hambright K D，Zohary T，Easton J，et al. Effects of zooplankton grazing and nutrients on the bloom-forming，N2-fixing cyanobacterium Aphanizoinenon in Lake Kinneret [J]. *Journal of Plankton Research*，2001，23（2）：165-174.

[144] 韩继红. 新城水库生物控藻措施及效益分析[J]. 山东水利，2012（C1）：92-93.

[145] 邓风，何超群，陈鸣钊. 势能增氧生物控藻技术研究[J]. 环境污染与防治 2009（11）：75-77.

[146] 谈伟强，孔赞，潘国强，等. 湖库富营养化生物控藻技术的研究进展[J]. 安全与环境工程，2017，24（4：）：58-63.

[147] 杨凤飞，刘锋，李红芳，等. 生物滤池-人工湿地-稳定塘组合生态系统处理南方农村分散式污水[J]. 环境工程，2018，36（12）：70-74.

[148] 李丽，王全金. 人工湿地-稳定塘组合系统对污染物的去除效果[J]. 工业水处理，2016，36（7）：22-25.

[149] 郭家群，高浚淇.稳定塘技术在废水处理中的应用现状综述[J]. 企业技术开发（下半月），2010，29（7）：39-40.

[150] 张巍，许静，李晓东，等. 稳定塘处理污水的机理研究及应用研究进展[J]. 生态环境学报，2014，23（8）：1396-1401.

[151] Xiong J B，Guo G L，Mahinood Q，et al. Nitrogen Removal from Secondary Effluent by Using Integrated Constructed Wetland System [J]. *Ecological Engineering*，2011，37（4）：659-662.

[152] 赵旭. 水生植物在水污染治理中的净化机理及应用[J]. 资源节约与环保，2019（2）：79.

[153] Sharma S，Singh B，Manchanda V K. Phytoremediation: role of terrestrial plants and aquatic niacrophytes in the remediation of radionuclides and heavy metal contaminated soil and water [J]. *Environmental Science and Pollution Research*，2015，22（2）：946-962.

[154] Sricoth T，Meeinkuirt W，Pichtel J，et al. Synergistic phytoremediation of wastewater by two aquatic plants（Typha angustifolia and Eichhornia crassipes） and potential as biomass fuel [J]. *Environmental Science and Pollution Research*，2018，25（6）：5344-5358.

[155] Carpenter S R. Phosphorus control is critical to mitigating eutrophication[J]. *Proceedings of the National Academy Sciences of the United States of America*，2008，105（32）：11039-11040.

[156] 史考. 滨海工业带水生态修复技术集成模式研究[D]. 天津大学，2019.

[157] 刘建康. 高级水生生物学[M]. 北京：科学出版社，1999.

[158] 宋碧玉，王建，曹明，等. 利用人工围隔研究沉水植被恢复的生态效应[J]. 生态学杂志，1999，18（5）：21-24.

[159] 曹萃禾. 水生维管束植物在太湖生态系统中的作用[J]. 生态学杂志，1987，6（1）：37-39.

[160] 朱清顺. 长荡湖水生植被动态及其渔业效应[J]. 水产学报，1989，13（1）：24-36.

[161] 由文辉. 螺类与着生藻类的相互作用及其对沉水植物的影响[J]. 生态学杂志，1999，18（3）：54-58.

[162] 宋碧玉，曹明，谢平. 沉水植被的重建与消失对原生动物群落结构和生物多样性的影响[J]. 生态学报，2000，20（2）：270-276.

[163] 刘保元，邱东茹，吴振斌. 富营养浅湖水生植被重建对底栖动物的影响[J]. 应用和环境生物学报，1997，3（4）：323-327.

[164] 况其军，夏宜峥，吴振斌，等.人工模拟生态系统中水生植物与藻类的相关性研究[J].水生生物学报，1997，21（1）：90-94.

[165] 金送笛，李永函，王永利. 几种生态因子对菹草光合作用的影响[J]. 水生生物学报，1991，5（4）：295-301.

[166] 程花，韩翠敏，张宏胜，等. 一种城市湖泊生态修复的方法：中国，CN110902833A[P].2020-03-24.

[167] 楼春华，战楠，夏妍，等. 一种模块式沉水植物定植毯及其安装方法：中国，CN110668577A[P].2020-01-10.

[168] 谢田，陈桂芳，熊娅，等. 网箱养草净化地表水现场扩大实脸结果初报[J]. 贵州环保科技，2001，7（1）：12-16.

[169] Song X X，Wang Z，Xiao B D，el al. Growth of Potamogeton crispus L from turions in darkness：implications for restoring submerged plants in eutrophic lakes[J]. *Ecological Engineering*，2017，101：255-260.

[170] 沈应时，张云霄，张翠英，等.5 种植物沉床系统对富营养化水体修复效果研究[J]. 环境保护科学，2017，43（1）：71-76.

[171] 李金中，李学菊，刘学功，等. 人工沉床技术在城市景观河道中的应用及其对总磷去除效果研究[J]. 环境科学，2011，32（5）：1279-1284.

[172] 李金中，李学菊. 人工沉床技术在水环境改善中的应用研究进展[J]. 农业环境科学学报，2006，25（增刊）：825-830.

[173] 刘子森，张义，王川，等. 改性膨润土和沉水植物联合作用处理沉积物磷[J]. 中国环境科学，2018，38（2）：665-674.

[174] Su H J，Chen J，Wu Y，et al. Morphological traits of submerged macrophytes reveal specific positive feedbacks to water clarity in freshwater eccosystems[J]. *Science of the Total Environment*，2019，684：

578-586.

[175] 汤鑫，曹特，倪乐意，等. 改性粘土辅助沉水植物修复技术维持清水稳态的原位研究[J]. 湖泊科学，2013，25（01）：16-22.

[176] 常会庆，丁学峰，蔡景波. 伊乐藻和固定化细菌对富营养化水体中氮循环菌的影响[J]. 河南农业科学，2008（02）：52-56.

[177] Chen D Q，He H，Chen Y Q. Purification of nitrogen and phosphorus in lightly polluted landscape river by effective microorganisms combined with submerged plants[J]. *Applied Mechanics and Materials*，2013，316/317：430-434.

[178] 黄小兰，陈建耀. 微生物应用于污水污泥处理的研究[J]. 亚热带资源与环境学报，2010，5（01）：48-55.

[179] 陈祈春，李正魁，王易超，等. 沉水植物床-固定化微生物技术在水源地修复中的应用研究[J]. 环境科学，2012，33（01）：83-87.

[180] 樊胜兰. 固定化光合细菌消减水体污染物的室内模拟研究[D]. 绵阳：西南科技大学，2016：27-66.

[181] 余欣欣，李建洲，陈立秀，等. 微生物和酶在降解环境有机污染物中的应用[J]. 环境工程，2012，30（S2）：97-100.

[182] Liang Y X，Zhu H，Banuelos G，et al. Constructed wetlands for saline wastewater treatment：a review[J]. *Ecological Engineering*，2017，98：275-285.

[183] Vymazal J，Kropfelova L. Removal of organics in constructed wetlands with horizontal sub-surface flow：a review of the field experience[J]. *Science of the Total Environment*，2009，407：3911-3922.

[184] Guardo M，Fink L，Fontaine T D，et al.Large-scale constructed wetlands for nutrient removal from stormwater runoff：an everglades retoration project[J]. *Environmental Management*，1995，19：879-889.

[185] Pavlineri N，Skoulikidls N T，Tsihrintzis V A. Constructed floating wetlands：a review of research，design，operation and management aspects，and data meta-analysis[J]. *Chemical Engineering Journal*，2017，308：1120-1132.

[186] Chen Z J，Tian Y H，Zhang Y，et al. Effects of root organic exudates on rhizosphere microbes and nutrient removal in the constructed wetlands[J]. *Ecological Engineering*，2016，92：243-250.

[187] 裴湛. 人工湿地植物根际效应对根部微生物影响的研究进展[J]. 净水技术，2018，37（7）：26-30.

[188] Hussian Z，Arslan M，Malik M H，et al. Integrated perspectives on the use of bacterial endophytes in horizontal flow constructed wetlands for the treatment of liquid textile effluent：phytoremediation advances in the field [J]. *Journal of Environmental Management*，2018，224：387-395.

[189] 吴振斌，等. 水生植物与水体生态修复[M]. 北京：科学出版社，[出版时间不详].

[190] 郭晗，胡晨园. 黄河流域生态环境保护与工业经济高质量发展：耦合测度与时空演化[J]. 宁夏社会科学，2022（6）：132-142.

[191] 钞小静，周文慧. 黄河流域高质量发展的现代化治理体系构建[J]. 经济问题，2020（11）：1-7.